集成电路系列丛书·集成电路设计

射频功率放大器
设计、仿真与实现

吴永乐　陈孝攀　王卫民　杨雨豪　编著

电子工业出版社·

Publishing House of Electronics Industry

北京·BEIJING

内 容 简 介

射频功率放大器的理论与应用研究一直是射频与微波领域的热点和难点。本书主要针对射频功率放大器进行设计和仿真，通过具体案例详细介绍了高效率 F 类功率放大器、宽带功率放大器、滤波集成功率放大器和双频双端口功率放大器等代表性射频功率放大器从理论、设计、仿真、优化到投板制作的完整过程。

本书适合从事有源微波电路设计及其工程应用的专业技术人员阅读和参考，也可作为高等学校电子科学与技术、电磁场与微波技术、电子工程、电子信息、雷达工程等相关专业的本科生和研究生教学用书。

图书在版编目（CIP）数据

射频功率放大器设计、仿真与实现/吴永乐等编著. —北京：电子工业出版社，2023.8
（集成电路系列丛书. 集成电路设计）
ISBN 978-7-121-46033-3

Ⅰ．①射… Ⅱ．①吴… Ⅲ．①高频放大器-功率放大器-设计②高频放大器-功率放大器-仿真系统 Ⅳ．①TN722

中国国家版本馆 CIP 数据核字（2023）第 141601 号

责任编辑：张 剑（zhang@phei.com.cn）
印 刷：河北迅捷佳彩印刷有限公司
装 订：河北迅捷佳彩印刷有限公司
出版发行：电子工业出版社
　　　　　北京市海淀区万寿路 173 信箱 邮编 100036
开 本：720×1000 1/16 印张：22.25 字数：449 千字
版 次：2023 年 8 月第 1 版
印 次：2024 年 3 月第 2 次印刷
定 价：138.00 元

凡所购买电子工业出版社图书有缺损问题，请向购买书店调换。若书店售缺，请与本社发行部联系，联系及邮购电话：（010）88254888，88258888。

质量投诉请发邮件至 zlts@phei.com.cn，盗版侵权举报请发邮件至 dbqq@phei.com.cn。

本书咨询联系方式：zhang@phei.com.cn。

"集成电路系列丛书"编委会

主　　编：王阳元

副主编：李树深　　吴汉明　　周子学　　许宁生　　黄　　如

　　　　魏少军　　赵海军　　毕克允　　叶甜春　　杨德仁

　　　　郝　跃　　张汝京　　王永文

编委会秘书处

秘　书　长：王永文（兼）

副秘书长：罗正忠　　季明华　　陈春章　　于燮康　　刘九如

秘　　　书：曹　健　　蒋乐乐　　徐小海　　唐子立

出版委员会

主　　任：刘九如

委　　员：赵丽松　　徐　静　　柴　燕　　张　剑

　　　　魏子钧　　牛平月　　刘海艳

"集成电路系列丛书"主编序言

培根之土 润苗之泉 启智之钥 强国之基

王国维在其《蝶恋花》一词中写道:"最是人间留不住,朱颜辞镜花辞树",这似乎是自然界无法改变的客观规律。然而,人们还是通过各种手段,借助于各种媒介,留住了人们对时光的记忆,表达了人们对未来的希冀。

图书,尤其是纸版图书,是数量最多、使用最悠久的记录思想和知识的载体。品《诗经》,我们体验了青春萌动;阅《史记》,我们听到了战马嘶鸣;读《论语》,我们学习了哲理思辨;赏《唐诗》,我们领悟了人文风情。

尽管人们现在可以把律动的声像寄驻在胶片、磁带和芯片之中,为人们的感官带来海量信息,但是图书中的文字和图像依然以它特有的魅力,擘画着发展的总纲,记录着胜负的苍黄,展现着感性的豪放,挥洒着理性的张扬,凝聚着色彩的神韵,回荡着音符的铿锵,驰骋着心灵的激越,闪烁着智慧的光芒。

《辞海》中把书籍、期刊、画册、图片等出版物的总称定义为"图书"。通过林林总总的"图书",我们知晓了电子管、晶体管、集成电路的发明,了解了集成电路科学技术、市场、应用的成长历程和发展规律。以这些知识为基础,自20世纪 50 年代起,我国集成电路技术和产业的开拓者踏上了筚路蓝缕的征途。进入 21 世纪以来,我国的集成电路产业进入了快速发展的轨道,在基础研究、设计、制造、封装、设备、材料等各个领域均有所建树,部分成果也在世界舞台上拥有一席之地。

为总结昨日经验，描绘今日景象，展望明日梦想，编撰"集成电路系列丛书"（以下简称"丛书"）的构想成为我国广大集成电路科学技术和产业工作者共同的夙愿。

2016 年，"丛书"编委会成立，开始组织全国近 500 名作者为"丛书"的第一部著作《集成电路产业全书》（以下简称《全书》）撰稿。2018 年 9 月 12 日，《全书》首发式在北京人民大会堂举行，《全书》正式进入读者的视野，受到教育界、科研界和产业界的热烈欢迎和一致好评。其后，《全书》英文版 *Handbook of Integrated Circuit Industry* 的编译工作启动，并决定由电子工业出版社和全球最大的科技图书出版机构之一——施普林格（Springer）合作出版发行。

受体量所限，《全书》对于集成电路的产品、生产、经济、市场等，采用了千余字"词条"描述方式，其优点是简洁易懂，便于查询和参考；其不足是因篇幅紧凑，不能对一个专业领域进行全方位和详尽的阐述。而"丛书"中的每一部专著则因不受体量影响，可针对某个专业领域进行深度与广度兼容的、图文并茂的论述。"丛书"与《全书》在满足不同读者需求方面，互补互通，相得益彰。

为更好地组织"丛书"的编撰工作，"丛书"编委会下设了 12 个分卷编委会，分别负责以下分卷：

☆ 集成电路系列丛书·集成电路发展史论和辩证法

☆ 集成电路系列丛书·集成电路产业经济学

☆ 集成电路系列丛书·集成电路产业管理

☆ 集成电路系列丛书·集成电路产业教育和人才培养

☆ 集成电路系列丛书·集成电路发展前沿与基础研究

☆ 集成电路系列丛书·集成电路产品、市场与投资

☆ 集成电路系列丛书·集成电路设计

☆ 集成电路系列丛书·集成电路制造

☆ 集成电路系列丛书·集成电路封装测试

☆ 集成电路系列丛书·集成电路产业专用装备

☆ 集成电路系列丛书·集成电路产业专用材料

☆ 集成电路系列丛书·化合物半导体的研究与应用

2021 年，在业界同仁的共同努力下，约有 10 部"丛书"专著陆续出版发行，献给中国共产党百年华诞。以此为开端，2021 年以后，每年都会有纳入"丛书"的专著面世，不断为建设我国集成电路产业的大厦添砖加瓦。到 2035 年，我们的愿景是，这些新版或再版的专著数量能够达到近百部，成为百花齐放、姹紫嫣红的"丛书"。

在集成电路正在改变人类生产方式和生活方式的今天，集成电路已成为世界大国竞争的重要筹码，在中华民族实现复兴伟业的征途上，集成电路正在肩负着新的、艰巨的历史使命。我们相信，无论是作为"集成电路科学与工程"一级学科的教材，还是作为科研和产业一线工作者的参考书，"丛书"都将成为满足培养人才急需和加速产业建设的"及时雨"和"雪中炭"。

科学技术与产业的发展永无止境。当 2049 年中国实现第二个百年奋斗目标时，后来人可能在 21 世纪 20 年代书写的"丛书"中发现这样或那样的不足，但是，仍会在"丛书"著作的严谨字句中，看到一群为中华民族自立自强做出奉献的前辈们的清晰足迹，感触到他们在质朴立言里涌动的满腔热血，聆听到他们的圆梦之心始终跳动不息的声音。

书籍是学习知识的良师，是传播思想的工具，是积淀文化的载体，是人类进步和文明的重要标志。愿"丛书"永远成为培育我国集成电路科学技术生根的沃土，成为润泽我国集成电路产业发展的甘泉，成为启迪我国集成电路人才智慧的金钥，成为实现我国集成电路产业强国之梦的基因。

编撰"丛书"是浩繁卷帙的工程，观古书中成为典籍者，成书时间跨度逾十年者有之，涉猎门类逾百种者亦不乏其例：

《史记》，西汉司马迁著，130 卷，526500 余字，历经 14 年告成；

《资治通鉴》，北宋司马光著，294 卷，历时 19 年竣稿；

《四库全书》，36300 册，约 8 亿字，清 360 位学者共同编纂，3826 人抄写，耗时 13 年编就；

《梦溪笔谈》，北宋沈括著，30 卷，17 目，凡 609 条，涉及天文、数学、物理、化学、生物等各个门类学科，被评价为"中国科学史上的里程碑"；

《天工开物》，明宋应星著，世界上第一部关于农业和手工业生产的综合性著作，3 卷 18 篇，123 幅插图，被誉为"中国 17 世纪的工艺百科全书"。

这些典籍中无不蕴含着"学贵心悟"的学术精神和"人贵执着"的治学态度。这正是我们这一代人在编撰"丛书"过程中应当永续继承和发扬光大的优秀传统。希望"丛书"全体编委以前人著书之风范为准绳，持之以恒地把"丛书"的编撰工作做到尽善尽美，为丰富我国集成电路的知识宝库不断奉献自己的力量；让学习、求真、探索、创新的"丛书"之风一代一代地传承下去。

王阳元

2021 年 7 月 1 日于北京燕园

前　　言

随着 5G 通信系统的普及，现代通信系统进入了新的时代。为了提升通信速率，新的通信标准采用了较高的频率和复杂的调制方式，这对于射频微波器件提出了新挑战。作为大功率非线性器件，射频功率器件的复杂调制方式对其在非线性状态下的线性度提出了更高要求。为了使射频功率器件在更高频率和更高线性度条件下工作，往往选择牺牲其效率，这导致 5G 通信系统相比于 4G 通信系统的能源消耗大大增加。另外，有源器件的特性也使得射频功率器件的带宽和频带数量扩张更加困难。因此，射频功率放大器的理论与应用研究一直是射频与微波领域的热点和难点。

目前，针对无源射频电路与器件的设计与仿真已有许多相关教程或教材供在校学生和工程人员学习、参考。即使是初学者，也可以方便快捷地掌握无源射频电路与器件的基本原理、相关理论以及仿真软件的基础操作。为了方便初学者更全面地理解和掌握无源电路从理论、设计、仿真、制作、实测到形成报告的完整过程，我们研究团队已出版《微波射频器件和天线的精细设计与实现》，用于展示无源板级电路设计制作全流程，以及《基于薄膜集成无源器件技术的微波毫米波芯片设计与仿真》，用于展示无源芯片设计制作全流程。然而，对于射频系统中同样至关重要的有源射频电路，市面上却鲜有针对完整实践流程的相关教材，仅有一些综合性仿真教材只介绍部分环节。因其自身特性所限，有源电路设计所需步骤和操作相对无源电路要更加烦琐和复杂。为了解决有源射频电路中功率放大器设计和实现入门困难的问题，我们总结了多年的教学与实践经验，为初学者提供一本讲解详细易懂、原理介绍充分、案例选取贴近前沿科研的专业仿真教学书籍。在这本书籍的帮助下，即使是零基础的初学者也可以依照教程完整地走完功率放大器从理论到设计、仿真、制作、实测的全流程，而在一定的射频知识的基础上，还可以更加深入地理解设计步骤和仿真软件使用背后的原理。以上便是作者编写本书的初始动力来源。

本书使用了本研究团队在功率放大器领域取得的最新学术成果作为案例，详细展示了射频功率放大器基础理论与设计实现的全部流程，并提供简单明了、细致全面的仿真步骤，手把手地指导读者学习从设计理论、无源仿真、联合仿真到投板制作测试的完整体系。本书填补了功率放大器仿真教学领域的空白，选取代表性案例，在理论价值和实践指导上都具有较大意义。

本书共分 5 章，由吴永乐教授负责全书结构和内容的策划及调整。另外，参加本书编写的还有陈孝攀、王卫民、杨雨豪等。

本书得到了国家自然科学基金创新研究群体项目的部分资助，其最终完稿还要感谢北京邮电大学电子工程学院和集成电路学院为全体参与写作者提供了良好工作环境和条件。作者还要特别感谢多年来在科学研究过程中给予自己指导和帮助的各位学术同行，能够有机会产生与本书相关的原创设计想法和具体案例都离不开各位学术同行的大力支持。

在本书编写过程中，作者参考或引用了 Advanced Design System (ADS) 商业软件的相关原始技术资料，在此向技术资料的原著者及相关软件公司表示由衷的感谢。

由于作者编写水平有限，书中难免存在疏漏之处，敬请广大读者批评指正。另外，如果读者在阅读本书的过程中有任何的疑惑或问题，均可以联系作者（E-mail：wuyongle138@gmail.com）共同探讨。

吴永乐

2023 年 01 月

于北京邮电大学集成电路学院

·····························☆☆☆ **作 者 简 介** ☆☆☆·····························

　　吴永乐博士，北京邮电大学二级教授、博导，荣获"国家高层次人才""北京市优秀教师"称号，IEEE Transactions on Circuits and Systems II 副编辑。长期从事微波基础理论、微波电路与射频芯片等方面的研究工作。获得国家发明专利 50 余项，成功转化多项；发表国际 SCI 检索期刊论文 200 余篇，其中 IEEE Trans. 期刊论文 80 余篇，入选爱思唯尔（Elsevier）"中国高被引学者"；出版专业书籍 2 部，获国家出版基金资助出版国内首部 IPD 射频芯片中文版书籍，荣获"电子工业出版社建社 40 年杰出贡献奖"；获北京杰青、国家优青、国家创新研究群体等项目支持；牵头完成（第一完成人）的科技成果入选"中国百篇最具影响国际学术论文"、中国电子学会一等奖、教育部自然科学二等奖、北京市科技进步一等奖等，参与的教改项目成果获北京市教学成果一等奖等；荣获教育部霍英东青年教师奖和中国电子教育学会优秀博士学位论文（提名）优秀指导教师奖等。

目　　录

第0章

绪论

1. 功率放大器设计概述

功率放大器是射频发射机系统中必不可少的功率器件，其作用是将射频小信号放大为一定功率的射频大信号。在射频发射机系统中，功率放大器是一个高耗能器件，它所消耗的能量在整个系统的功耗中占有不小的比例。同时，由于输出信号功率大，功率放大器往往工作在非线性区。因此，功率放大器的输出功率、能耗与线性度基本上决定了整个系统的性能表现。未来，通信系统的调制方式将会对器件的线性度提出越来越高的要求，所需功耗也日益增加，设计性能良好的功率放大器具有非常重要的意义。

晶体管是射频功率放大器的核心之一。当前，用于制作晶体管的半导体材料已经发展到第三代。第一代半导体材料以最广泛应用的硅（Si）为主，第二代半导体材料以砷化镓（GaAs）等 III-V 族化合物为主，第三代半导体材料则是以氮化镓（GaN）为代表的宽禁带半导体材料。与半导体材料相对应的，还有金属-氧化物-半导体场效应晶体管（MOSFET）、双极性晶体管（BJT）、结型场效应晶体管（JFET）、高电子迁移率晶体管（HEMT）等工艺产品。目前，不同的工艺各有优缺点，因此都有相应的应用领域[1]。本书主要基于 GaN HEMT 进行功率放大器设计。GaN HEMT 以其高耐压、高耐热、高电子迁移率的特性，成为高频大功率射频器件的首选器件。

除了晶体管，功率放大器的主要组成部分还包括匹配电路、偏置电路和稳定电路。匹配电路的作用是将 50Ω 的端口阻抗匹配至晶体管工作所需的最优阻抗。受限于晶体管自身的半导体特性和封装的寄生参数，端口阻抗通常不是射频标准中需要的 50Ω，直接接入 50Ω 阻抗的电路中会造成输入功率大部分被"反射"出去，最终增益较低。另外，功率放大器的其余性能也都与匹配阻抗相关，比如：噪声系数与输入匹配阻抗有较大关联，输出功率、效率与输出匹配阻抗关系较大。因此，功率放大器的主要特性，如增益、带宽、噪声系数、输出功率、效率

1

等，都与匹配电路的设计直接相关[2]。

偏置电路的作用是为晶体管提供直流偏置，同时为了不影响交流通路，应使其在工作频率内接近开路。稳定电路的作用是使功率放大器在全频段内处于无条件稳定状态，为系统的正常工作提供基础。

本书将以 4 种功率放大器为例，阐述其理论基础、设计原理、仿真过程和制作方法。本书详细介绍了如何使用 ADS 仿真软件对晶体管进行指标测试，建立设计目标参数，构建各部分电路，对从理想模型到全波电磁仿真模型的不同阶段模型进行仿真和优化，最终导出设计文件。

2．功率放大器常用设计指标

功率放大器的主要设计指标是功率增益、输出功率、效率和线性度，其中又有多种不同的指标来衡量不同侧重点下的性能[3]。

1）功率增益

功率增益指的是功率放大器输出功率与输入功率的比值，其单位通常为dB。功率放大器在不同输入功率水平下的增益会有所变化，因而功率放大器的功率增益又分为小信号增益（线性增益）和大信号增益（饱和增益）。小信号增益（线性增益）是指功率放大器在小信号输入下的增益值，该状态下功率放大器工作在线性区，输入功率与输出功率之间成线性关系，增益较为稳定。大信号增益（饱和增益）是指功率放大器在饱和状态下的增益。通常情况下，大信号增益会低于小信号增益，因为晶体管在饱和后，输出功率无法继续增大，此时继续增加输入功率，增益会迅速减少。

2）输出功率

讨论功率放大器的输出功率时，通常指的是饱和输出功率，其常用单位为dBm。功率放大器在深度饱和之后，非线性显著增强，增益开始被大幅度压缩，这个工作状态基本没有实用意义。因此，在实际工程中，使用 1dB 功率压缩点 P_{1dB} 来表示功率放大器的饱和输出功率。P_{1dB} 代表功率放大器增益被压缩 1dB，或者说增益比小信号增益（线性增益）小 1dB 时的输出功率。

对于 GaN HEMT 等新型晶体管，其增益特性与 MOSFET 等传统晶体管有所区别，衡量标准也不一样。以本书使用的 GaN HEMT 为例，该类晶体管在线性区的非线性会更强，表现为小信号状态下的增益缓慢压缩，1dB 功率压缩点距离真正的饱和还有一定距离。因此，对于 GaN HEMT，会使用 3dB 功率压缩点 P_{3dB} 来表示其饱和功率。

3）效率

效率是功率放大器的重要性能指标。在实际应用中，效率通常分为漏极效率（DE）和功率附加效率（PAE）两种。漏极效率即功率放大器输出功率与直流电源供电功率的比值。功率附加效率则是功率放大器输出功率减去输入功率后与直流电源供电功率的比值。功率附加效率的意义是扣除输出功率中输入功率的贡献，表示直流电源功率直接转化为输出功率的比率。通常，功率附加效率会略低于漏极效率，但随着增益的增加，两者会越来越接近。在实际使用中，这两个指标都有可能被用到。

4）线性度

线性度涵盖了多种指标，因为功率放大器的失真有多个来源，主要包括谐波失真、AM-PM 失真和互调失真等。在现代通信系统中，互调失真信号的频率与载波频率较为接近，无法使用滤波器滤除，因此成为影响最大的失真之一。衡量互调失真程度的指标主要有 ACPR（邻信道功率比），它是指功率放大器在放大某个信道的信号时，本信道检测到的平均输出功率与相邻信道检测到的平均输出功率的比值。

此外，在 4G 和 5G 通信系统中，I/Q 调制被广泛应用，衡量 I/Q 调制误差程度的指标 EVM（误差相量幅度）也越来越被重视。

由于线性度的测量较为复杂，功率放大器的线性化也属于独立的技术领域，本书将不涉及线性度和与线性化相关的内容。

3. ADS 软件简介

ADS（Advanced Design System）软件是由是德科技（Keysight）推出的电子设计自动化（EDA）软件。该软件包含模拟/射频信号处理、数字信号处理、Momentum 电磁场和 EMDS 电磁场等仿真平台，以及直流仿真、交流仿真、S 参数仿真、谐波平衡仿真、大信号 S 参数仿真、增益压缩仿真、包络仿真和瞬态仿真等仿真控制器。其中，基于矩量法（Method of Moment，MoM）的 2.5D 电磁场仿真器 Momentum 可以较快地完成多层 PCB 和射频集成电路等类平面结构的电磁仿真，并且能够保证较高的仿真精度。ADS 软件可以实现无源电磁仿真与有源电路仿真相结合的联合仿真，因此该软件在射频功率放大器等射频有源电路设计中应用广泛，深受学术界和工业界的欢迎。

本书详细介绍了如何使用 ADS 软件仿真具有代表性的微波功率放大器，包括逆 F 类功率放大器、宽带功率放大器、滤波集成功率放大器、双频双端口功率放大器等，展示使用 ADS 软件仿真晶体管的匹配参数、辅助设计、将理想模型转化为实际物理模型以及查看功率放大器的稳定性、S 参数、输出功率、效率等信息的方法。本书使用的 ADS 软件版本为 ADS 2015.01。若需了解更多关于 ADS 软件的详细信息，请访问是德科技官方网站和参考文献[4-7]。

4. 本书安排

本书展示了射频功率放大器从理论分析到使用 ADS 软件进行晶体管指标仿

真、匹配参数确定和电路设计，再到微带线模型仿真、版图仿真和联合仿真，直至生成加工文件、送厂加工和焊接实测的全过程。在第 1 章中，以逆 F 类功率放大器为例，详细展示和解释了功率放大器仿真实现中每一个步骤的操作方法和原理；在第 2 章中，以宽带功率放大器为例，进一步介绍利用 ADS 软件实现仿真的方法；在第 3 章中，以滤波集成功率放大器为例，引入更加灵活的混合设计方法；在第 4 章中，以双频双端口功率放大器为例，引入模块化和分而治之的设计思想，继续引导读者深入掌握功率放大器设计方法。本书介绍的案例均来源于作者课题组发表的最新前沿学术论文和申请的发明专利，所有案例的更多细节可参考相应的学术论文与发明专利全文。

本书是一本理论性和实用性兼具的技术参考书，不仅介绍了多个基于最新前沿科研论文的案例，具有较高的学术价值，并且介绍了实现过程中可能会遇见的各种问题，具有较高的实践指导意义。希望读者通过对本书的认真学习和对照操作，有效掌握射频功率放大器从设计到仿真、实物测试的整套流程，并且对射频功率放大器的基本概念与知识、设计原理、性能指标和实现方法有较为深入的理解，为日后科研工作或工程项目的顺利进行奠定扎实的基础；也盼望通过本书能引导读者顺利入门有源射频电路设计领域，消解读者对于该领域的茫然与畏惧，从而对有源射频电路的科研和实践产生兴趣，成为该领域的中坚力量，进一步推动射频行业向前发展。

第1章

2.4GHz 逆 F 类功率放大器

　　单频窄带功率放大器是最为基础的功率放大器，相比于宽带、多频等功能性功率放大器，单频窄带功率放大器通常会拥有更高的效率，特别是在 E 类、F 类和逆 F 类等工作模式下，可以实现接近 90% 的漏极效率。本章将介绍如何使用 ADS 设计一款单频窄带逆 F 类功率放大器，并进行从理想传输线模型到版图的一系列仿真，最后设计 PCB 生成制板文件并加工测试。实验结果表明，该逆 F 类功率放大器可以实现较高的漏极效率。

1.1　基于双传输线的逆 F 类功率放大器介绍

1.1.1　F 类功率放大器

　　经典功率放大器通过控制晶体管的静态偏置点来控制波形，从而达到提升效率的效果。C 类功率放大器可以达到 100% 的理论效率，但是达到 100% 效率的同时，波形消失，输出功率为 0，功率放大器停止工作。为了让功率放大器在正常工作的同时达到 100% 的理想效率，人们提出了各种功率放大器架构。F 类功率放大器通过控制输出匹配网络的谐波阻抗来对漏极电压和电流进行波形调整，从而减小晶体管的功率消耗，提高效率。

　　具体来说，理想 F 类功率放大器的输出匹配网络，对于所有偶次谐波短路，对于所有奇次谐波开路。直流分量、基波和所有偶次谐波叠加为电流波形，所有奇次谐波叠加为电压波形，其结果如图 1.1 所示。

　　理想情况下，电压、电流波形交替出现，功率为 0，晶体管漏极没有功率消耗，最终达到 100% 的效率。在实践中，受限于寄生参数与晶体管漏电流等的实际影响，F 类功率放大器无法达到理论效率，但最终效率仍旧显著优于 B 类功率放大器和其他经典功率放大器。

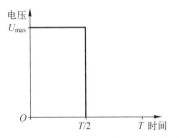
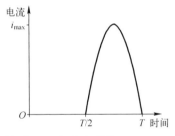

图 1.1　F 类功率放大器漏极电压、电流波形图

除了 F 类功率放大器，还有一种逆 F 类功率放大器，两者的基本原理相同，逆 F 类功率放大器输出网络对所有偶次谐波开路，对所有奇次谐波短路，最终呈现出来的电压、电流波形与 F 类功率放大器的相反。

1.1.2　基于双传输线结构的逆 F 类匹配网络

F 类和逆 F 类功率放大器理论上要求控制所有的谐波分量，但在实践中显然无法实现。根据文献[8]计算，仅须控制有限的低次谐波分量就可以取得一个较好的效果。在实践中，通常只控制二次和三次谐波项，因为在传统的枝节结构中，过多的谐波控制会增加输出匹配网络复杂度，增加插入损耗，最终影响性能。文献[9]引入了一种双传输线结构，实现了最高到六次谐波的控制，使得电压、电流波形更接近理想状态，最终达到提升效率的效果。同时该结构较为紧凑，实现了电路拓扑的小型化，也简化了设计流程。图 1.2 展示了双传输线的拓扑结构。

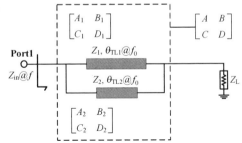

图 1.2　双传输线拓扑结构

为了简化设计复杂度，取 $Z_1=Z_2=Z$，$\theta_{TL1}+\theta_{TL2}=180°$（$0°<\theta_{TL1}<90°<\theta_{TL2}<180°$），经过计算，该网络的输入阻抗为[9]

$$Z_{in}(f) = Z\frac{Z_L \cdot \sin\left(\dfrac{\pi f}{f_0}\right) + jZ \cdot \sin^2\left(\dfrac{\theta_{TL1}f}{f_0}\right)}{Z \cdot \sin\left(\dfrac{\pi f}{f_0}\right) + jZ_L \cdot \left[2 - 2\cdot\cos\left(\dfrac{\pi f}{f_0}\right)\right]} \tag{1-1}$$

当频率 f 选为 f_0 时，输入阻抗 $Z_{in}(f_0)$ 可表示为[9]

$$Z_{in}(f_0) = \frac{Z^2 \cdot \sin^2(\theta_{TL1})}{4Z_L} \tag{1-2}$$

考察该结构的谐波频点的阻抗，经过推导可发现输入阻抗 Z_{in} 在一些特定的

频点会呈现短路或开路的特性：

$$f(Z_{in} = 0) = \{k \in N+, f > 0 \mid f = (2k+1)f_0 \wedge f = k\pi f_0 / \theta_{TL1}\} \tag{1-3}$$

$$f(Z_{in} = \infty) = \{k \in N+, f > 0 \mid f = 2kf_0 \wedge f \neq k\pi f_0 / \theta_{TL1}\} \tag{1-4}$$

可以看出，当 θ_{TL1} 取值适当时，该双传输线结构可在多个谐波频点产生短路或开路的效果，因此该结构非常适合谐波控制网络的设计。

为了增加设计自由度，做到更加精确地控制二次和三次谐波阻抗，在设计输出匹配网络时增加了一个新结构来控制三次谐波，最终设计出的输出匹配网络理论模型如图 1.3 所示。

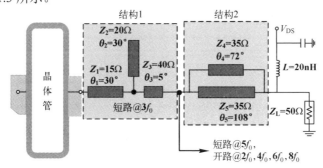

图 1.3　基于双传输线的输出匹配网络[9]

1.1.3　功率放大器设计参数

本章的目标为设计一个工作在 2.4GHz 的逆 F 类功率放大器，设计参数如下：
- ☺　频率：2.4GHz
- ☺　输出功率：25W
- ☺　增益：>10dB
- ☺　效率：>70%

根据设计要求，本章案例选择了来自 CREE 公司的 CGH40025F 氮化镓 HEMT，相关手册和模型可以从 CREE 公司官方网站获取。功率放大器仿真的准确度受晶体管模型影响较大，推荐从官方网站获取最新的器件模型并时常更新。

1.2　逆 F 类功率放大器的 ADS 设计

ADS 平台具备丰富的功率放大器设计辅助模板，可以实现软件化的测量实验，并且提供方便的设计辅助工具，让设计者可以在软件中完成功率放大器的整个设计流程。

1.2.1 新建工程和 DesignKit 安装

1. 运行 ADS 并新建工程

双击桌面或开始菜单中的 ADS 快捷方式图标 💹，启动 ADS 软件。ADS 运行后会自动弹出欢迎界面【Getting Started with ADS】，提供一些用户帮助和 ADS 的功能介绍。选中左下角的【Don't display this dialog box automatically】选项，下次启动 ADS 时就不会再弹出该窗口。单击右下角的【Close】按钮，进入主界面【Advanced Design System 2015.01(Main)】，如图 1.4 所示。

图 1.4　ADS 主界面窗口

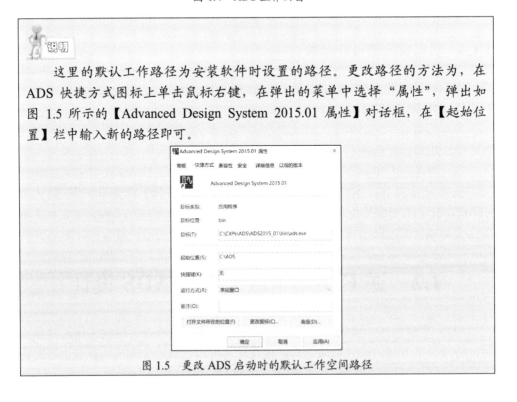

　　这里的默认工作路径为安装软件时设置的路径。更改路径的方法为，在 ADS 快捷方式图标上单击鼠标右键，在弹出的菜单中选择"属性"，弹出如图 1.5 所示的【Advanced Design System 2015.01 属性】对话框，在【起始位置】栏中输入新的路径即可。

图 1.5　更改 ADS 启动时的默认工作空间路径

执行菜单命令【File】→【New】→【Workspace】，打开【New Workspace Wizard—Introduction】对话框，如图 1.6 所示。单击【Next】按钮，打开【New Workspace Wizard—Workspace Name】对话框，如图 1.7 所示。

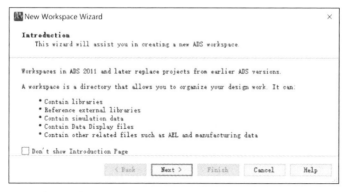

图 1.6　【New Workspace Wizard—Introduction】对话框

图 1.7　【New Workspace Wizard—Workspace Name】对话框

在此对话框中，可以对工作空间名称（Workspace name）和工作空间路径（Create in）进行设置。此处，在【Workspace name】栏中输入"PA_2_4_wrk"，【Create in】栏中保留默认设置或用户习惯的路径。

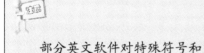

部分英文软件对特殊符号和中文编码的兼容性不佳，当路径或名称中出现特殊符号或中文编码时，有可能造成未知的错误。因此，设置路径和命名文件时，使用英文和下划线较好。

有一个应特别注意的问题：一些文件会存储在用户目录下，如果运行软件的 Windows 用户名中有特殊符号，可能会造成路径名称非法，从而导致未知情况发生且极难排查。

单击【Next】按钮，打开【New Workspace Wizard—Add Libraries】对话框，如图 1.8 所示。在此可保留默认设置。继续单击【Next】按钮，直至出现【New Workspace Wizard—Technology】对话框，如图 1.9 所示。

图 1.8 【New Workspace Wizard—Add Libraries】对话框

在此可以设置精度（如果先前设置过可能会不显示，可跳过）。当前常用的单位是 mm，因此最好选择第 2 项，即精度为 0.0001mm（本书案例中的单位均为 mm，读者也可根据习惯使用 mil）。

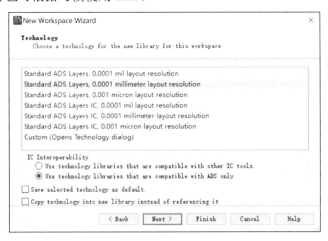

图 1.9 【New Workspace Wizard—Technology】对话框

单击【Next】按钮，打开【New Workspace Wizard—Summary】对话框，如图 1.10 所示。

图 1.10　【New Workspace Wizard—Summary】对话框

在此可以看到之前设置的工作空间的名称、路径、精度以及库文件等信息。单击【Finish】按钮，此时 ADS 主界面中的【Folder View】选项卡中会显示所建立的工作空间的名称"PA_2_4_wrk"和相应路径"C:\ADS\PA_2_4_wrk"，如图 1.11 所示 。此时，可以在 C 盘 ADS 文件夹下找到一个名为 PA_2_4_ wrk 的文件夹，对其可以进行复制、粘贴、更名以及删除等操作。

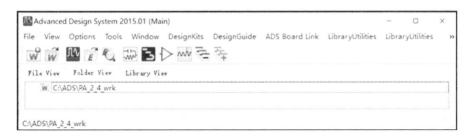

图 1.11　新建工作空间目录

2．DesignKit 的安装

在元器件供应商官方网站下载所需元器件的 ADS 模型（通常为 Zip 格式）。此处使用的模型名称为 CGH40_r6_converted 和 murata_lib_ads2011later_1906e_static。

如图 1.12 所示，执行菜单命令【DesignKits】→【Unzip Design Kit...】，弹出【Select A Zipped Design Kit File】对话框，如图 1.13 所示。

图 1.12 执行菜单命令【DesignKits】→【Unzip Design Kit…】

图 1.13 【Select A Zipped Design Kit File】对话框

选中需要的模型文件后，单击【打开】按钮，弹出【Select directory to unzip file】对话框，如图 1.14 所示。

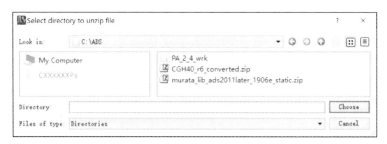

图 1.14 【Select directory to unzip file】对话框

在此对话框中可以选择模型文件的解压目录。这里选择默认目录，单击【Choose】按钮，弹出【Add Design Kit】对话框，如图 1.15 所示。单击【Yes】按钮，将模型添加到该工程下。

图 1.15　【Add Design Kit】对话框

用同样的方法，将村田电容模型添加到工程下。

1.2.2　晶体管直流扫描和直流偏置设计

执行菜单命令【File】→【New】→【Schematic…】，弹出【New　Schematic】对话框，如图 1.16 所示。在【Cell】栏中输入 "BIAS"，单击【OK】按钮，即可创建电路原理图 BIAS。

> 　　若在【New　Schematic】对话框的【Options】区域选中【Enable　the Schematic　Wizard】选项，开启电路原理图向导，后续会打开【Schematic Wizard】对话框。在【Schematic Design Templates (Optional)】栏中可以选择常用模板；此处不使用模板。

系统打开 ADS 电路原理图设计界面，并弹出【Schematic　Wizard】对话框，如图 1.17 所示。单击【Cancel】按钮，关闭该对话框。

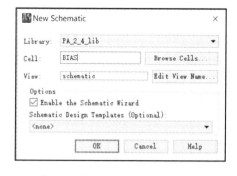

图 1.16　【New Schematic】对话框

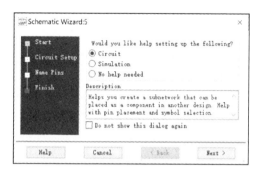

图 1.17　【Schematic Wizard】对话框

> 　　若选中【Do not show this dialog again】选项，则以后该对话框不会再出现。

如图 1.18 所示，执行菜单命令【Insert】→【Template…】，弹出【Insert Template】对话框，如图 1.19 所示。

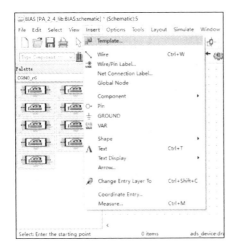 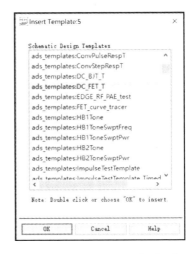

图 1.18 执行菜单命令【Insert】→【Template…】　　图 1.19 【Insert Template】对话框

在【Schematic Design Templates】列表框中选择【ads_templates：DC_FET_T】，单击【OK】按钮，将直流扫描模板添加至电路原理图中，如图 1.20 所示。

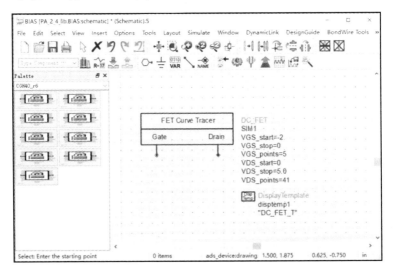

图 1.20 添加直流扫描模板

添加完直流扫描模板后，在电路原理图左侧元件面板中选择【CGH40_r6】或者其他晶体管模型选项卡，如图 1.21 所示。

在元器件列表中选择【CGH40025F】模型，如图 1.22 所示。随后在电路原理图上单击鼠标左键，即可将其添加至电路原理图中，如图 1.23 所示。若想取消添加模式，按【ESC】键即可。

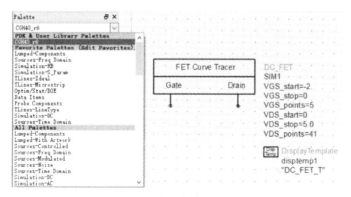

图 1.21　晶体管模型选项卡

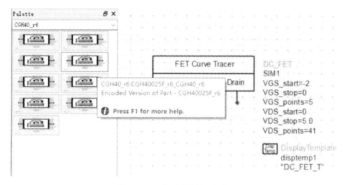

图 1.22　晶体管模型选项

单击工具栏上的图标✎，依照电路原理图连接各个元器件。

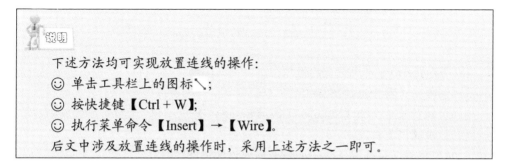

下述方法均可实现放置连线的操作：
☺ 单击工具栏上的图标✎；
☺ 按快捷键【Ctrl＋W】；
☺ 执行菜单命令【Insert】→【Wire】。
后文中涉及放置连线的操作时，采用上述方法之一即可。

连接元器件后，双击【FET Curve Tracer】或者直接单击电路原理图中的参数值进行参数设置：VGS_start=-3.2，VGS_stop=-2.5，VGS_points=15，VDS_start=0，VDS_stop=56，VDS_points=57，如图 1.24 所示。

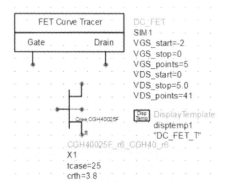

图 1.23　添加晶体管

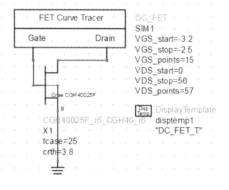

图 1.24　连线并设置仿真参数

单击工具栏中的图标 ⚙ 进行仿真，显示直流扫描仿真结果，如图 1.25 所示。

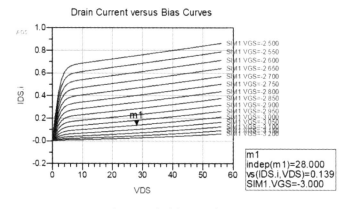

图 1.25　直流扫描仿真结果

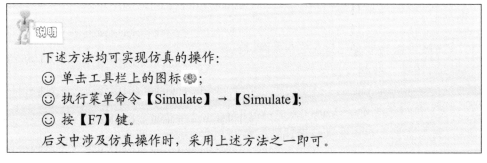

下述方法均可实现仿真的操作：

☺ 单击工具栏上的图标 ⚙；

☺ 执行菜单命令【Simulate】→【Simulate】；

☺ 按【F7】键。

后文中涉及仿真操作时，采用上述方法之一即可。

执行菜单命令【Marker】→【New...】，移动光标至须要添加曲线标记（Marker）的曲线上，单击鼠标左键放置一个曲线标记。

下述方法均可实现添加曲线标记的操作：

☺ 执行菜单命令【Marker】 → 【New...】；

☺ 单击工具栏中的图标♪；

☺ 按快捷键【Ctrl + M】。

后文中涉及添加曲线标记的操作时，采用上述方法之一即可。

通常，F 类功率放大器的偏置点为 B 类偏置点。在本案例中，选择接近阈值电压的-3.0V 作为栅极偏置电压；漏极偏置电压为 28V。

由于每个实物器件的物理性质都有一定差异，不同的晶体管之间会有指标波动，仿真结果的偏置电压一般与实物有一定差距，测试时应以漏极电流为准。

1.2.3　稳定性分析和稳定电路设计

作为有源器件，放大器在增益较大时可能发生不稳定现象，导致自激振荡，使放大器无法正常工作。因此，通常在设计放大器时，应尽量使放大器处于无条件稳定状态，具体判断方式有多种，本书采用 k–b 法则[2]来判断放大器是否处于无条件稳定状态。

k–b 法则主要参考 k 因子和 b 因子，它们都可由 S 参数计算[2]：

$$k = \frac{1 - |S_{11}|^2 - |S_{22}|^2 + |S_{11}S_{22} - S_{12}S_{21}|^2}{2|S_{12}| \cdot |S_{21}|} \qquad (1\text{-}5)$$

$$b = 1 + |S_{11}|^2 - |S_{22}|^2 - |S_{11}S_{22} - S_{12}S_{21}|^2 \qquad (1\text{-}6)$$

当 k>1 且 b>0 时，放大器处于无条件稳定状态。在 ADS 软件中，k 因子和 b 因子都可以通过电路模型和仿真控件较为方便地计算出来。

在不同种类的功能性放大器的设计中，通常不会将输入/输出阻抗与晶体管本身阻抗进行共轭匹配。虽然这样匹配会使放大器增益达到最大，但其他指标可能不是最优的。在实际设计中，通常会将共轭匹配和功能性匹配同时进行。例如：对于低噪声放大器，其输入阻抗会与晶体管的最低噪声阻抗匹配，其输出阻抗会与晶体管的输出共轭阻抗匹配；对于功率放大器，其输入阻抗会与晶体管的输入共轭阻抗匹配，其输出阻抗会与晶体管的最佳输出功率或效率阻抗匹配。一般情况下，共轭匹配的一端会对放大器的增益性能产生较大影响，若失配不严重，则对其他性能影响不大。

为了消除潜在的不稳定因素，通常采用电阻等元器件来降低增益，从而达到无条件稳定状态。一方面，稳定电路要加在共轭匹配的一边，以达到较好的消耗增益的效果；另一方面，稳定电路若加在功能性匹配的一边，会对放大器性能产生极大影响。因此，功率放大器的稳定电路通常位于输入匹配网络内。在设计输入匹配网络时，应综合考虑放大器的稳定性，并实时做出调节，以保证放大器处于无条件稳定状态。

1. 晶体管稳定性仿真

首先对晶体管本身进行稳定性分析。在 ADS 软件中，k 因子可用软件自带的
【StabFact】控件进行计算，b 因子可用
【StabMeas】控件进行计算。

执行菜单命令【File】→【New】→
【Schematic...】，创建名为"Stability"的电路原理图。打开电路原理图后，执行菜单命令
【Insert】→【Template】，弹出【Insert Template】对话框，在【Schematic Design Templates】列表框中选择【ads_templates：S_Params】，添加 S参数扫描模板，如图 1.26 所示。

单击【OK】按钮，将模板添加到电路原理图中。在元件面板中选择【CGH40025F】，将其添加至电路原理图中。

向电路原理图中添加元器件和控件：在元件面板列表的下拉菜单中选择【Lumped-Components】，添加扼流电感（DC_Feed）

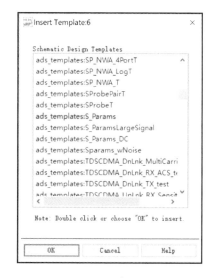

图 1.26　添加 S 参数扫描模板

和隔直电容（DC_Block）各两个；在元件面板列表的下拉菜单中选择【Sources-Freq Domain】，添加直流电源（V_DC）两个；在元件面板列表的下拉菜单中选择【Simulation-S_Param】，添加测量稳定因子的控件（Stabfact）和（Stabmeas）。单击工具栏上的图标，将各个元器件和控件连接好，并添加合适的接地符号。连接完成后的电路原理图如图 1.27所示。

双击栅极电源（图中为 SRC1）或单击其参数 Vdc，将电压参数设置为Vdc=-3V。双击漏极电源（图中为 SRC2）或单击其参数 Vdc，将电压参数设置为 Vdc=28V。双击 S 参数仿真器，或者单击电路原理图中的参数，将频率参数设置为 Start=0GHz、Stop=7.2GHz、Step=0.01GHz。

完成设置后的稳定性扫描电路原理图如图 1.28 所示。

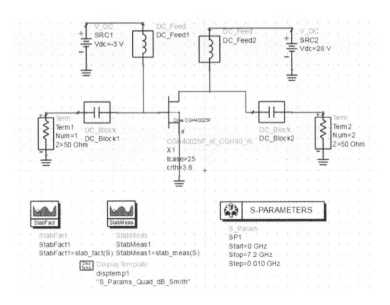

图 1.27　连接完成后的电路原理图

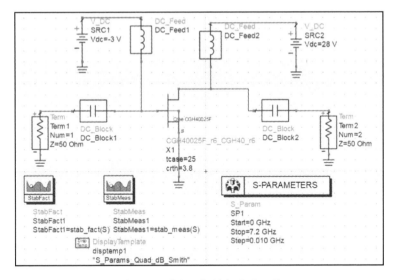

图 1.28　稳定性扫描电路原理图

单击工具栏中的图标 进行仿真，会弹出结果窗口。

新窗口中默认存在 4 个 S 参数的图标。在结果窗口中找一处空白的区域，单击左侧【Palette】控制板的 按钮，在空白区域单击鼠标左键放置图表，弹出【Plot Traces & Attributes】对话框，如图 1.29 所示。选择【Plot Type】选项卡，双击【Datasets and Equations】列表框中的【StabFact1】，或者选中【Datasets and

Equations】列表框中的【StabFact1】后单击【>>Add>>】按钮，将目标参数加入【Traces】列表框。选择【Plot Options】选项卡，在【Select Axis】列表框中选择【Y Axis】，取消【Auto Scale】选项的选中状态，将参数修改为 Min=0、Max=5、Step=1。单击【OK】按钮生成图表。

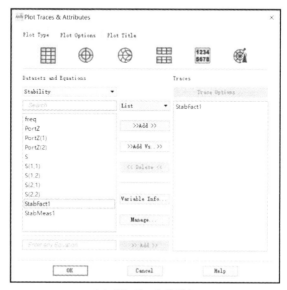

（a）【Plot Type】选项卡

（b）【Plot Options】选项卡

图 1.29 【Plot Traces & Attributes】对话框

说明

　　在【Plot Traces & Attributes】对话框的【Plot Type】选项卡中，采用下述操作均可将目标参数添加到【Traces】列表框中：

　　☺ 双击【Datasets and Equations】列表框中的目标参数；

　　☺ 选中【Datasets and Equations】列表框中的目标参数后，单击【>>Add>>】按钮。

　　后文中涉及将目标参数添加到【Traces】列表框的操作时，采用上述方法之一即可。

　　使用同样的方法添加【StabMeas1】的图表。最终得到的晶体管稳定性仿真结果如图 1.30 所示。

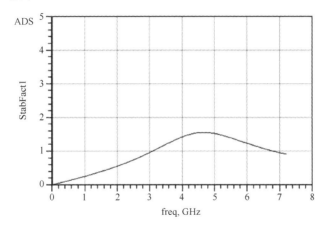

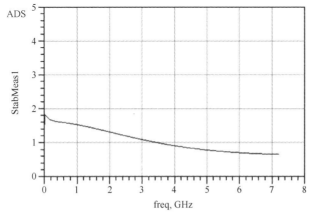

图 1.30　晶体管稳定性仿真结果

由于电路中存在全频段的白噪声，因此设计功率放大器时，最好在全频段内都实现无条件稳定。通常情况下，高频段因为增益较低所以稳定性较高，需要注意的一般是目标频段及以下的低频段。由结果可见，在低于 3GHz 频段，功率放大器的 $k<1$，无法达到无条件稳定状态，应增加稳定电路以提高其稳定性。

2．添加稳定电路

提高放大器稳定性的常用做法是通过串/并联电阻来降低增益。串联电阻会对全频段的增益产生影响，但晶体管在高频段的稳定性原本就较高，增益通常也不高，在全频段的影响下指标会进一步恶化。为了改善稳定电路的高频影响，通常会在串联电阻上并联一个电容。经过这样改进后，串联稳定电路在高频段就可以近似成一条通路，降低了电阻对于高频增益的影响。

本案例利用添加直流电源处的并联电阻和输入网络前的串联阻容网络来增加晶体管的稳定性。打开上一节中创建的 Stability 电路原理图，添加元器件和控件：在元件面板列表的下拉菜单中选择【muRataLibWeb Set Up】，添加库文件控件 muRataLibWeb_include ；在元件面板列表的下拉菜单中选择【muRata Components】，添加 GRM18 系列电容；在元件面板列表的下拉菜单中选择【Lumped-Components】，添加电阻 两个；在元件面板列表的下拉菜单中选择【TLines-Ideal】，添加理想传输线（TLIN）。

说明

此处须要采用村田电容模型。如果此时未发现相关电容模型，可参考 1.2.1 节进行添加。此处添加的 GRM18 系列电容模型为本案例最终实现时使用的电容型号，若用其他电容型号来实现，可以更换为相应的电容模型。

将添加的元器件和控件移入电路中，删去栅极电源处的 DC_Feed 扼流电感（注：理想电感会消除并联电阻的效果，此处用四分之一波长传输线来代替）；单击工具栏上的图标，连接电路原理图。加入稳定电路后的电路原理图如图 1.31 所示。

双击元器件或单击参数，将 RC 网络中的电阻参数修改为 R=8 Ohm（注："Ohm"表示"Ω"），将偏置电路中的电阻参数修改为 R=50 Ohm，将四分之一波长传输线参数修改为 E=90、F=2.4GHz。双击图中 GRM18 村田电容模型，在弹出的窗口中将【PartNumber】修改为 309：GRM1885C1H5R6CA01 的 5.6pF 贴片电容模型，如图 1.32 所示。

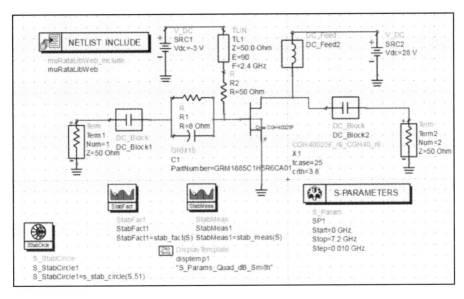

图 1.31　加入稳定电路后的电路原理图

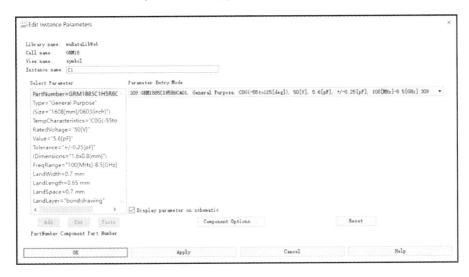

图 1.32　电容模型参数选择

其他参数保留默认设置。单击工具栏中的图标 ⚙ 进行仿真，加入稳定电路后的稳定性仿真结果如图 1.33 所示。

从仿真结果可以看出，k 因子和 b 因子在全频段均实现了无条件稳定。当然，这只是初步设计的结果，后续加入输入匹配网络后，情况会有所变化。因此，在输入匹配网络完成后，仍须进行稳定性检查，并在权衡性能和稳定性指标后作出合适调整。

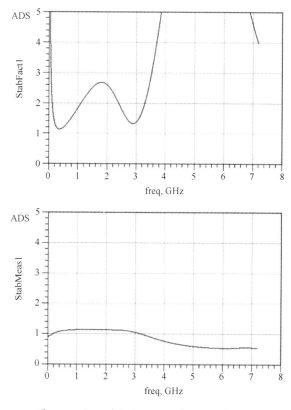

图 1.33　加入稳定电路后的稳定性仿真结果

1.2.4　源牵引和输入匹配

参考文献[1]对于输入匹配未给出详细的参数，因此须要自行设计。参考文献[1]中对输入匹配采用了两段不同阻抗的传输线构成匹配网络，本节按照此结构并参考文献[1]中的实物图设计输入匹配网络。

1. 源牵引仿真

源牵引（Source-Pull）和负载牵引（Load-Pull）是利用可变阻抗的变化测试功率放大器最佳性能阻抗的方法，是寻找功率放大器在匹配前匹配目标阻抗的重要手段。在 ADS 软件中，可通过预设的模板较为方便地进行牵引实验的仿真。

如图 1.34 所示，任意打开一个电路原理图，执行菜单命令【DesignGuide】→【Amplifier】，打开【Amplifier】窗口，如图 1.35 所示。选择【1-Tone Nonlinear Simulations】→【Source-Pull-PAE，Output Power Contours 】模板，单击【OK】按钮，生成源牵引模板，如图 1.36 所示。

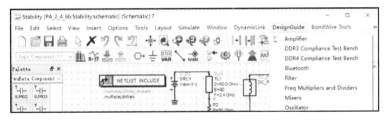

图 1.34　执行菜单命令【DesignGuide】→【Amplifier】

图 1.35　【Amplifier】窗口

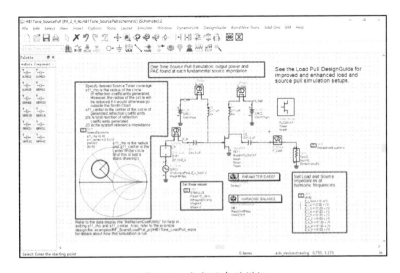

图 1.36　生成源牵引模板

　　将系统自带的元器件模型删除，在元件面板列表的下拉菜单中选择【CGH40_r6】，添加【CGH40025F】模型，将其放置在原先自带的元器件模型处，如图 1.37 所示。

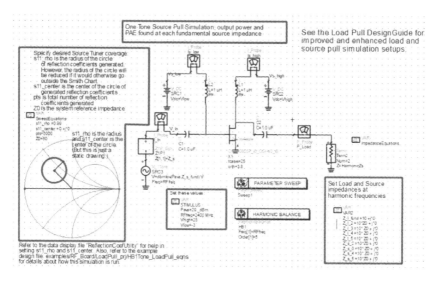

图 1.37　修改后的电路原理图

　　找到【STIMULUS】变量控件，双击控件或单击参数，将参数设置为Pavs=29_dBm、RFfreq=2400MHz、Vhigh=28、Vlow=−3，该组参数为电路参数。找到【SweepEquations】，将参数设置为 s11_rho=0.99、s11_center=0+j*0、pts=5000、Z0=50，该组参数为阻抗扫描参数。参数设置完毕后的电路原理图如图 1.38 所示。

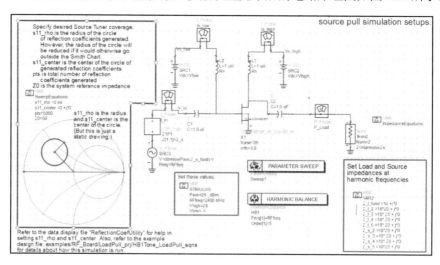

图 1.38　参数设置完毕后的电路原理图

> **说明**
>
> 扫描参数 s11_center 和 s11_rho 决定了仿真阻抗的范围，即仿真会尝试在以 s11_center 为圆心、s11_rho 为半径的区域内的阻抗值。如果该区域设置得过小，可能造成仿真结果不完整；如果设置得太大，有可能不收敛，导致没有仿真结果。因此，现有的设置为初步设置，若仿真发生问题，须进行调整。pts参数为仿真点数，过少会导致仿真结果曲线不连续，过多会拖慢仿真速度，这也应根据实际情况进行调整。

单击工具栏中的图标 进行仿真。由于默认设置的问题，可能不会弹出仿真结果窗口，须要手动打开。源牵引仿真结果如图 1.39 所示。

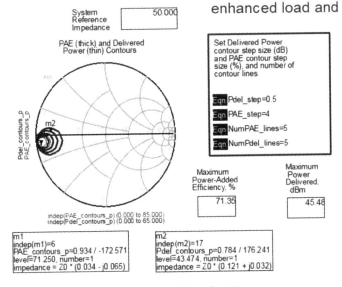

图 1.39　源牵引仿真结果

> **说明**
>
> 执行菜单命令【Simulate】→【Simulate Settings...】，在弹出的窗口中选择【Output Setup】选项卡，选中【Open Data Display when simulation completes】选项，单击【Apply】按钮，然后进行仿真，这样仿真结束后就会自动弹出仿真结果窗口。

将"m1"标记放在效率圆的圆心，将"m2"标记放在功率圆的圆心。在源牵引仿真中，通常效率圆和功率圆是重合的。双击下方的 m1 数据显示框，弹出【Edit Marker Properties】对话框，选择【Format】选项卡，在右下角的归一化阻抗【Z₀】栏中选择 50Ω，之后数据显示框就会显示具体的阻抗值，如图 1.40 所示。

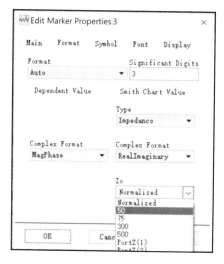

图 1.40　设置归一化阻抗值

 说明

　　源牵引仿真结果所示的最大效率和输出功率为初步仿真结果，由于没有进行输出匹配或设置合适的输出阻抗，所以不代表最高效率和输出功率。此处的匹配阻抗就是初步结果，并不代表最后就要匹配到这个阻抗，后续步骤中可能会根据仿真效果进行一定的调整，或者重新进行仿真。

根据仿真结果，初步选择 1.7-j3.2Ω 为目标输入匹配阻抗。

2. 史密斯圆图匹配

将 50Ω 匹配到目标输入阻抗的共轭 1.7+j3.2Ω。

执行菜单命令【File】→【New】→【Schematic...】，新建名为"INMATCH"的电路原理图。打开电路原理图后，执行菜单命令【Insert】→【Template】，弹出【Insert Template】对话框，在【Schematic Design Templates】列表框中选择【ads_templates：S_Params】，插入 S 参数扫描模板。

在元件面板列表的下拉菜单中选择【Smith Chart Matching】，单击史密斯圆图匹配控件图标 ⊕，在弹出的窗口中单击【OK】按钮，将该控件添加到电路原理图中。

如图 1.41 所示，选中【DA_SmithChartMatch1】控件，执行菜单命令
【Tools】→【Smith Chart…】，弹出史密斯圆图工具。

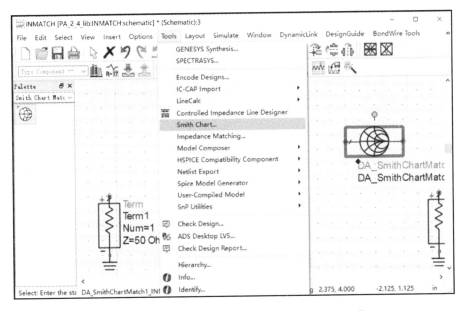

图 1.41　执行菜单命令【Tools】→【Smith Chart…】

在弹出的【SmartComponent Sync】窗口中选中【Update SmartComponent
from Smith Chart Utility】选项，如图 1.42 所示。

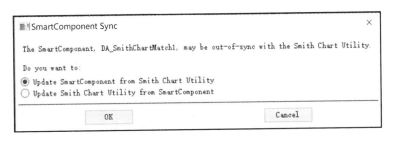

图 1.42　【SmartComponent Sync】窗口

单击【OK】按钮，打开【Smith Chart Utility】对话框，如图 1.43 所示。

将【Freq（GHz）】改为 2.4，将 Zs*（*代表共轭）设置为 1.7−j3.2Ω，源阻抗
点便会移至相应位置。负载阻抗 Z_L 可保持 50Ω 不变。后续进行匹配时，若想防
止误操作导致源阻抗点或负载阻抗点改变，可选中【Lock Source Impedance】和
【Lock Load Impedance】选项。频率和阻抗设置完毕后的界面如图 1.44 所示。

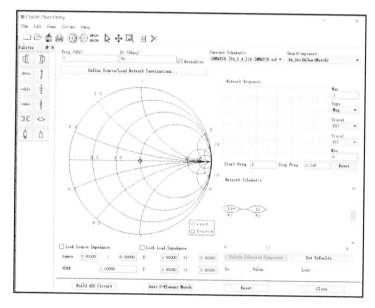

图 1.43 【Smith Chart Utility】对话框

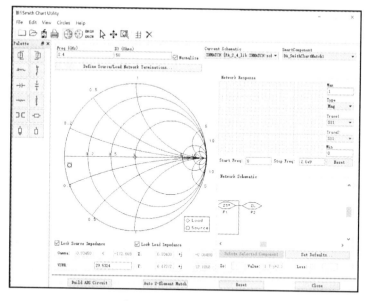

图 1.44 设置频率和阻抗

接下来添加输入匹配结构。由于直接添加传输线（串联微带线）会出现异常，此处先添加枝节（并联微带线），等到传输线添加成功后再将其删掉。单击左侧【Palette】中的开路枝节图标 ⬚，在史密斯圆图中调节，添加任意长度的枝节；单击传输线图标 ⬚，在史密斯圆图中调节，添加任意长度的传输线；重复上述操作，再添加一条传输线。

在右侧【Network Schematic】中选择枝节，单击【Delete Selected Component】按钮将其删掉，剩下两条传输线结构，如图 1.45 所示。

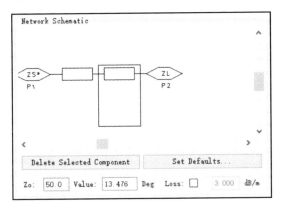

图 1.45　匹配结构设置

选择靠近负载端的传输线，修改参数：Z_0=7.5，Value=42。选择另一条传输线，将负载阻抗匹配到源阻抗共轭，修改参数：Z_0=14，Value=17。在【Network Response】区域中修改参数：Type=dB，Trace1= S21，Stop Freq=4.8e9。匹配完成后的频率表响应如图 1.46 所示。

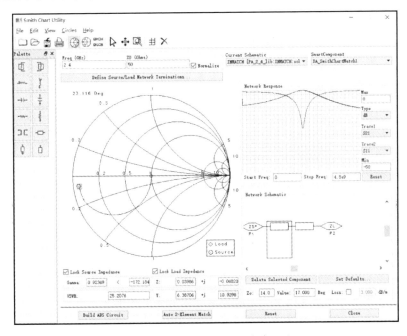

图 1.46　匹配完成后的频率表响应

单击【Build ADS Circuit】按钮，在 INMATCH 电路原理图中单击【DA_SmithChartMatch1】控件，单击工具栏上的下一层图标⚒️，进入史密斯圆图，复制两段传输线后，再单击工具栏上的上一层图标⚒️，返回原来的电路原理图中，粘贴两段传输线，并单击工具栏上的图标🖊️进行连接，连接后的电路原理图如图 1.47 所示。

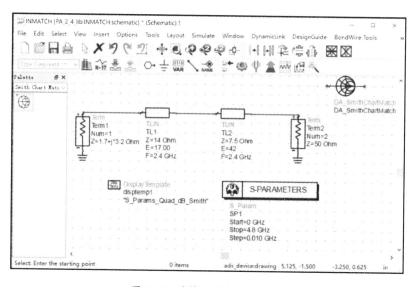

图 1.47　连接后的电路原理图

找到【Term1】端口，双击控件或单击参数，修改参数：Z= 1.7+j*3.2 Ohm。双击 S 参数仿真器 🔧 S-PARAMETERS 或单击参数，设置频率参数：Start=0GHz，Stop=4.8GHz，Step=0.01GHz。参数设置完成后的电路原理图如图 1.48 所示。

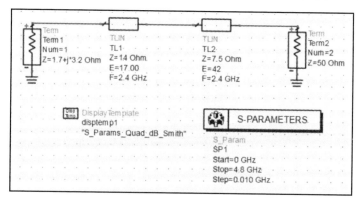

图 1.48　参数设置完成后的电路原理图

单击工具栏上的图标🔧进行仿真，弹出仿真结果窗口，其中默认存在 4 个 S

参数的图标。在仿真结果窗口中找一块空白区域，单击左侧【Palette】控制板的![按钮图标]
按钮，然后在空白区域单击鼠标左键放置图表，弹出【Plot Traces & Attributes】对
话框，如图 1.49 所示。选择【Plot Type】选项卡，双击【Datasets and
Equations】列表框中的【S（1,1）】，将目标参数加入【Traces】列表框（在弹出
的【Complex Data】对话框中选择【dB】）；重复上述步骤，添加参数 S（2,1）；
单击【OK】按钮，生成 S 参数图表。

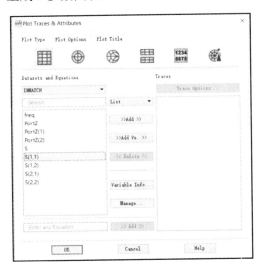

图 1.49　【Plot Traces & Attributes】对话框

执行菜单命令【Marker】→【New...】，然后单击 S（1,1）曲线图的低谷处，
添加曲线标记，如图 1.50 所示。

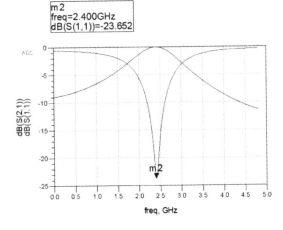

图 1.50　S 参数仿真结果

从仿真结果可以看出，该结构达到了良好的匹配效果。由于最优阻抗是一个范围，前面的目标最优阻抗仅为一个参考值，所以在单频窄带匹配的情况下，不必在此追求过于极致的匹配效果，最终要保证的是整体功率放大器的参数指标。

1.2.5 负载牵引和输出匹配

输出匹配参数采用图 1.3 中给出的数值。因为已有具体参数，理论上无须再匹配，本节介绍的匹配过程只是为了展示操作过程供读者参考。

1. 负载牵引仿真

如图 1.51 所示，随意打开一张电路原理图，执行菜单命令【DesignGuide】→【Amplifier】，打开【Amplifier】窗口，如图 1.52 所示。选择【1-Tone Nonlinear Simulations】→【Load Pull-PAE，Output Power Contours】，单击【OK】按钮，生成负载牵引模板，如图 1.53 所示。

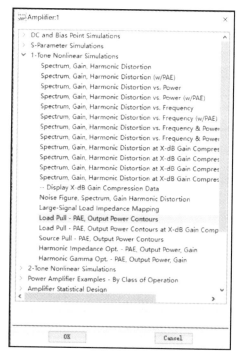

图 1.52 【Amplifier】窗口

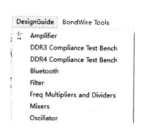

图 1.51 执行菜单命令
【DesignGuide】→【Amplifier】

将系统自带的元器件模型删除，在元件面板列表【CGH40_r6】中选择【CGH40025F】模型，将其放置在原先自带的元器件模型处，如图 1.54 所示。

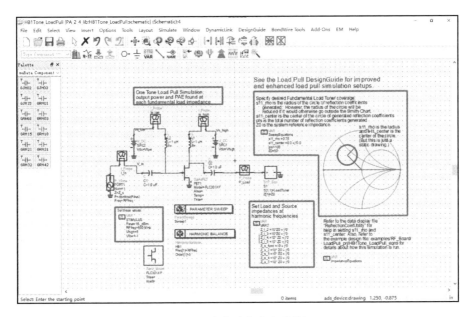

图 1.53　生成的负载牵引模板

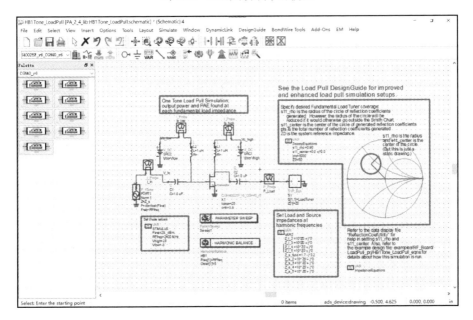

图 1.54　放置【CGH40025F】模型

双击【STIMULUS】变量控件，将其参数设置为 Pavs=29_dBm、RFfreq= 2400MHz、Vhigh=28、Vlow=−3，该组参数为电路参数。双击【SweepEquations】变量控件，将其参数设置为 s11_rho=0.90、s11_center=0+j*0、pts=5000、Z0=50，该

组参数为阻抗扫描参数。为了仿真出相对真实的最佳阻抗，须要修改输入阻抗信息，即前面得到的源牵引最优输入阻抗。找到【Set Load and Source impedances at harmonic frequencies】处的变量控件，此处名为【VAR2】，将参数改为 Z_s_fund= 1.7－j*3.2，其他保持不变。完成设置的电路原理图如图 1.55 所示。

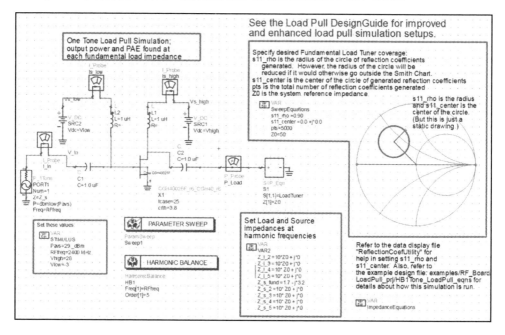

图 1.55　完成设置的电路原理图

　　扫描参数 s11_center 和 s11_rho 决定了仿真阻抗范围，即仿真时会尝试以 s11_center 为圆心、s11_rho 为半径的区域内的阻抗值。如果该区域设置得过小，可能会造成仿真结果不完整；如果该区域设置得太大，有可能不收敛，导致得不到仿真结果。因此这里仅为初步设置，若仿真发生问题，须要进行调整。此处设置为 0.99 就会发生不收敛的情况，因此将其缩小到 0.9。pts 参数为仿真点数，点数过少会导致仿真结果曲线不连续，点数过多会导致仿真速度太慢，因此须要根据实际情况进行调整。

　　参数修改完毕后，单击工具栏上的图标 ⚙ 进行负载牵引仿真，仿真结果如图 1.56 所示（由于默认设置的问题，可能不会弹出仿真结果窗口，须要手动打开）。

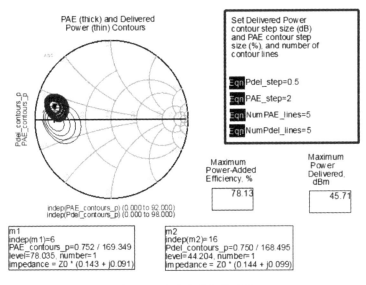

图 1.56　负载牵引仿真结果

将 m1 标记放在效率圆的圆心处，将 m2 点移至功率圆的圆心处。由负载牵引仿真结果可以看出，由于存在非线性，效率圆和功率圆往往不重合。由于本案例关注的重点在效率，因此选择效率圆圆心阻抗进行匹配，此处理论输出功率达到 44dBm，符合功率管输出 25W 的水平。双击下方的 m1 数据显示框，弹出【Edit Marker Properties】对话框，选择【Format】选项卡，在右下角的归一化阻抗【Z₀】栏中选择 50Ω，数据显示框中就会显示具体的阻抗值，如图 1.57 所示。

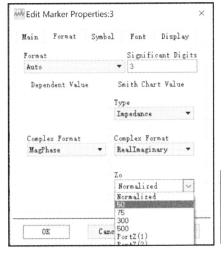

图 1.57　设置归一化阻抗值

说明

　　负载牵引仿真给出的是最大效率和输出功率的初步结果。由于未设置最佳的谐波阻抗，因此仿真结果并不是实际的最高效率和匹配阻抗。此处的匹配阻抗也是初步结果，并不代表最后就要匹配到这个阻抗，后续应根据仿真效果进行调整或重新仿真。

　　根据仿真结果，最优阻抗大致在 7.1+j*4.6Ω 处。

2．输出匹配网络仿真

　　执行菜单命令【File】→【New】→【Schematic…】，新建名为"OUTMATCH"的电路原理图，然后执行菜单命令【Insert】→【Template】，弹出【Insert Template】对话框，在【Schematic Design Templates】列表框中选择【ads_templates：S_Params】，插入 S 参数扫描模板。在元件面板列表【TLines-Ideal】中选择理想传输线（TLIN）　⬚　，在电路原理图添加中 5 条理想传输线，按照参考文献[9]提供的结构进行连接，如图 1.58 所示。

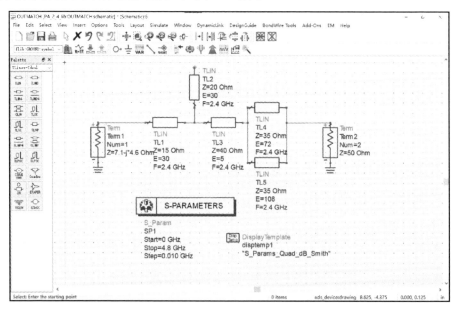

图 1.58　连接完成后的电路原理图

　　找到【Term1】端口，双击控件，将其参数设置为 Z= 7.1-j*4.6 Ohm。双击 S 参数仿真器 ⬚ S-PARAMETERS 或单击电路原理图中的参数，将频率参数设置为 Start=0GHz、Stop=4.8GHz、Step=0.01GHz。双击控件或者单击参数，将输出匹配网络设置到参考文献[9]提供的参数。参数设置完成后的电路原理图如图 1.59 所示。

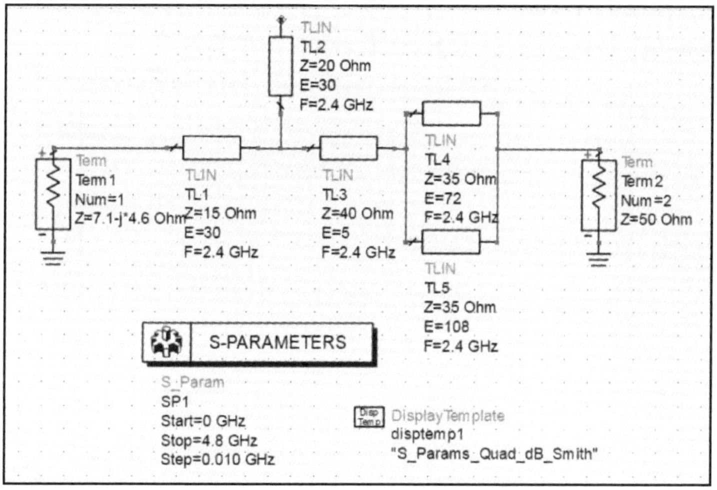

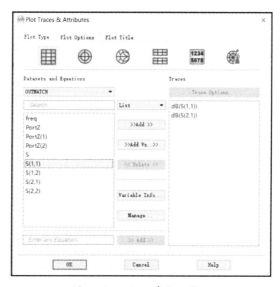

图 1.59　参数设置完成后的电路原理图

　　单击工具栏上的图标 进行仿真，弹出结果窗口，其中默认存在 4 个 S 参数的图标。在仿真结果窗口中找一处空白的区域，单击左侧【Palette】控制板的 按钮，在空白区域单击鼠标左键放置图表，弹出【Plot Traces & Attributes】对话框，如图 1.60 所示。选择【Plot Type】选项卡，双击【Datasets and Equations】列表框中的【S（1,1）】，将其加入【Traces】列表框中（在弹出的【Complex Data】对话框中选择【dB】）；重复上述步骤添加参数【S（2,1）】。

图 1.60　添加 S 参数曲线图

如图 1.61 所示，选择【Plot Options】选项卡，在【Select Axis】列表框中选择【Y Axis】，取消【Auto Scale】选项的选中状态，将参数修改为 Min=-30、Max=0、Step=5，然后单击【OK】按钮，添加 S 参数图表。

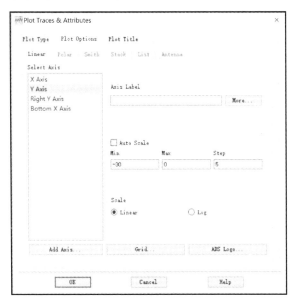

图 1.61　修改 Y 轴范围

执行菜单命令【Marker】→【New...】，单击 S（1,1）曲线图的低谷处，添加曲线标记，如图 1.62 所示。

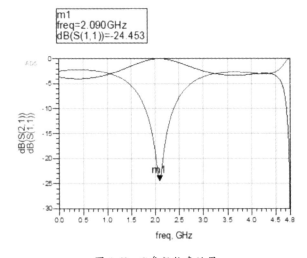

图 1.62　S 参数仿真结果

从仿真结果可以看出，这个结构在该阻抗下的最佳匹配频率偏离到 2GHz 左右。由于该结构是经过整体调节得出的最终结构，在初步匹配的阻抗下得到这样的仿真结果是正常的。接下来看该结构在 2.4GHz 下的输入阻抗。

打开 OUTMATCH 电路原理图，将【Term1】的参数修改为 Z=50 Ohm；单击工具栏上的图标 进行仿真，在弹出的结果窗口找到 S（1,1）的史密斯圆图曲线；执行菜单命令【Marker】→【New...】，在 S（1,1）曲线图中添加曲线标记；在曲线参数窗口单击 freq 参数，将其修改为 freq=2.4GHz，双击曲线标记的数据显示框，弹出【Edit Marker Properties】对话框，选择【Format】选项卡，在右下角的归一化阻抗【Z_0】栏中选择 50Ω。最终得到仿真结果如图 1.63 所示。

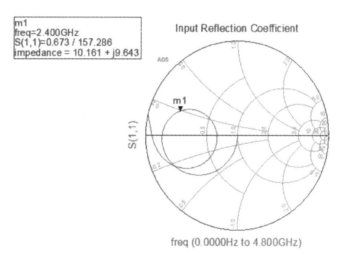

图 1.63　输出匹配网络阻抗仿真结果

将该阻抗值带回图 1.56 所示的牵引负载仿真结果中，仍旧处于 74%的高效率圆内。至此，功率放大器各个部分的初步设计已经完成，接下来进行电路原理图仿真，在总体结果内进行调节。

1.3　逆 F 类功率放大器的 ADS 电路原理图仿真

电路原理图仿真是功率放大器总体仿真的第一步，它又分为两个步骤：首先用设计好的理想模型进行仿真，再转化为实际参数微带线模型进行仿真。相较于理想模型，实际参数微带线模型更接近实际，也可以较方便地转化为版图模型。

1.3.1 理想模型仿真

执行菜单命令【File】→【New】→【Schematic...】，新建名为"SCH1"的电路原理图。进入电路原理图后，执行菜单命令【Insert】→【Template】，弹出【Insert Template】对话框，在【Schematic Design Templates】列表框中选择【ads_templates：S_Params】，插入 S 参数扫描模板。

在元件面板列表【CGH40_r6】中选择【CGH40025F】，将其添加到电路原理图中；在元件面板列表【TLines-Ideal】中选择 2 条理想传输线（TLIN）🔲，将其添加到电路原理图中；在元件面板列表【Sources-Freq Domain】中选择 2 个直流电源（V_DC）🔋，将其添加到电路原理图中；在元件面板列表【muRataLibWeb Set Up】中选择库文件（muRataLibWeb_include 🔲），将其添加到电路原理图中；在元件面板列表【muRata Components】中选择 2 个 GRM18 系列电容 ⚌，将其添加至电路原理图中。

将电路原理图 Stability、INMATCH、OUTMATCH 中设计好的理想模型复制到 SCH1 电路原理图中，按图 1.64 所示连接各个元件。

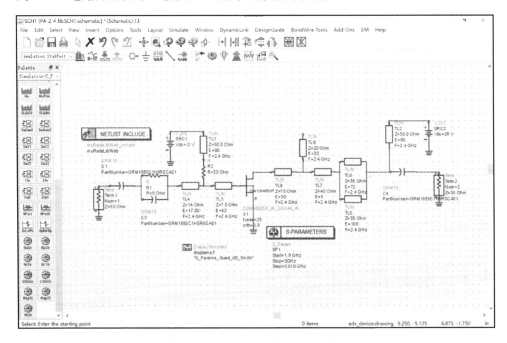

图 1.64　连接完成后的电路原理图

双击 S 参数仿真器 ⚊ S-PARAMETERS，将频率参数设置为 Start=1.8GHz、Stop=3GHz、Step=0.01GHz。双击栅极电源（图中 SRC1），将其电压参数设置为

Vdc=-3V。双击漏极电源（图中 SRC2），将其电压参数设置为 Vdc=28V。将电源处的两根四分之一波长传输线的参数修改为 E=90、F=2.4GHz。双击输入和输出部分的 GRM18 村田电容模型，在弹出的窗口中将【PartNumber】修改为 581：GRM1885C1H9R0CA01 的 9pF 贴片电容模型。修改好后的电路原理图如图 1.65 所示。

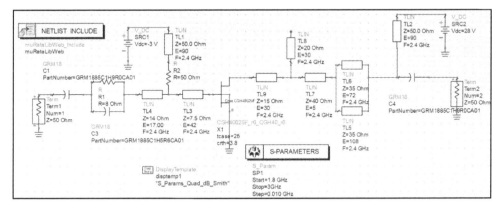

图 1.65   修改完毕的电路原理图

　　选择 9pF 隔直电容的理由是，根据村田电容的 RLC 模型，9pF 电容的谐振点在 2.4GHz 左右，相当于短路，此时理论上对电路性能影响最小。其他电容的最佳规格可根据仿真结果来确定。由于仿真模型与实际情况可能有偏差，实验中也是按照这个规格选取最佳电容的，不一定局限于仿真规格。

　　单击工具栏中的图标 进行仿真，在弹出的仿真结果窗口中找一处空白的区域，单击左侧【Palette】控制板的 按钮，在空白区域单击鼠标左键放置图表，弹出【Plot Traces & Attributes】对话框，如图 1.66 所示。选择【Plot Type】选项卡，双击【Datasets and Equations】列表框中的【S（1,1）】，将目标参数加入【Traces】列表框中（在弹出的【Complex Data】对话框中选择【dB】）；重复上述步骤，添加参数【S（2,1）】。单击【OK】按钮，生成 S 参数图表，如图 1.67 所示。

　　从仿真结果可以看出，功率放大器整体仿真出现了频率偏移的现象，接下来进行参数调节。

　　功率放大器回波损耗和驻波比与输入匹配关系较大，因此主要通过调节输入匹配参数来修正 S 参数偏移。打开 SCH1 电路原理图，双击输入匹配网络中最靠近晶体管的传输线（此处为 TL3），弹出【Edit Instance Parameters】对话框，如图 1.68 所示。在【Select Parameter】列表框中选择 Z 参数，单击【Tune/Opt/Stat/DOE Setup..】按钮，弹出【Setup】对话框，如图 1.69 所示；在【Tuning Status】栏中选择【Enabled】，将参数修改为 Minimum Value=1 Ohm、Maximum Value=50 Ohm、Step Value=1 Ohm；单击【OK】按钮。按照同样的步骤，设置 E 参数：Minimum Value=0 Ohm、Maximum Value=180 Ohm、Step Value=1 Ohm。设置完毕后，单击【Edit Instance Parameters】对话框中的【OK】按钮，完成参数设置。

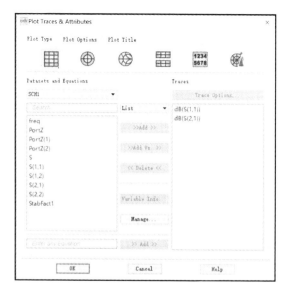

图 1.66 【Plot Traces & Attributes】对话框

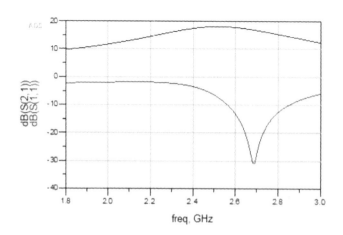

图 1.67 S 参数仿真结果

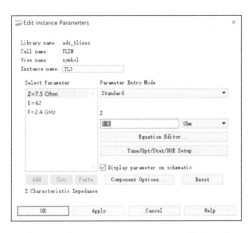

图 1.68　【Edit Instance Parameters】对话框

图 1.69　【Setup】对话框

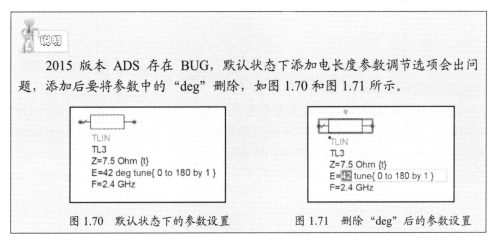

图 1.70　默认状态下的参数设置	图 1.71　删除 "deg" 后的参数设置

说明

　　2015 版本 ADS 存在 BUG，默认状态下添加电长度参数调节选项会出问题，添加后要将参数中的 "deg" 删除，如图 1.70 和图 1.71 所示。

　　用同样步骤，为输入匹配网络中的另一条传输线添加调节参数。除了采用上述方法，还可以直接把调节代码添加进参数，格式为【tune{ 起始数值 单位 to 终止数值 单位 by 变动数值 单位 }】，例如：【tune{ 1 Ohm to 50 Ohm by 1 Ohm }】，表示从 1 Ω 到 50 Ω，每次调节 1 Ω。对于无单位变量，可以不加单位，如【tune{ 0 to 180 by 1 }】。将调节代码直接复制或输入在参数后面，该参数就成为调节参数，如图 1.72 和图 1.73 所示。

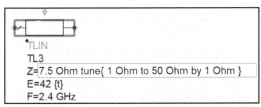

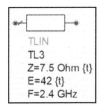

图 1.72　添加调节参数	图 1.73　添加调节参数后的效果

添加完调节参数后，单击工具栏的参数调节图标 ❦，进入调节模式，弹出【Tune Parameters】对话框，如图 1.74 所示。

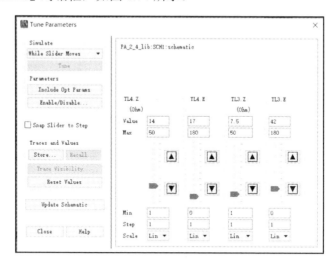

图 1.74 【Tune Parameters】对话框

同时打开 SCH1 的仿真结果图和参数调节界面，调节 4 项参数，直至仿真结果达到预期效果为止。调节完毕后的输入匹配网络参数和仿真结果如图 1.75 所示。

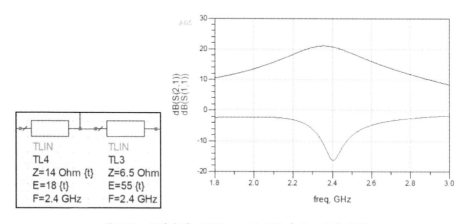

图 1.75 调节完毕后的输入匹配网络参数和仿真结果

在实际工程中，通常要求功率放大器的驻波比 VSWR 小于 2，换算至 S（1,1）约为小于-10dB。由此可见，调节后的指标达到了要求。

接下来进行大信号仿真。首先将 SCH1 元件化，单击工具栏中的端口图标 ❍▪，为 SCH1 电路原理图添加 I/O 端口和供电端口，如图 1.76 所示。

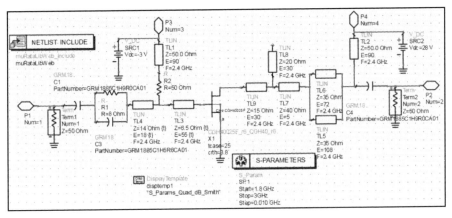

图 1.76　添加端口后的电路原理图

若端口的方向不同，生成的元件也不同，但对仿真结果没有影响。

　　端口添加完毕后，在主界面【Folder View】选项卡中用鼠标右键单击【SCH1】的 Cell，在弹出的快捷菜单中选择【New Symbol】，如图 1.77 所示；弹出【New Symbol】对话框，如图 1.78 所示；单击【OK】按钮，弹出【Symbol Generator】对话框，如图 1.79 所示。在【Symbol Type】区域选中【Quad】选项，在【Order Pins by】区域选中【Orientation/Angle】选项；单击【OK】按钮，生成电路原理图符号，如图 1.80 所示（说明：生成的元件符号有可能与图 1.80 不完全一致，但对仿真结果没有影响）。

图 1.77　在弹出的快捷菜单中选择【New Symbol】

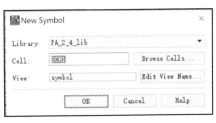

图 1.78　【New Symbol】对话框

47

图 1.79 【Symbol Generator】对话框

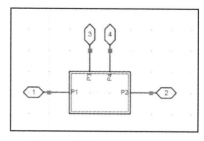

图 1.80 生成的电路原理图符号

电路原理图符号创建完毕后，任意打开一张电路原理图，按图 1.81 所示执行菜单命令【DesignGuide】→【Amplifier】，弹出【Amplifier】对话框，如图 1.82 所示；选择【1-Tone Nonlinear Simulations】→【Spectrum, Gain, Harmonic Distortion vs. Power （w/PAE）】，然后单击【OK】按钮，生成大信号功率扫描模板，如图 1.83 所示。

图 1.81 执行菜单命令
【DesignGuide】→【Amplifier】

图 1.82 【Amplifier】对话框

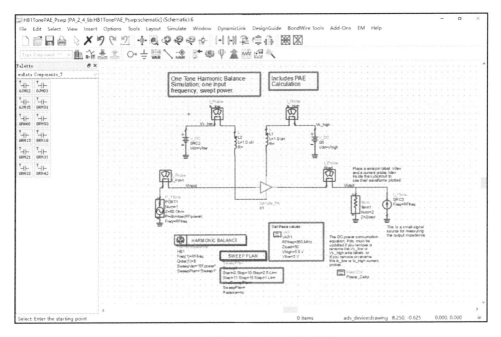

图 1.83　生成的大信号功率扫描模板

将默认模板中间的晶体管删除，选中供电处的两个电感，单击工具栏中的短路图标⬚，将其短路。单击左上方工具栏中的器件库图标🏛，弹出【Component Library】对话框，如图 1.84 所示。

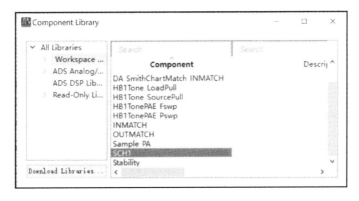

图 1.84　【Component Library】对话框

在左侧列表框中选择【All　Libraries】 → 【Workspace　Library】，在右侧【Component】栏中选中【SCH1】（注：若未找到，可重启 ADS 后再次尝试），双击【SCH1】后可在电路原理图中选择添加，然后将相应端口连接至相应位置，如图 1.85 所示。

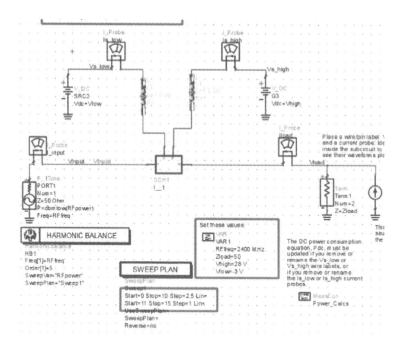

图 1.85   完成连接的电路原理图

接下来进行参数设置：双击【VAR1】变量控件，将其参数设置为 RFfreq=2400MHz、Vhigh=28V、Vlow=-3V，该组参数为电路参数。双击【SWEEP PLAN】控件，弹出【Sweep Plan】对话框，如图 1.86 所示。单击【Add】按钮，添加新的扫描段，将新增段的参数修改为 Start=15、Stop=32、Step-size=0.5；单击【OK】按钮，完成参数设置，如图 1.87 所示。

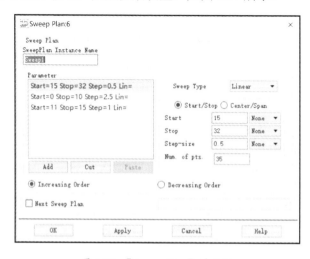

图 1.86   【Sweep Plan】对话框

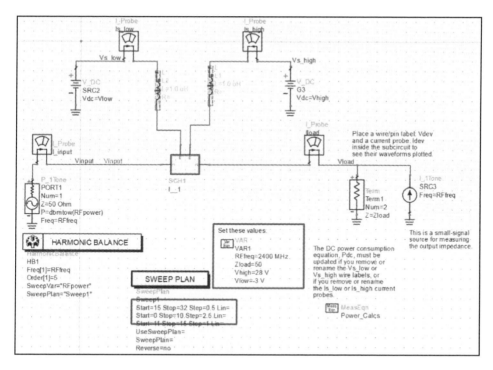

图 1.87　完成参数设置的电路原理图

单击图 1.87 中的元件【SCH1】，然后单击工具栏中的下一层图标，打开该元件的电路原理图，利用工具栏中的禁用图标，将 SCH1 电路原理图中的电源元件【SRC1】和【SRC2】、端口元件【Term1】和【Term2】、*S* 参数仿真控件【SP1】禁用，如图 1.88 所示。

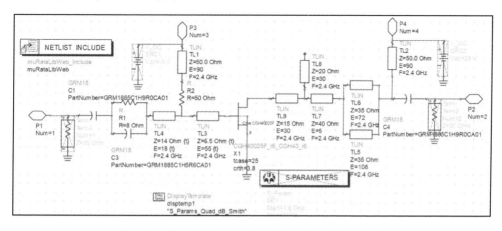

图 1.88　禁用 SCH1 电路原理图中的部分元件和控件

说明

　　某些版本 ADS 的【Display Template】控件可能导致仿真结果显示异常，建议一并禁用。

　　完成禁用后，单击工具栏中的返回上一层图标，返回功率扫描电路原理图。单击工具栏中的图标进行仿真，打开仿真结果窗口，在仿真结果图中找到表【Gain and Gain Compression】（表示增益和增益压缩随着输出功率变化的变化）和表【Power-Added Efficiency, %】（表示功率附加效率随着输出功率变化的变化结果），如图 1.89 所示。

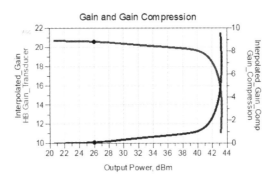

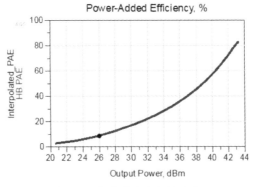

图 1.89　大信号功率扫描结果

　　由仿真结果可以看出，在 2.4GHz 处，该功率放大器在饱和状态下的功率附加效率可超过 80%。

　　接下来进行频率扫描仿真。如图 1.90 所示，任意打开一张电路原理图，执行菜单命令【DesignGuide】→【Amplifier】，弹出【Amplifier】对话框，如图 1.91 所示；选择【1-Tone Nonlinear Simulations】→【Spectrum，Gain，Harmonic Distortion vs. Frequency（w/PAE）】，然后单击【OK】按钮，生成大信号功率扫描模板。

图 1.90　执行菜单命令
【DesignGuide】→【Amplifier】

图 1.91　【Amplifier】对话框

　　将默认模板中间的晶体管删除，选中供电处的两个电感，单击工具栏中的短路图标▓将其短路。单击工具栏中的器件库图标▥，弹出【Component Library】对话框。在左侧列表框中选择【All Libraries】→【Workspace Library】，在右侧【Component】栏中选中【SCH1】（注：若未找到，可重启 ADS 后再次尝试），双击【SCH1】后可在电路原理图中选择添加，然后将相应端口连接至相应位置，如图 1.92 所示。

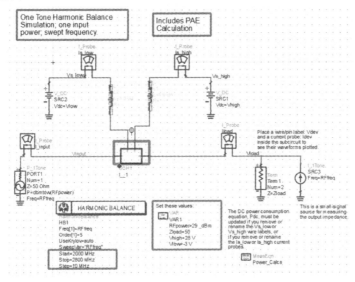

图 1.92　连接完毕后的大信号频率扫描模板

接下来进行参数设置：双击【VAR1】变量控件，将其参数设置为 RFpower=29_dBm、Vhigh=28、Vlow=-3，该组参数为电路参数。双击【HARMONIC BALANCE】控件，将其参数修改为 Start=2000MHz、Stop=2800MHz、Step=10MHz。完成参数设置的大信号频率扫描电路原理图如图 1.93 所示。

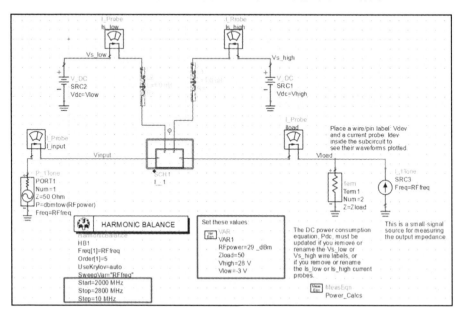

图 1.93　完成参数设置的大信号频率扫描电路原理图

单击工具栏中的图标 进行仿真，仿真结束后，在仿真结果图中找到表【Power-Added Efficiency, %】（表示功率附加效率随频率变化的结果）。大信号频率扫描仿真结果如图 1.94 所示。

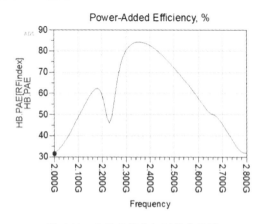

图 1.94　大信号频率扫描仿真结果

由图中可以看出,最高效率点有一定的偏移,由于功率放大器存在非线性,其最佳效率、回波损耗和增益等指标所对应的频率有可能不重合,必须综合考虑。

1.3.2 微带线模型仿真

理想模型采用的是理想传输线模型,与现实中的传输线有一定的差别,所以在完成理想模型仿真后,还要进行微带线模型的电路原理图仿真。ADS 提供丰富的微带线元件,并可轻松转化为版图。

执行菜单命令【File】→【New】→【Schematic...】,新建名为"SCH2"的电路原理图,然后可以参照前文介绍的理想微带线模型仿真步骤,添加除传输线外的元件和端口。本节采取另一种方法,直接将 SCH1 电路原理图中的元件复制到 SCH2 电路原理图中,并删去所有理想传输线模型;接下来将理想传输线模型转化为实际微带线模型。

打开 SCH2 电路原理图,按图 1.95 所示执行菜单命令【Tools】→【LineCalc】→【Start LineCalc】,打开【LineCalc/untitled】对话框,如图 1.96 所示。

图 1.95 执行菜单命令【Tools】→【LineCalc】→【Start LineCalc】

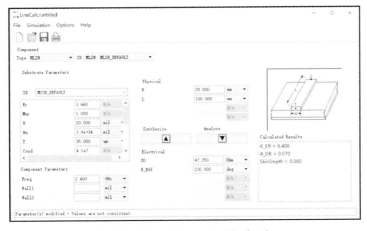

图 1.96 【LineCalc/untitled】对话框

将本案例所用 RO4350B 板材的参数输入【LineCalc/untitled】对话框：将
【Substrate Parameters】区域的参数设置为 Er=3.66（此为 RO4350B 的设计推荐值，
与生产实际值有所区别）、H=20mil、T=35um、TanD=0.0035，其他参数保持默认；
在【Components Parameters】区域设置参数为 Freq=2.4GHz；将【Physical】区域
的单位全部设置为【mm】。至此，参数设置完毕，之后只须在【Electrical】区域
输入阻抗和电长度参数，然后单击【Synthesize】按钮，即可换算出相应的微带
线长宽，如图 1.97 所示。

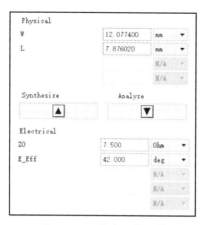

图 1.97　微带线长宽计算

将 SCH1 电路原理图中的理想传输线参数换算成微带线参数，并将相应模型
加入 SCH2 电路原理图中。打开 SCH2 电路原理图，在元件面板列表【TLines-
Microstrip】中选择板材基板控件（MSub）⊞，将其添加至电路原理图中的空白
处，并将参数修改为 Er=3.66、H=20 mil、T=35 um、TanD=0.0035，其他参数保
持默认值，如图 1.98 所示；在元件面板列表【TLines-Microstrip】中选择微带线
模型（MLIN）若干，如图 1.99 所示，将其添加至电路原理图中；按照 SCH1
电路原理图中的结构进行连接。完成连接的微带线电路原理图如图 1.100 所示。

图 1.98　基板控件

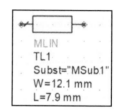

图 1.99　微带线模型

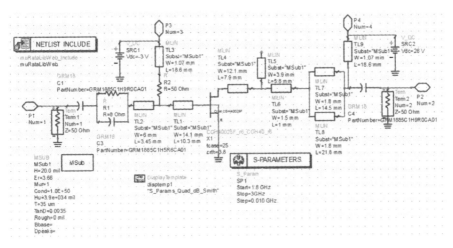

图 1.100 完成连接的微带线电路原理图

将电路原理图中所有微带线参数设置为由【LineCalc/untitled】对话框计算出的参数。修改参数后的微带线电路原理图如图 1.101 所示。

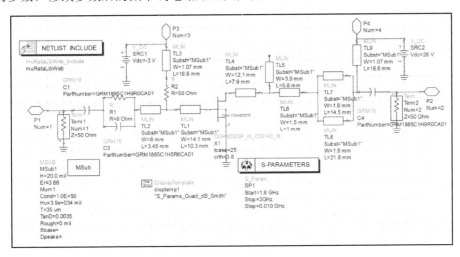

图 1.101 修改参数后的微带线电路原理图

由于理想传输线模型为理想连接，在其转化为微带线模型后，应变更为实际的连接方式，以贴近现实情况，这样也更容易将其转换为版图。此外，最好将微带线模型参数化，使参数更加直观，调节起来会更加方便，同时也增加了工程规范程度。

将抽象连接转化为实际连接的主要步骤是添加各个连接模块。在本案例中，需要在三条传输线交叉处加入"T"形支节（MTee） （如图 1.102 所示），在拐角处加入拐角微带线（MSABND） （如图 1.103 所示），在宽度过渡处按需加入渐变微带线（MTAPER） ，如图 1.104 所示。

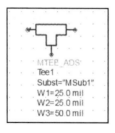

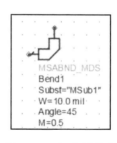

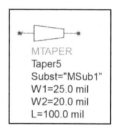

图 1.102 "T"形枝节　　　　图 1.103　拐角微带线　　　　图 1.104　渐变微带线

双击上述元件，打开【Edit Instance Parameters】对话框，如图 1.105 所示。单击【HELP】按钮，可以查看元件的参数属性，并且在所有电阻、电容、电感处加入相应焊盘（焊盘通常用微带线代替）。以上元件均位于元件面板列表【TLines-Microstrip】中。

　　连接模块本身具有长度，接入连接模块后，须要根据情况调整微带线长度。

添加变量参数的方式为：单击工具栏中的变量图标，在电路原理图空白处添加变量控件，如图 1.106 所示；双击变量控件，弹出【Edit Instance Parameters】对话框，在【Name】栏输入变量名、在【Variable Value】栏输入参数值，然后单击【Add】按钮即可，如图 1.107 所示。添加变量参数后，也可以在电路原理图中直接更改参数值，这就可以增加调节的方便程度。

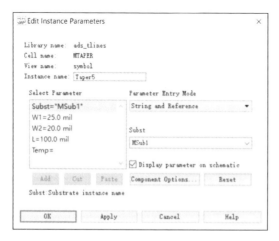

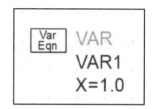

图 1.105　【Edit Instance Parameters】对话框（1）　　　　图 1.106　变量控件

图 1.107 【Edit Instance Parameters】对话框（2）

说明

添加变量参数时，可以先不设置单位，在使用变量时再加入单位即可，如图 1.108 所示。也可以在变量参数上直接添加单位，这样在使用时就无须加单位了。添加变量后，调节参数仅须添加在变量中，设置方法是：单击【Tune/Opt/Stat/DOE Setup...】按钮，或者在参数空间中直接加上调节参数代码【tune{ 起始数值 单位 to 终止数值 单位 by 变动数值 单位 }】，如图 1.109 所示。

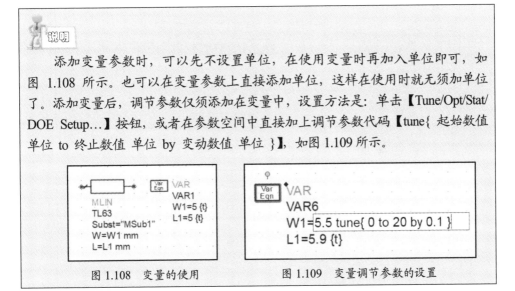

图 1.108 变量的使用   图 1.109 变量调节参数的设置

将 SCH2 电路原理图中的微带线模型改为实际连接，并全体变量化，给所有变量添加调节参数（此过程较为烦琐，在此不过多赘述）。修改完毕的微带线电路原理图如图 1.110 和图 1.111 所示。

单击工具栏中的图标 进行仿真，弹出仿真结果窗口。在仿真结果窗口中找一处空白的区域，单击左侧【Palette】控制板中的 按钮，在空白区域单击鼠标左键放置图表，弹出【Plot Traces & Attributes】对话框，选择【Plot Type】选项卡，双击【Datasets and Equations】列表框中的【S（1,1）】，将目标参数加入

【Traces】列表框（在弹出的【Complex Data】对话框中选择【dB】）；重复上述步骤，添加参数 S（2,1）。

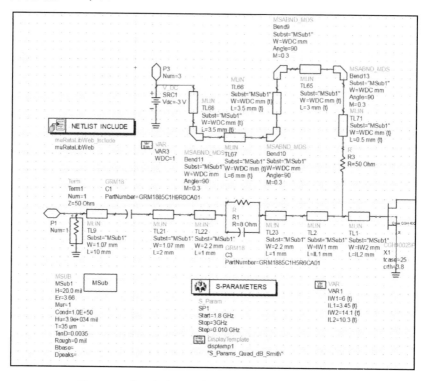

图 1.110　修改完毕的微带线电路原理图（输入部分）

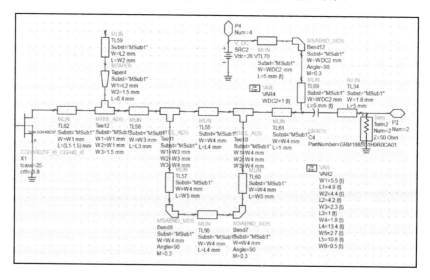

图 1.111　修改完毕的微带线电路原理图（输出部分）

通常初次转化后的仿真结果会有一定的偏差，须要进行参数调节。返回 SCH2 电路原理图，单击工具栏中的参数调节图标 ，进入调节模式，弹出【Tune Parameters】对话框，如图 1.112 所示。

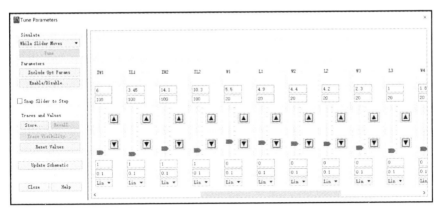

图 1.112　【Tune Parameters】对话框

在【Tune Parameters】对话框中单击上下箭头，可按设定的 Step 值增减参数；也可以直接输入数值更改调节参数的最大值、最小值和当前值。调整参数，仿真结果也会随之相应变化。

 说明

　　【Tune Parameters】对话框会在每次更改参数时进行一次仿真。如果单击上下箭头后，参数短时间内没有变化，可能是仿真速度较慢，此时应等待仿真完成，待仿真结果变化后再单击调整，以免造成混乱。

通过调节工具调整参数到一个良好的仿真结果后，单击【Update Schematic】按钮，将仿真结果存储到电路原理图中，然后关闭【Tune Parameters】对话框。修改后的参数如图 1.113 所示，与之对应的 S 参数仿真结果如图 1.114 所示。

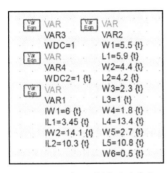

图 1.113　初步调节得到的参数

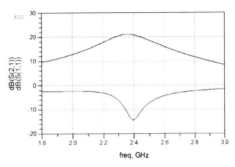

图 1.114　参数调节后的 S 参数仿真结果

接下来将 SCH2 电路原理图元件化，进行大信号仿真。如图 1.115 所示，在主界面【Folder View】选项卡中用鼠标右键单击【SCH2】的 Cell，在弹出的快捷菜单中选择【New Symbol】，弹出【New Symbol】对话框，如图 1.116 所示；单击【OK】按钮，弹出【Symbol Generator】对话框，如图 1.117 所示；在【Symbol Type】区域选中【Quad】选项，在【Order Pins by】区域选中【Orientation/Angle】选项，单击【OK】按钮，生成电路原理图符号，如图 1.118 所示。

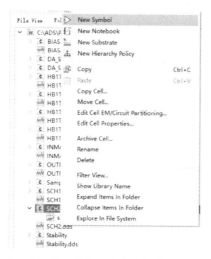

图 1.115　在弹出的快捷菜单中选择【New Symbol】

图 1.116　【New Symbol】对话框

图 1.117　【Symbol Generator】对话框

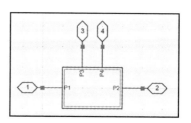

图 1.118　生成的电路原理图符号

打开 SCH2 电路原理图，利用工具栏中的禁用图标▣，将电源元件【SRC1】和【SRC2】、端口元件【Term1】和【Term2】、S 参数仿真控件【SP1】禁用，并将 Term 端口和电源一起禁用，如图 1.119 所示。

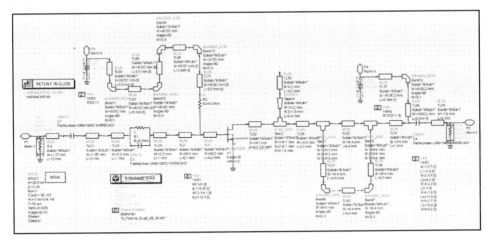

图 1.119　禁用 SCH2 电路原理图中的部分元件和控件

打开先前已经创建好的 HB1TonePAE_Pswp 电路原理图，将原有的【SCH1】元件删除，单击工具栏中的器件库图标▦，将【SCH2】元件连接到电路中，如图 1.120 所示。

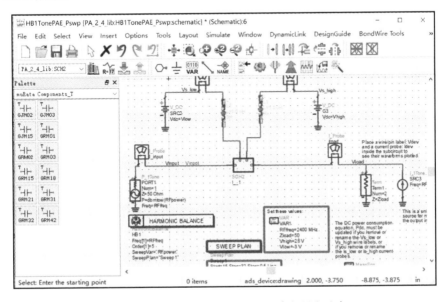

图 1.120　将【SCH2】元件加入功率扫描电路中

单击工具栏中的图标 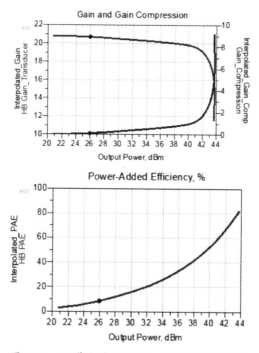 进行仿真，打开仿真结果窗口，找到表【Gain and Gain Compression】和【Power-Added Efficiency, %】，如图 1.121 所示。

图 1.121　微带线模型大信号功率扫描仿真结果

接下来进行频率扫描仿真。打开先前已经创建好的 HB1TonePAE_Fswp 电路原理图，将原有的【SCH1】元件删除，单击工具栏中的器件库图标 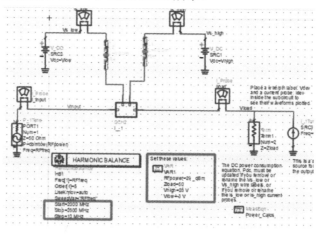，将【SCH2】的元件连接到电路中，如图 1.122 所示。

图 1.122　将【SCH2】元件加入频率扫描电路中

单击工具栏中的图标 🐾 进行仿真，得到的仿真结果如图 1.123 所示。

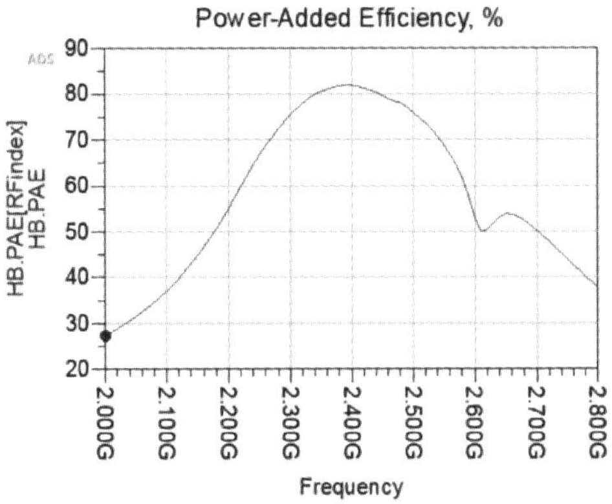

图 1.123　微带线模型大信号频率扫描仿真结果

功率放大器的主要指标均为大信号指标，若大信号仿真结果不理想，应在大信号仿真的情况下进行参数调节。此处由仿真结果可以看出，无论功率扫描还是频率扫描，功率放大器都能得到良好的仿真结果。

1.4　逆 F 类功率放大器的 ADS 版图联合仿真

在基于 ADS 的仿真中，版图仿真是最接近实际情况的仿真，也是最消耗计算资源、速度最慢的仿真步骤。版图仿真只能仿真微带线的无源版图，对于功率放大器整体系统，应在版图仿真后生成模型，再将其导入电路原理图中进行联合仿真。

1.4.1　版图仿真

执行菜单命令【File】→【New】→【Schematic...】，新建名为 "SCH3_Layout" 的电路原理图。将 SCH2 电路原理图中的所有元件复制到 SCH3_Layout 电路原理图中，如图 1.124 所示。

利用工具栏中的禁用图标 ⊠，将除微带线和端口外的所有器件禁用，仅保留微带线、变量参数和基板参数控件，如图 1.125 所示。

如图 1.126 所示，执行菜单命令【Layout】→【Generate/Update Layout...】，弹出【Generate/Update Layout】对话框，如图 1.127 所示；保持默认设置，单击【OK】按钮，弹出版图界面，如图 1.128 所示。

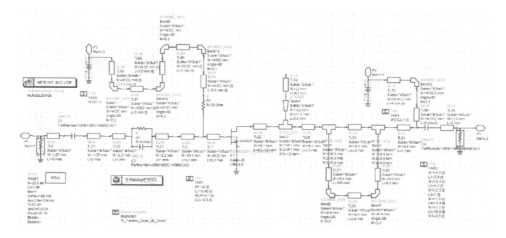

图 1.124　将 SCH2 电路原理图中的所有元件复制到 SCH3_Layout 电路原理图中

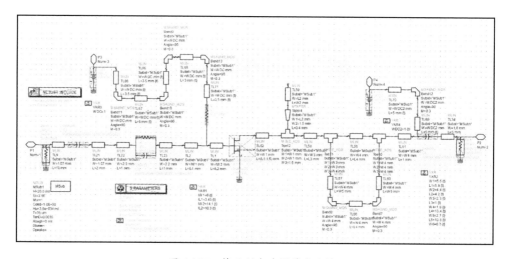

图 1.125　禁用所有非微带线元件

Layout	Simulate	Window	DynamicLink	DesignGuid

Generate/Update Layout...　　　　　　　Alt+X

Place Components From Schem To Layout

Design Differences...

Fix Component Position

Lock Component Position

Free Component Position

Show Equivalent Node

Show Equivalent Component

Show Unplaced Components

Show Components With No Artwork

Clear Highlighted Components

图 1.126　执行菜单命令【Layout】→【Generate/Update Layout...】

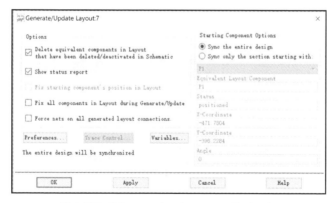

图 1.127　【Generate/Update Layout】对话框

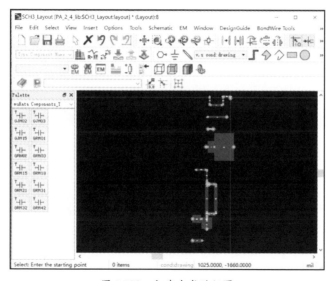

图 1.128　初步生成的版图

生成版图后，可以利用【Ctrl+M】快捷键或鼠标右键菜单中的【Measure】选项调出测量工具，验证版图的尺寸是否正确。

 说明

　　如果测量结果的单位是 mil，则可能是创建工作空间时设置错误。改正方法如下：关闭所有设计窗口，否则有可能导致修改失败；如图 1.129 所示，在文件界面执行菜单命令【Options】→【Technology】→【Technology Setup…】，弹出【Technology Setup】对话框，在【Units】区域选中【millimeter】选项，如图 1.130 所示；单击【OK】按钮，在弹出的提示窗口中均单击【OK】按钮即可。

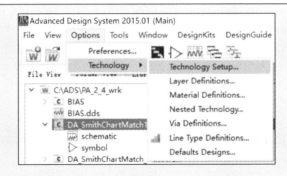

图 1.129　执行菜单命令【Options】→【Technology】→【Technology Setup...】

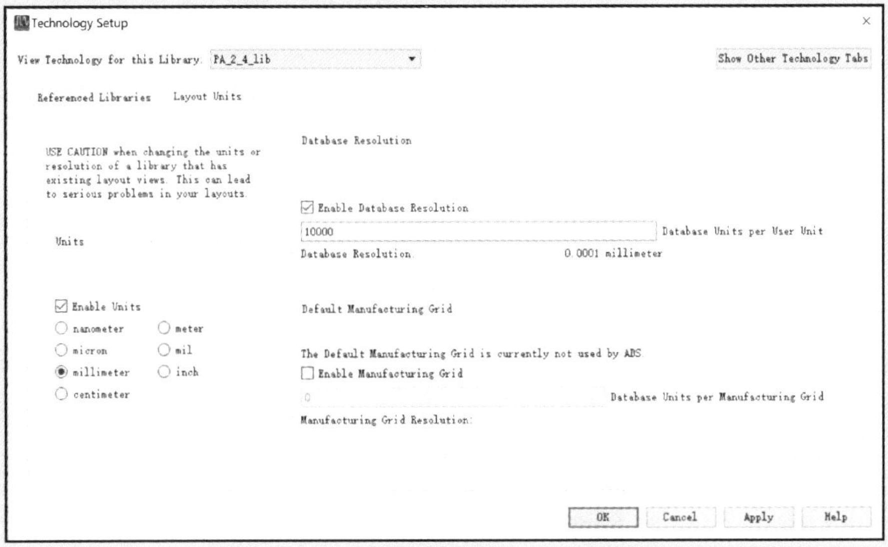

图 1.130　【Technology Setup】对话框

　　然后删除原先生成的版图，返回电路原理图，执行菜单命令【Layout】→【Generate/Update Layout...】，弹出【Generate/Update Layout】对话框；单击【Preference】按钮，弹出【GenerateUpdatePreferences】对话框，如图 1.131 所示；将【Size】栏中数值修改为 0.254，将【Generic Artwork Size】栏和【Pin/Ground Size】栏中的数值修改为 1，单击【OK】按钮。

　　最后在版图中空白处单击鼠标右键，在弹出的菜单中选择【Preference】，弹出【Preferences for Layout】对话框，选择【Unit/Scale】选项卡，将【Length】栏设置为【mm】，如图 1.132 所示；再选择【Grid/Snap】选项卡，将【Spacing】区域中【Snap Grid Distance（in layout units）*】下的【X】栏和【Y】栏中的数值均修改为0.1，如图 1.133 所示；单击【OK】按钮，即可恢复正常。

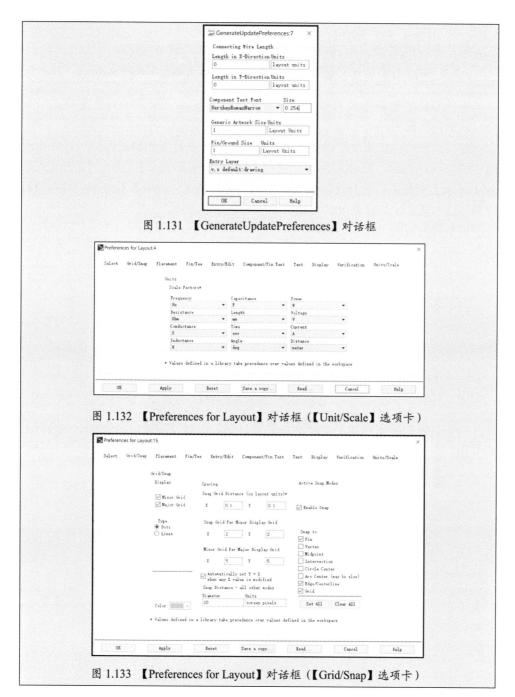

图 1.131　【GenerateUpdatePreferences】对话框

图 1.132　【Preferences for Layout】对话框（【Unit/Scale】选项卡）

图 1.133　【Preferences for Layout】对话框（【Grid/Snap】选项卡）

初步生成版图后，版图有些杂乱，须要适当调整。按照设计方案将各个部件布置好，选中一个或多个部件，利用【Ctrl+R】快捷键旋转部件。

常用 0603 封装贴片焊盘间距为 0.7mm，中间功率管间距为 4.4mm。

有些部件的连接方式有错误，须要纠正。理论上，版图中只要在界面中重合，就算是连通的。

移动过程中，如果发现最小移动幅度太大，无法让版图精准连接，可以在版图中单击鼠标右键，从弹出的快捷菜单中选择【Preference】，弹出【Preferences for Layout】对话框，选择【Grid/Snap】选项卡，在【Snap to】区域取消【Grid】选项的选中状态，这样就可以实现精细移动。

调整后的版图如图 1.134 所示。

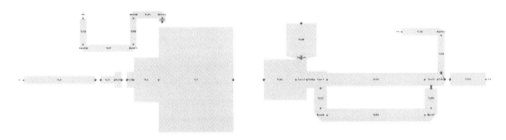

图 1.134　调整后的版图

对比生成的版图和参考文献[9]中的设计图，可以发现输出部分有一些细节上的差别。将双传输线上部上移一点，单击工具栏中的方形工具图标 ▭，补充空余部分。调整后的输出匹配网络版图如图 1.135 所示。

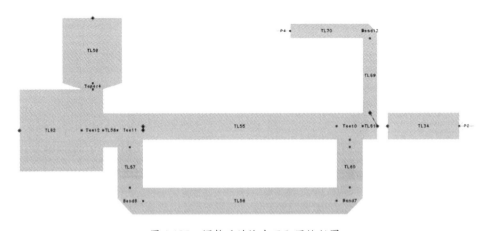

图 1.135　调整后的输出匹配网络版图

调整好版图后，为版图添加端口。由于生成版图时在电源和输入/输出区域都已添加端口，所以剩余的主要工作是添加贴片元件的连接端口。

单击工具栏中的端口图标○⊢，即可在版图中单击鼠标左键添加端口，利用【Ctrl+R】快捷键可以变换端口方向。在所有焊盘处均加上端口。

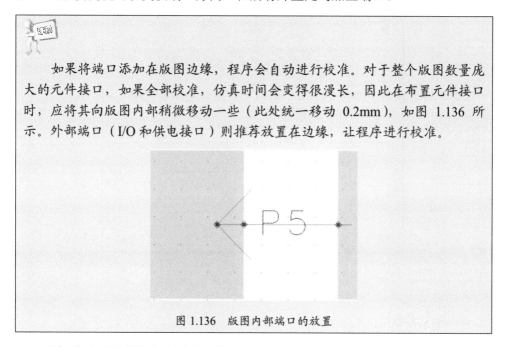

如果将端口添加在版图边缘，程序会自动进行校准。对于整个版图数量庞大的元件接口，如果全部校准，仿真时间会变得很漫长，因此在布置元件接口时，应将其向版图内部稍微移动一些（此处统一移动 0.2mm），如图 1.136 所示。外部端口（I/O 和供电接口）则推荐放置在边缘，让程序进行校准。

图 1.136　版图内部端口的放置

添加端口后的版图如图 1.137 所示。

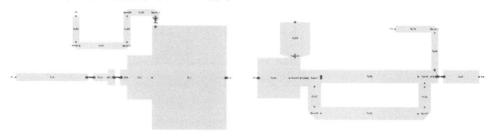

图 1.137　添加端口后的版图

接下来进行版图仿真设置。单击工具栏中的 EM 设置图标⊞，弹出 EM 设置窗口，如图 1.138 所示。

单击左侧栏中的【Substrate】，进入基板设置窗口，如图 1.139 所示。为了生成新的基板参数，单击【New...】按钮，弹出的【New Substrate】对话框，在【File Name】栏中输入 "RO4350B"，如图 1.140 所示。

单击【OK】按钮，进入基板参数设置窗口，如图 1.141 所示。单击中间的介质层（底层和顶层中间），单击【Substrate Layer】区域的【Material】栏后的【...】按钮，弹出【Material Definitions】对话框，如图 1.142 所示。

图 1.138　EM 设置窗口

图 1.139　基板设置窗口

图 1.140　基板参数设置（二）

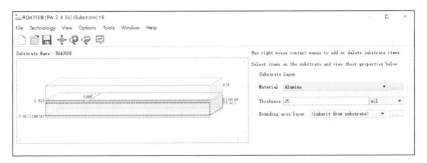

图 1.141　基板参数设置窗口

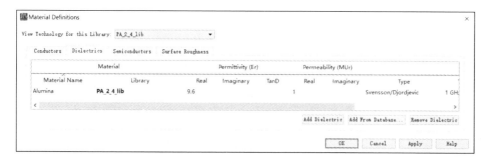

图 1.142　【Material Definitions】对话框

选择【Dielectrics】选项卡，单击【Add Dielectric】按钮，添加一条介质材料，将其名字（Material Name）改为"RO4350B"，将其【Permittivity(Er)】参数的【Real】部分修改为 3.66，【TanD】部分修改为 0.0035，如图 1.143 所示。

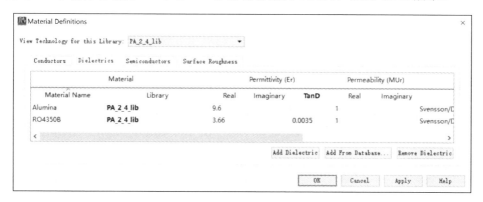

图 1.143　【Material Definitions】对话框（【Dielectrics】选项卡）

选择【Conductors】选项卡，单击【Add Conductor】按钮，添加导体材料，将其名字修改为"Cu"，电导率修改为"57142857 Siemens/m"，磁导率保持默认设置，如图 1.144 所示。

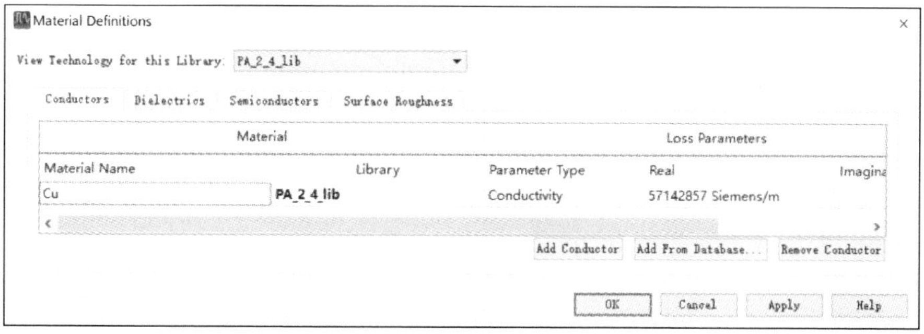

图 1.144　【Material Definitions】对话框（【Conductors】选项卡）

设置好参数后，单击【OK】按钮，返回基板参数设置窗口，在【Material】栏中选择【RO4350B】，将【Thickness】栏设置为 20mil，如图 1.145 所示。

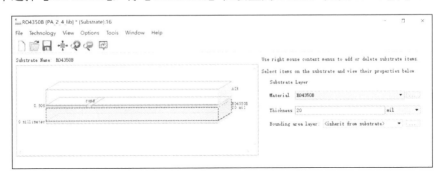

图 1.145　基板参数设置（1）

单击上层的【cond】黄色条，在右侧【Conductor Layer】区域中将【Material】栏设置为【Cu】，将【Thickness】栏设置为"35 micron"，如图 1.146 所示。

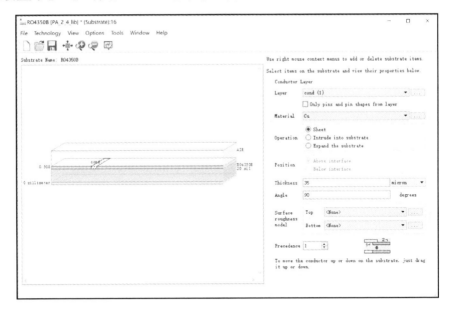

图 1.146　基板参数设置（2）

单击最底层，在右侧【Interface】区域将【Material】栏设置为【Cu】，将【Thickness】栏设置为"35 micron"，如图 1.147 所示。

设置完毕后，单击工具栏中的保存图标，然后关闭基板参数设置窗口，返回 EM 设置窗口，在左侧列表框中选择【Frequency plan】，将第一条 Adaptive 的参数修改为 Fstart=0GHz、FStop=7.2GHz、Npts=721(max)（此处截止频率通常选

择为三次谐波，频率间隔为 10MHz，为了节约仿真时间选择自适应点数），如
图 1.148 所示。

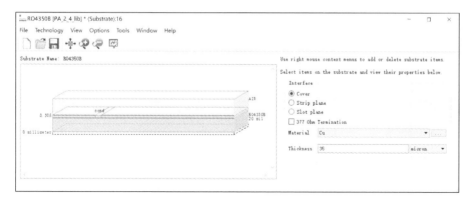

图 1.147　基板参数设置（3）

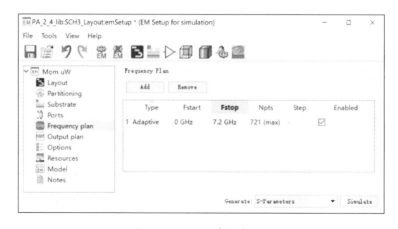

图 1.148　EM 仿真频率设置

在左侧列表框中选择【Options】，在右侧上方选择【Mesh】选项卡，将
【Mesh density】区域的【Cells/Wavelength】栏设置为 50（数字增大则仿真更精
确，但是速度更慢，可根据实际情况调整），选中【Edge mesh】选项，其他选项
保持默认设置，如图 1.149 所示。

单击右下角的【Simulate】按钮，开始仿真。仿真完毕后，弹出仿真结果窗
口。回到版图窗口，按图 1.150 所示执行菜单命令【EM】→【Component】→
【Create EM Model and Symbol…】，弹出【EM Model】对话框，将两个选项
都选中，如图 1.151 所示；单击【OK】按钮，创建版图元件，如图 1.152
所示。

图 1.149　EM 仿真 Mesh 设置

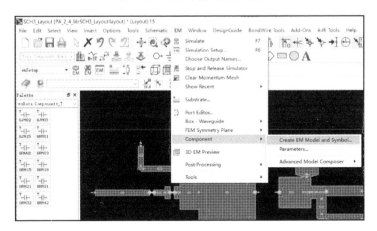

图 1.150　执行菜单命令【EM】→【Component】→【Create EM Model and Symbol…】

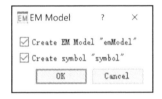

图 1.151　【EM Model】对话框

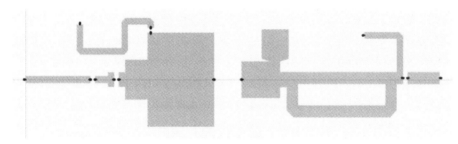

图 1.152 生成的版图元件

1.4.2 版图联合仿真

生成版图的元件符号（Symbol）后，即可进行联合仿真。执行菜单命令
【File】→【New】→【Schematic...】，新建名为 "SCH4" 的电路原理图。

将 SCH1 电路原理图中的元件复制到 SCH4 电路原理图中，并删去所有理想
传输线模型。单击工具栏中的器件库图标 📚，将【SCH3_Layout】的元件放置在
空白处，并将所有元件连接到版图中相应的位置，如图 1.153 所示。

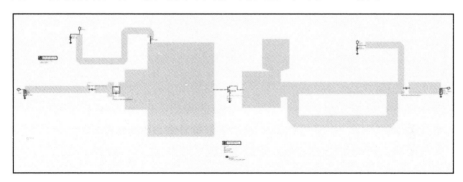

图 1.153 连接好的电路原理图

仿真前，应将版图元件的数据源更改到 EM 模型中。选中版图模型，单击工
具栏中的模型选择图标 ♣，弹出【Choose View for Simulation】窗口，选择
【emModel】，如图 1.154 所示。

图 1.154 【Choose View for Simulation】窗口

单击【OK】按钮，然后单击工具栏中的图标<!-- icon -->进行仿真，弹出仿真结果窗口。

在仿真结果窗口中找一处空白的区域，单击左侧【Palette】控制板的按钮<!-- icon -->，在空白区域单击鼠标左键放置图表，弹出【Plot Traces & Attributes】对话框，选择【Plot Type】选项卡，双击【Datasets and Equations】列表框中的【S（1,1）】，将目标参数加入【Traces】列表框（在弹出的【Complex Data】对话框中选择【dB】）；重复上述步骤，添加参数【S（2,1）】轨迹。单击【OK】按钮，得到 S 参数仿真结果，如图 1.155 所示。

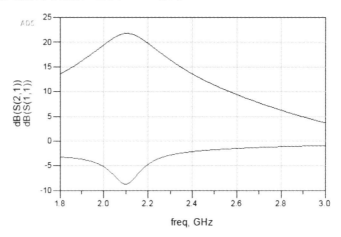

图 1.155　版图模型 S 参数仿真结果

接下来进行大信号仿真：参照前文介绍的步骤，创建 SCH4 电路原理图元件，并禁用相应端口，将其添加到已经创建好的 HB1TonePAE_Fswp 电路原理图中，可得如图 1.156 所示的大信号频率扫描仿真结果。

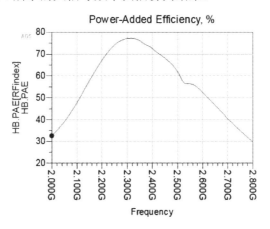

图 1.156　版图模型大信号频率扫描仿真结果

　　由仿真结果可以发现，转化为版图后的仿真结果有所改变，须要进一步修改参数。修改参数的步骤为：在【SCH3_Layout】中修改相应微带线参数后，执行菜单命令【Layout】→【Generate/Update Layout】，弹出【Generate/Update Layout】对话框，在【Options】区域选中【Fix all components in Layout during Generate/Update】选项，如图 1.157 所示。

图 1.157　【Generate/Update Layout】对话框

　　单击【OK】按钮，弹出版图窗口，可以发现相应传输线已经变化（若无变化，可尝试在版图中双击相应的传输线，弹出参数设置窗口后直接单击【OK】按钮即可）。将变化后的传输线重新调整到合适位置，然后单击工具栏中的仿真图标开始仿真。

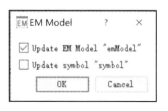

图 1.158　【EM Model】对话框

　　仿真完毕后，回到版图窗口，执行菜单命令【EM】→【Component】→【Create EM Model and Symbol...】，弹出【EM Model】对话框，在此取消【Update symbol "symbol"】选项的选中状态（此举是为了保证电路原理图中的版图元件大小不变，否则还要调整元器件连接；可在参数调节完毕后再更改版图元件），如图 1.158 所示。

　　经过多次调节后，最终参数如图 1.159 所示，得到的模型仿真结果如图 1.160 至图 1.162 所示。

VAR
VAR3
WDC=1

VAR
VAR4
WDC2=1

VAR
VAR1
IW1=6.5 {t}
IL1=1.2 {t}
IW2=13.2 {t}
IL2=7.7 {t}

VAR
VAR2
W1=5.5 {t}
L1=4.9 {t}
W2=4.4 {t}
L2=4.0 {t}
W3=2.3 {t}
L3=1 {t}
W4=1.8 {t}
L4=12.4 {t}
W5=2.7 {t}
L5=10.8 {t}
W6=0.5 {t}

图 1.159　调节完毕后的版图尺寸参数

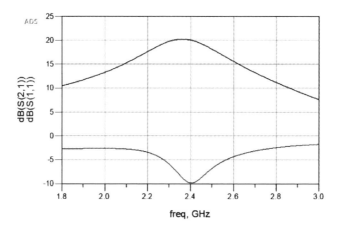

图 1.160　调节完毕后的 S 参数仿真结果

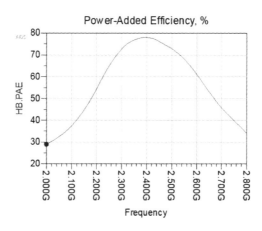

图 1.161　调节完毕后的大信号频率扫描仿真结果

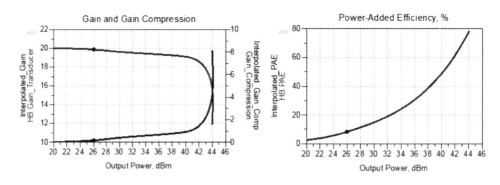

图 1.162　调节完毕后的大信号功率扫描仿真结果

说明

由于该案例仿真为另外复现的方案，仿真细节和性能与参考文献[9]的方案有所差异。

1.5　PCB 制板及实物测试

1.5.1　生成 PCB 设计文件

复制【SCH3_Layout】单元，在 ADS 主界面的【Folder View】选项卡中用鼠标右键单击【SCH3_Layout】单元，在弹出的快捷菜单中选择【Copy】；再单击鼠标右键，在弹出的快捷菜单中选择【Paste】，弹出【Copy Files】对话框，如图 1.163 所示。将名字设置为“PCB”，单击【OK】按钮。

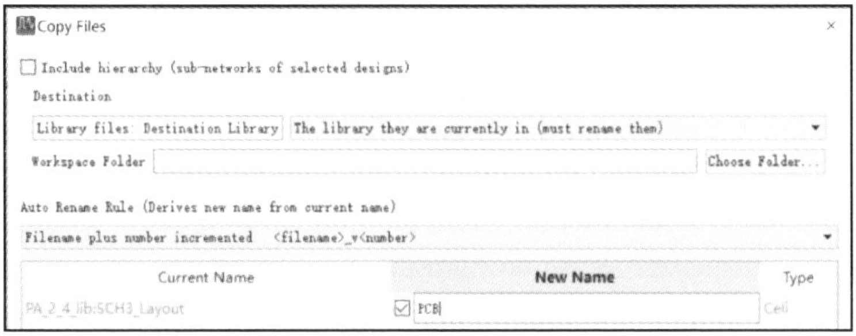

图 1.163　复制 SCH3_Layout 到 PCB

打开 PCB 单元的 Layout 文件，单击工具栏中的方形工具图标▭，在版图的电源输入部分绘制焊盘，并在其周围绘制接地区块，如图 1.164 所示。

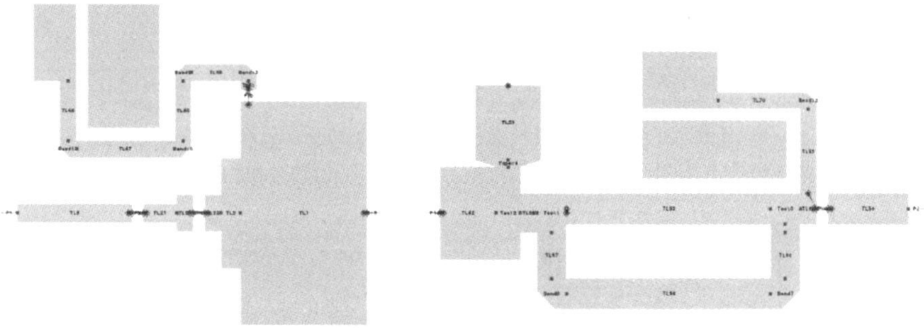

图 1.164　在版图上添加电源焊盘和接地区块

接着在工具栏的【Layer】栏中选择 hole 层，如图 1.165 所示。

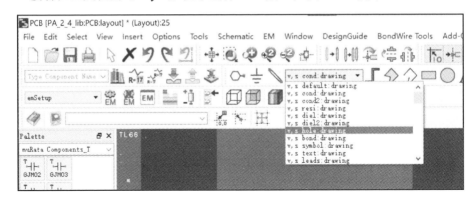

图 1.165　选择 hole 层

单击工具栏中的方形工具图标 ▭，在中间功率管位置绘制一个宽 4.4mm、长 16mm 的矩形方孔；单击工具栏中的圆形工具图标 ○，在须要连接底层金属 GND 的顶层金属片上绘制均匀排列的小圆孔。绘制通孔后的版图如图 1.166 所示。

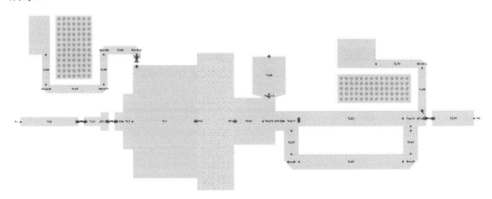

图 1.166　绘制通孔后的版图

添加完挖孔层后，在工具栏中的【Layer】栏中选择 cond2 层，绘制一个覆盖整个版图的方形，将其作为地层；在工具栏中的【Layer】栏中选择 default 层，绘制一个与地层同样大小位置的框，将其作为切割层，如图 1.167 所示。

至此，PCB 设计完成。实际操作时，可根据自己的设计要求更改焊盘设计。

接下来导出 PCB 文件：如图 1.168 所示，执行菜单命令【File】→【Export】，弹出【Export】对话框，将【File type】栏设置为【Gerber/Drill】，在【Destination directory】栏中设置合适的输出目录，然后单击【OK】按钮，如图 1.169 所示。

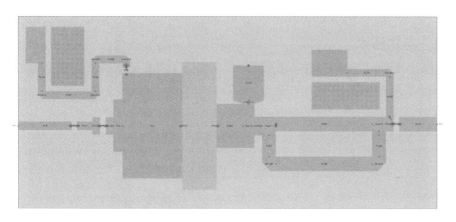

图 1.167　绘制地层、切割层后的版图

图 1.168　执行菜单命令【File】→【Export...】

在设置的目录中可以找到 4 个层的 Gerber 文件，如图 1.170 所示。将这 4 个文件交给加工厂，即可进行 PCB 加工。

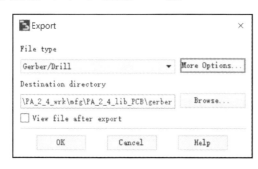

cond.gbr
cond2.gbr
default.gbr
hole.gbr

图 1.169　【Export】对话框　　　　图 1.170　生成的 PCB 多层文件

1.5.2 实物测试

收到成品 PCB 后，将相应的元器件焊接好，并将其安装到散热片上，如图 1.171 所示。

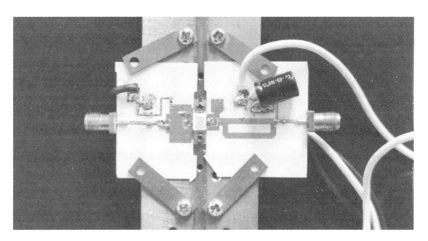

图 1.171 功率放大器实物图[9]

将制作好的功率放大器放在功率放大器测试系统中进行测试，得到的测试结果如图 1.172 和图 1.173 所示。

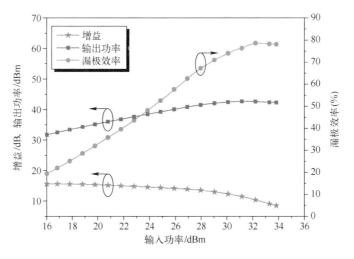

图 1.172 功率放大器功率扫描测试结果

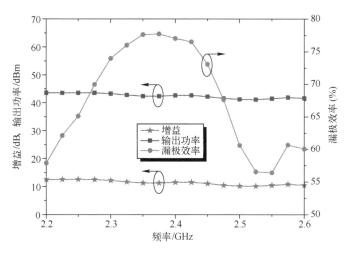

图 1.173　功率放大器频率扫描测试结果

说明

　　由于本案例实物是早期加工的，长期储存后因元器件性能老化和 PCB 氧化等原因，性能相比早期测试和参考文献[9]中的结果有所衰减，但仍可从测试结果看出，该功率放大器在 2.4GHz 频段内具有良好的效率表现，实测结果基本符合仿真预期。

第 2 章

1.7～2.6GHz 宽带功率放大器

宽带功率放大器是现代通信系统中广泛使用的一种功率放大器。相较于单频窄带功率放大器，宽带功率放大器在较宽的频带内拥有良好的工作指标，可以适应不同频段的需求。本章将介绍如何使用 ADS 设计一款基于阶梯阻抗准切比雪夫低通匹配网络的宽带功率放大器，并进行从理想传输线模型到版图仿真的一系列仿真操作，最后设计 PCB 生成制板文件并加工和测试实物电路。实验结果表明，该宽带功率放大器在较宽的频带内具有良好的效率和输出功率。

2.1 基于新型匹配网络的宽带功率放大器介绍

2.1.1 宽带功率放大器

随着无线通信技术的发展，通信系统经历了一段快速迭代的时期，导致如今主流的无线通信网都处于多制式、多标准的组网状态。特别是 5G 时代到来后，通信系统须要做到同时兼容 4G、5G，甚至有时还须兼容 3G 和 2G。因此，基站和终端支持多个通信标准和频段已经是必然的趋势。

在这样的背景下，射频系统的设计也要考虑多频段、大带宽的特性。同时，新的通信系统为了实现更高的传输速率，正朝着高频、大带宽的方向发展。为了满足日益增长的带宽需求，宽带功率放大器的设计越来越受到重视。

以往功率放大器带宽的拓展受到了多个方面的限制，如今许多限制在长期的研究工作中已经取得了突破。比如在晶体管方面，第三代半导体材料以其高功率密度、高效率、高截止频率的特性，突破了传统半导体器件的宽带效率限制，为宽带功率放大器的发展奠定了基础。

但是，宽带功率放大器的整体设计仍面临着难题。宽带功率放大器设计的主要任务是，在一个较宽的连续频带内，实现对晶体管最优基波和谐波阻抗的匹配与调控，从而取得良好的整体增益、效率和输出功率。

宽带功率放大器设计难点之一在于，晶体管的基波最优阻抗通常呈现出随频率变化的特性，并且变化趋势和无源匹配网络的趋势相反。因此，针对宽频带内频变复阻抗的精确匹配至今仍是学术界亟待解决的问题。

目前，研究人员已经提出了多种宽带匹配方法，包括利用计算机进行迭代优化的简化实频技术（SRFT），构建集总元件低通匹配模型，利用不同的特殊结构等。

2.1.2 阶梯阻抗切比雪夫低通匹配网络

当前的匹配方法多是先构建集总参数电路模型，再通过传输线理论将其转化成微带电路，转化过程增加了匹配难度。参考文献[10]提出了一种引入广义传输线进行直接匹配的准切比雪夫低通网络（如图 2.1 所示），并基于该网络实现了一款新型宽带功率放大器。

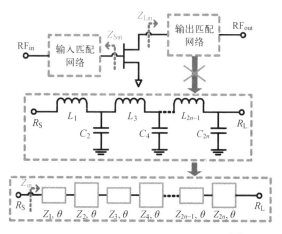

图 2.1 广义准切比雪夫低通匹配网络[10]

图 2.1 所示的匹配网络直接由级联的阶跃阻抗传输线构成，其转换功率增益函数可以写成[10]：

$$
\begin{cases}
G(\omega) = \dfrac{1}{1 + \varepsilon^2 \cos^2[n\cos^{-1}(A\dfrac{\omega^2 - \omega_0^2}{\omega^2 + 1})]} & (2\text{-}1a) \\[4mm]
G(0) = \dfrac{4r}{(r+1)^2}
\end{cases}
$$

$$
A = \frac{1 + \tan^2(\theta_U)}{\tan^2(\theta_U) - \tan^2(\theta_0)} = \frac{1 + \omega_U^2}{\omega_U^2 - \omega_0^2} \tag{2-1b}
$$

$$
\omega_0^2 = \frac{\omega_U^2(1 + \omega_L^2) + \omega_L^2(1 + \omega_U^2)}{2 + \omega_U^2 + \omega_L^2} \tag{2-1c}
$$

式中：n 为引入的广义准切比雪夫低通匹配网络的阶数；r 为阻抗变换比；ε 为波纹系数；ω_0 为中心频率；ω_U、ω_L 分别代表上、下截止频率。截止频率可以由相对带宽 FBW 定义[10]：

$$\begin{cases} \omega_L = \tan\left[2\pi h(1 - \text{FBW}/2)\right] \\ \omega_U = \tan\left[2\pi h(1 + \text{FBW}/2)\right] \end{cases} \tag{2-2}$$

式中，h 是可控参数，与阶梯阻抗的传输线电长度 θ 有关，$h=\theta/360°$。由式（2-1）可得相对带宽（FBW）、最大允许的回波损耗（$S_{11\max}$）、阻抗变换比（$r=R_L/R_S$）与阶数 $2n$ 之间的约束关系[10]：

$$2n \geqslant \frac{2\cosh^{-1}\dfrac{r-1}{2\sqrt{r}10^{S_{11\max}/10}}}{\cosh^{-1}(A\omega_0^2)} \tag{2-3}$$

式中，$r = R_L/R_S$，应该大于 1。结合式（2-1）～式（2-3），阶数 $2n$ 可以被指定的 FBW、$S_{11\max}$ 和 r 计算出来。由于 n 是一个正整数，最大允许的回波损耗（$S_{11\max}$）需要被重新计算[10]：

$$S_{11\max\_r} = 20\lg\left[\frac{r-1}{2\sqrt{r}\cosh(n\,\text{arccosh}(A\omega_0^2))}\right] \tag{2-4}$$

由式（2-3）可知，重新计算得到的 $S_{11\max\_r}$ 的绝对值一定大于预设的 $S_{11\max}$ 的绝对值，因此满足设计要求。

根据频率转换与反射系数方程，广义准切比雪夫低通匹配网络的归一化输入阻抗可以表示为[10]

$$z_{\text{in}}(s) = \frac{\displaystyle\prod_{i=1}^{2n}(s-p_i) + K\prod_{i=1}^{2n}(s-z_i)}{\displaystyle\prod_{i=1}^{2n}(s-p_i) - K\prod_{i=1}^{2n}(s-z_i)} \tag{2-5a}$$

$$K = \sqrt{\frac{\left(\dfrac{1}{1-10^{S_{11\max\_r}/10}} - 1\right)\cosh^2(n\cosh^{-1}A)}{1 + \left(\dfrac{1}{1-10^{S_{11\max\_r}/10}} - 1\right)\cosh^2(n\cosh^{-1}A)}} \tag{2-5b}$$

式中，p_i 和 z_i 分别是广义准切比雪夫低通匹配网络的极点与零点位置，其计算公式为[10]

$$\begin{cases} p_{2i-1} = -\sqrt{\dfrac{p_i' + jA\omega_0^2}{p_i' - jA}} \\[3mm] p_{2i} = \text{conj}(p_{2i-1}) \end{cases} \tag{2-6a}$$

$$
\begin{cases}
z_{2i-1} = -\sqrt{\dfrac{z_i' + \mathrm{j}A\omega_0^2}{z_i' - \mathrm{j}A}} \\[4mm]
z_{2i} = \mathrm{conj}(z_{2i-1})
\end{cases}
\tag{2-6b}
$$

$$
\begin{cases}
p_i' = -\sinh a \sin\dfrac{(2i-1)\pi}{2n} + \mathrm{j}\cosh a \cos\dfrac{(2i-1)\pi}{2n} \\[4mm]
z_i' = \mathrm{j}\cos\dfrac{(2i-1)\pi}{2n}
\end{cases}
\tag{2-6c}
$$

结合式（2-5）和式（2-6），归一化输入阻抗可写成：

$$
z_{\mathrm{in}}(s) = \frac{a_0 + a_1 s + a_2 s^2 + \cdots + a_{2n} s^{2n}}{b_0 + b_1 s + b_2 s^2 + \cdots + b_{2n} s^{2n}}
\tag{2-7}
$$

将理查德变换方法应用于式（2-7）中，广义准切比雪夫低通匹配网络的归一化电路参数就可以被推导出来。

广义准切比雪夫低通匹配网络电路参数计算程序图如图 2.2 所示。

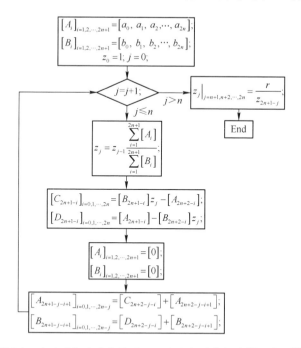

图 2.2　广义准切比雪夫低通匹配网络电路参数计算程序图[10]

为了简化匹配网络设计过程，参考文献[10]推导出了下述六阶（n=1,2,3）归一化阻抗计算解析式：

$$z_1 = \frac{\sum\limits_{i=0}^{2n} a_i}{\sum\limits_{i=0}^{2n} b_i}, \ n \geqslant 1 \qquad (2\text{-}8\text{a})$$

$$z_2 = z_1 \frac{\sum\limits_{i=1}^{n} i[(b_{2i-1}+b_{2i})z_1 - (a_{2i}+a_{2i+1})]}{\sum\limits_{i=1}^{n} i[(a_{2i-1}+a_{2i}) - (b_{2i}+b_{2i+1})z_1]}, \ n \geqslant 2 \qquad (2\text{-}8\text{b})$$

$$z_3 = z_2 \frac{\left\{ \begin{array}{l} \sum\limits_{i=1}^{n} \dfrac{i(i+1)}{2}(a_{2i}+a_{2i+1})z_2 \\[2mm] + \sum\limits_{i=2}^{n} \dfrac{i(i-1)}{2} z_1 \begin{bmatrix} (a_{2i}+a_{2i+1}) - \\ (b_{2i-1}+b_{2i})(z_1+z_2) \end{bmatrix} \end{array} \right\}}{\left\{ \begin{array}{l} \sum\limits_{i=1}^{n} \dfrac{i(i+1)}{2}(b_{2i}+b_{2i+1})z_1^2 \\[2mm] - \sum\limits_{i=2}^{n} \dfrac{i(i-1)}{2} \begin{bmatrix} (a_{2i-1}+a_{2i})(z_1+z_2) \\ -(b_{2i}+b_{2i+1})z_1 z_2 \end{bmatrix} \end{array} \right\}}, \ n \geqslant 3 \qquad (2\text{-}8\text{c})$$

$$z_j \big|_{j=(n+1),\cdots,2n} = \frac{r}{z_{2n+1-j}} \qquad (2\text{-}8\text{d})$$

根据式（2-8），最终的阻抗值可以计算如下：

$$Z_i = z_i R_S, \ i = 1, 2, 3, \cdots, 2n \qquad (2\text{-}9)$$

由于计算过程较为复杂，在接下来的仿真过程中不涉及匹配网络的参数计算过程，匹配网络参数采用参考文献[10]提供的参数，其中输出匹配网络参数如图 2.3 所示。

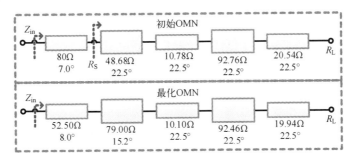

图 2.3　输出匹配网络参数[10]

2.1.3　功率放大器设计参数

本章的目标为设计一个工作在 1.7～2.6GHz 的宽带功率放大器，设计参数如下所述。

- ☺　频率：1.7～2.6GHz
- ☺　输出功率：10W
- ☺　增益：>10dB
- ☺　效率：>60%

根据设计要求，本章案例选择了来自 CREE 公司的 CGH40010F 氮化镓（GaN）HEMT，相关手册和模型可以从 CREE 公司官方网站获取。功率放大器仿真的准确度受晶体管模型影响较大，推荐从官方网站获取最新的器件模型并时常更新。

2.2　宽带功率放大器的 ADS 设计

相较于单频窄带功率放大器，宽带功率放大器的设计过程更加复杂，但 ADS 平台中提供了功能更加丰富的设计辅助工具供设计者进阶使用，使设计者可以从更多维度协调设计参数。

> 由于第 1 章详细讲述了完整的设计细节，第 2～4 章会略过部分细节内容，推荐初学者先详细阅读并实践第 1 章的内容，在后续各章遇到问题时可参考第 1 章相关部分。

2.2.1　新建工程和 DesignKit 安装

由于功率放大器整体电路包含功率晶体管和电阻、电容等分立器件，须要加载第三方提供的 DesignKit。此案例加载的 DesignKit 有 CREE 公司提供的 GaN HEMT 模型和 Murata 公司提供的贴片电容模型，上述模型均可到供应商官方网站下载。

1．运行 ADS 并新建工程

双击桌面上的 ADS 快捷方式图标![]，启动 ADS 软件。ADS 运行后会自动弹出欢迎界面【Getting Started with ADS】，提供一些用户帮助和 ADS 的功能介绍。接着进入主界面【Advanced Design System 2015.01(Main)】，如图 2.4 所示。

图 2.4　ADS 主界面窗口

执行菜单命令【File】→【New】→【Workspace】，打开创建工作空间向导对话框，单击【Next】按钮，对工作空间名称（Workspace name）和工作空间路径（Create in）进行设置。此处我们将工作空间名称设置为 Broadband_PA_wrk，路径保留默认设置或大家的习惯路径，如图 2.5 所示。此后一直单击【Next】按钮，直到出现精度设置对话框，选择精度为 0.0001mm，如图 2.6 所示；接着继续单击【Next】按钮，最后单击【Finish】按钮，完成工作空间的创建。

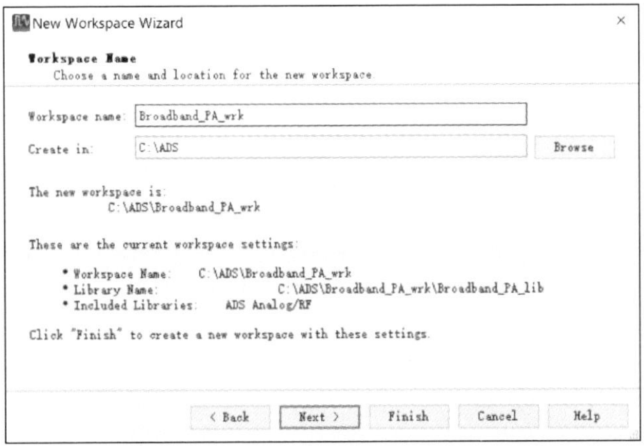

图 2.5　工作空间名字和路径设置对话框

创建完毕后，ADS 主界面中的【Folder View】选项卡中会显示所建立的工作空间名 Broadband_PA_wrk 和相应路径 C:\ADS\Broadband_PA_wrk，如图 2.7 所示。

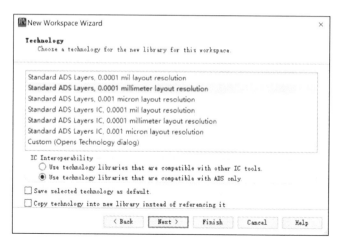

图 2.6　精度设置对话框

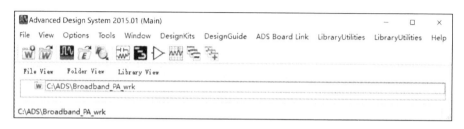

图 2.7　新建工作空间目录

2. DesignKit 的安装

下面安装仿真所需的器件模型。在器件供应商官方网站下载所需器件的 ADS 模型，通常为 Zip 格式。此处使用的模型名称为 CGH40010F_package 和 murata_lib_ads2011later_1906e_static。

如图 2.8 所示，执行菜单命令【DesignKits】→【Unzip Design Kit...】，在弹出的【Select A Zipped Design Kit File】对话框中选中需要的模型文件，如图 2.9 所示。

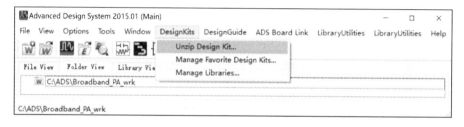

图 2.8　执行菜单命令【DesignKits】→【Unzip Design Kit...】

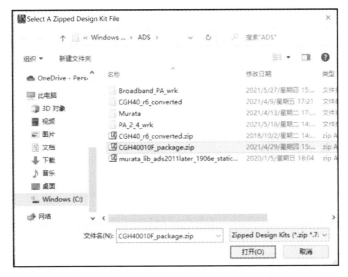

图 2.9　【Select A Zipped Design Kit File】对话框

单击【打开】按钮，弹出【Select directory to unzip file】对话框，选择模型文件的解压目录，如图 2.10 所示。

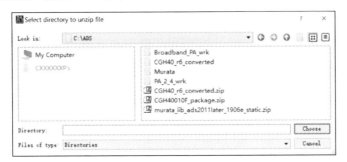

图 2.10　【Select directory to unzip file】对话框

这里选择默认目录，单击【Choose】按钮，弹出【Add Design Kit】对话框，单击【Yes】按钮，将模型添加到该工程下，如图 2.11 所示。

图 2.11　【Add Design Kit】对话框

用同样的步骤，将村田电容模型也添加到该工程下，即可进行下一步的仿真设计。

若之前已经成功解压同样的村田电容模型，则不必按照上面的步骤再次解压模型。可以按图 2.12 所示执行菜单命令【DesignKits】→【Manage Libraries...】，弹出【Manage Libraries】对话框，如图 2.13 所示。

图 2.12 执行菜单命令【DesignKits】→【Manage Libraries...】

图 2.13 【Manage Libraries】对话框

单击【Add Library Definition File...】按钮，弹出【Select Library Definition File】对话框，如图 2.14 所示。

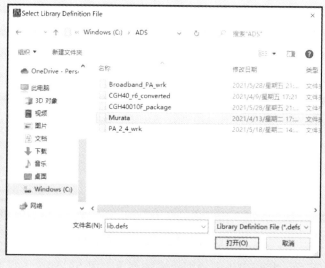

图 2.14 【Select Library Definition File】对话框

进入之前设定的村田电容模型解压目录，再打开解压好的【Murata】文件夹，选择 lib.defs 文件，单击【打开】按钮，即可添加库文件，如图 2.15 所示。

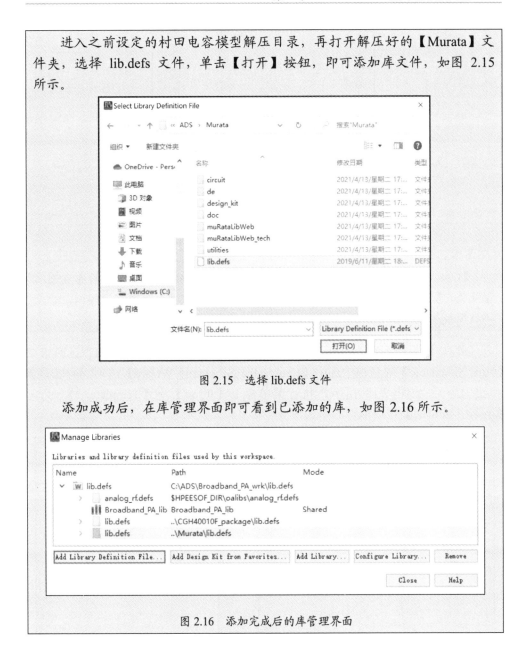

图 2.15　选择 lib.defs 文件

添加成功后，在库管理界面即可看到已添加的库，如图 2.16 所示。

图 2.16　添加完成后的库管理界面

2.2.2　晶体管直流扫描和直流偏置设计

执行菜单命令【File】→【New】→【Schematic…】，弹出【New Schematic】对话框，如图 2.17 所示。在【Cell】栏中输入"BIAS"，单击【OK】按钮即可创建电路原理图。

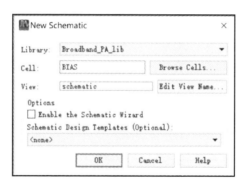

图 2.17　创建原理图对话框

　　【Options】区域中的【Enable the Schematic Wizard】选项为电路原理图向导开关，【Schematic Design Templates (Optional)】栏用于选择常用模板；此处不使用模板。

　　创建电路原理图后，打开 ADS 电路设计界面（因为创建电路原理图时未在【New Schematic】对话框中选中【Enable the Schematic Wizard】选项，所以不会弹出向导）。如图 2.18 所示，执行菜单命令【Insert】→【Template...】，弹出【Insert Template】对话框，如图 2.19 所示。

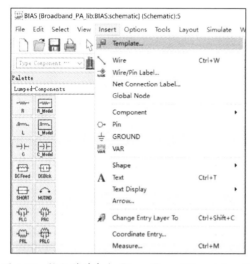

图 2.18　执行菜单命令【Insert】→【Template...】

图 2.19　【Insert Template】对话框

　　选择【DC_FET_T】模板，单击【OK】按钮，将其添加至电路原理图中，如图 2.20 所示。

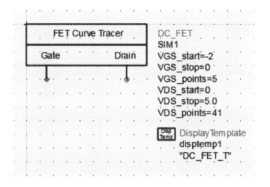

图 2.20　添加【DC_FET_T】模板

在电路原理图左侧元件面板中选择【CGH40010F_Package】或其他晶体管选项卡，在元器件列表中选择【CGH40010F】模型，随后在电路原理图上单击鼠标左键，即可将晶体管添加至电路原理图中，如图 2.21 所示。若想取消添加模式，按【ESC】键即可。

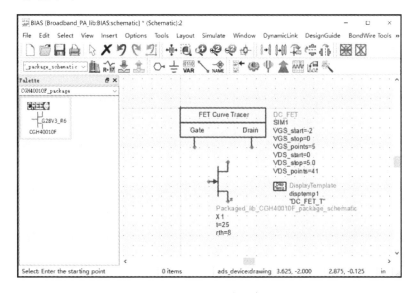

图 2.21　添加晶体管

添加晶体管后，单击工具栏中的图标，依照电路原理图连接各个元器件，然后进行参数设置：双击【FET Curve Tracer】，将其参数设置为 VGS_start=-3.5、VGS_stop=-2.5、VGS_points=21、VDS_start=0、VDS_stop=56、VDS_points=57，如图 2.22 所示。

99

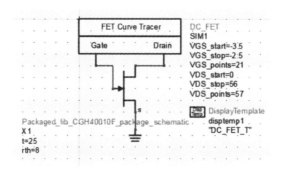

图 2.22　布线并设置仿真参数

单击工具栏中的图标 ⚙ 进行仿真，显示直流扫描仿真结果图，如图 2.23 所示。执行菜单命令【Marker】→【New...】，将光标移至须要添加曲线标记的曲线上，单击鼠标左键放置一个曲线标记。

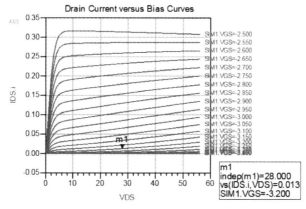

图 2.23　直流扫描仿真结果

依照参考文献[10]设定的 13mA 漏极静态电流，本案例选择-3.2V 作为栅极偏置电压，漏极偏置电压为 28V。

　　由于每个实物器件的物理性质会有一定差异，不同的晶体管之间会有指标波动，仿真结果的偏置电压一般与实物有一定差距，所以测试时应以漏极电流为准。

2.2.3　稳定性分析和稳定电路设计

作为有源器件，放大器在增益较大时可能发生不稳定现象，导致自激振荡，使放大器无法正常工作。因此，通常在设计放大器时，应尽量使放大器处于无条件稳定状态。关于判断稳定性的方法参见 1.2.3 节。

1. 晶体管稳定性仿真

执行菜单命令【File】→【New】→【Schematic…】，新建名为"Stability"的电路原理图。打开电路原理图后，执行命令【Insert】→【Template】，弹出【Insert Template】对话框，如图 2.24 所示；在此选择【ads_templates：S_Params】，单击【OK】按钮，插入 S 参数扫描模板。然后，将【CGH40010F】模型添加到电路原理图中。

在元件面板列表【Lumped-Components】中选择扼流电感（DC_Feed）和隔直电容（DC_Block）各两个，将其添加到电路原理图中；在元件面板列表【Sources-Freq Domain】中选择直流电源（V_DC）两个，将其添加到电路原理图中；在元件面板列表【Simulation-S_Param】中选择测量稳定因子的控件（Stabfact）和（Stabmeas），将其添加至电路原理图中。

单击工具栏中的图标，将各个元器件连接好，并添加合适的接地符号。完成连接后的电路原理图如图 2.25 所示。

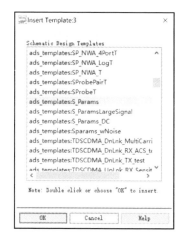

图 2.24　【Insert Template】对话框

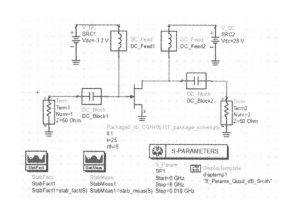

图 2.25　完成连接后的电路原理图

双击栅极电源（图中为 SRC1）或单击其参数 Vdc，将电压参数设置为 Vdc=−3.2V。双击漏极电源（图中为 SRC2）或单击其参数 Vdc，将电压参数设置为 Vdc=28V。

双击 S 参数仿真器或单击电路原理图中的参数，将频率参数设置为 Start=0GHz、Stop=8GHz、Step=0.01GHz。

完成设置后的稳定性扫描电路原理图如图 2.26 所示。

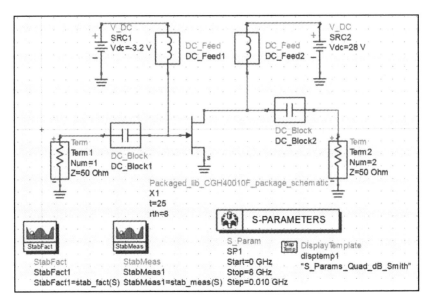

图 2.26　稳定性扫描电路原理图

单击工具栏中的图标 进行仿真，弹出仿真结果窗口，其中默认存在 4 个 *S* 参数的图标。在仿真结果窗口中找一处空白的区域，单击左侧【Palette】控制板的按钮，在空白区域单击鼠标左键放置图表，弹出【Plot Traces & Attributes】对话框，如图 2.27 所示。

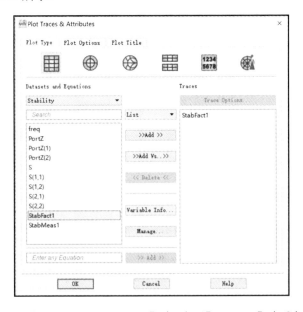

图 2.27　【Plot Traces & Attributes】对话框（【Plot Type】选项卡）

选择【Plot Type】选项卡，双击【Datasets and Equations】列表框中的
【StabFact1】，将目标参数加入【Traces】列表框；选择【Plot Options】选项卡，
在【Select Axis】列表框中选择【Y Axis】，取消【Auto Scale】选项的选中状态，
将其参数修改为 Min=0、Max=5、Step=1，如图 2.28 所示。单击【OK】按钮生
成图表。

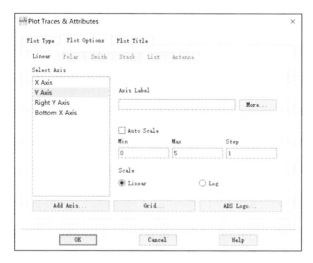

图 2.28　【Plot Traces & Attributes】对话框（【Plot Options】选项卡）

采用同样的步骤添加【StabMeas1】的图表。最终得到的晶体管稳定性仿真
结果如图 2.29 所示。

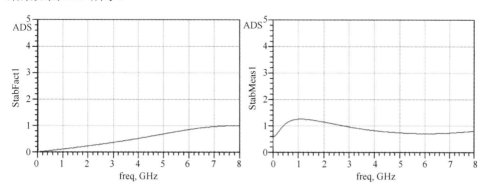

图 2.29　晶体管稳定性仿真结果

从仿真结果可以看出，在-3.2V 的偏置条件下，晶体管在 8GHz 以下的频段
k 因子均小于 1，无法实现无条件稳定，须要增加稳定电路来提高功率放大器稳
定性。

2．添加稳定电路

为了在较宽频带内实现电路的无条件稳定，本案例（参考文献[10]）中采用多电阻有耗网络来提高晶体管稳定性。

打开已创建的 Stability 电路原理图，在元件面板列表【muRataLibWeb Set Up】中选择库文件控件（muRataLibWeb_include），将其添加到电路原理图中；在元件面板列表【muRata Components】中选择 GRM18 系列电容，将其添加到电路原理图中；在元件面板列表【Lumped-Components】中选择 3 个电阻，将其添加到电路原理图中；在元件面板列表【TLines-Ideal】中选择理想传输线（TLIN），将其添加到电路原理图中。

> **说明**
>
> 此处采用的村田电容模型是在添加 DesignKit 阶段添加的，如果在此步骤中未发现电容模型的列表，可看看 1.2.1 节和 2.2.1 节相关步骤的介绍。此处添加的 GRM18 系列电容模型为本案例最终实现时使用的电容型号，若要用其他电容型号实现，可更换为相应的电容模型。

将添加的元件和控件移至电路中，删去栅极电源处的（DC_Feed）扼流电感（说明：理想电感会消除并联电阻的效果，此处用四分之一波长传输线来代替）和输入端的隔直电容（DC_Block），然后连接各个部分。加入稳定电路后的电路原理图如图 2.30 所示。

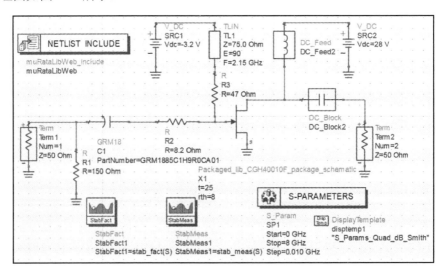

图 2.30　加入稳定电路后的电路原理图

　　双击元件或单击参数，将电路中的串联电阻参数修改为 R=8.2Ohm，将隔直电容前的接地电阻参数修改为 R=150Ohm，将偏置电路中的电阻参数修改为 R=47Ohm，将四分之一波长传输线修改为 Z=75Ohm、E=90、F=2.15GHz。双击图中 GRM18 村田电容模型，在弹出的【Edit Instance Parameters】对话框中将【PartNumber】修改为 581：GRM1885C1H9R0CA01 的 9pF 贴片电容模型，其他参数保留原设置，如图 2.31 所示。

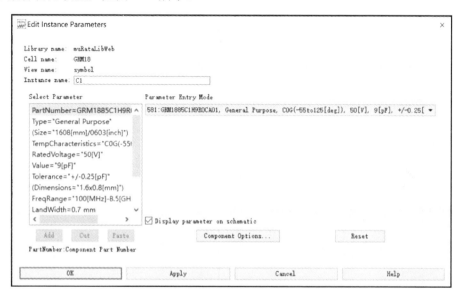

图 2.31　【Edit Instance Parameters】对话框

　　单击工具栏中的图标 🛠 进行仿真，弹出仿真结果窗口。查看原先已经设置好的结果图表，得到加入稳定电路后的稳定性仿真结果，如图 2.32 所示。

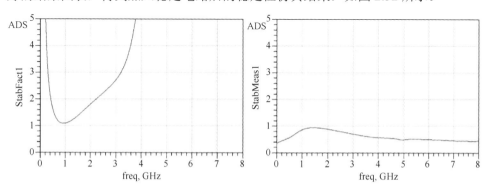

图 2.32　加入稳定电路后的稳定性仿真结果

　　从仿真结果可以看出，k 因子和 b 因子都在全频段达到了无条件稳定的条件。当然，这只是初步设计的仿真结果，后续加入输入匹配电路后情况会有所变化。因此，在输入匹配完成后，仍须进行稳定性检查，并在权衡性能和稳定性指标后作出适当调整。

2.2.4　源牵引和输入匹配

输入匹配网络设计使用了参考文献[10]中介绍的方法，其计算过程较为复杂，本节直接提供计算完毕后的网络参数（详细计算过程可参阅文献[10]或本书 2.1.2 节）。

1．源牵引仿真

源牵引（Source-Pull）和负载牵引（Load-Pull）是指通过可变阻抗的变化尝试出功率放大器最佳性能阻抗的测试实验，是功率放大器在匹配前寻找匹配目标阻抗的重要手段。在 ADS 软件中，可通过预设的模板较为方便地进行牵引实验的仿真。

任意打开一张电路原理图，按图 2.33 所示执行菜单命令【DesignGuide】→【Amplifier】，打开【Amplifier】窗口，如图 2.34 所示。选择【1-Tone Nonlinear Simulations】→【Source-Pull-PAE，Output Power Contours】模板，然后单击【OK】按钮生成源牵引模板，如图 2.35 所示。

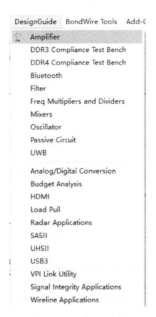

图 2.33　执行菜单命令
【DesignGuide】→【Amplifier】

图 2.34　【Amplifier】窗口

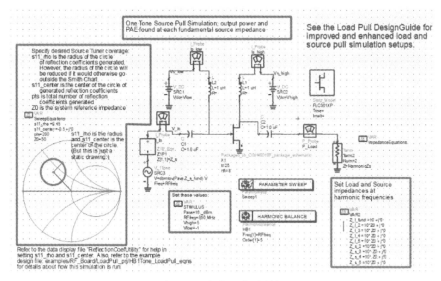

图 2.35　生成源牵引模板

将系统自带的元器件模型删除，然后在元件面板列表【CGH40010F_ package】中选择【CGH40010F】模型，将其放置在原先自带的元器件模型处。

找到【STIMULUS】变量控件，双击控件或单击参数，将参数设置为 Pavs=29_dBm、RFfreq=1700MHz、Vhigh=28、Vlow=−3.0，该组参数为电路参数。找到【SweepEquations】，将参数设置为 s11_rho=0.99、s11_center=0+j*0、pts=5000、Z0=50，该组参数为阻抗扫描参数。找到右下角的变量控件【VAR2】，将负载的基波阻抗修改为 Z_1_fund=17+j*10。设置完毕后的电路原理图如图 2.36 所示。

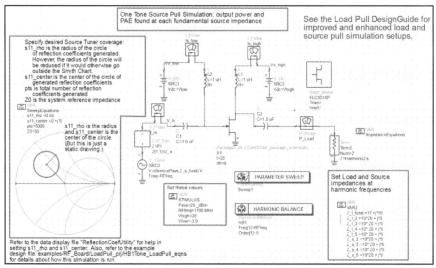

图 2.36　设置完毕后的电路原理图

> 由于采用-3.2V 的栅极电压会导致仿真不收敛，故此处改为-3.0V 仿真作
> 为参考。基波负载阻抗须要修改至高性能区，使源牵引仿真结果更接近最优
> 值。扫描参数 s11_center 和 s11_rho 决定了仿真阻抗的范围，即仿真会尝试以
> s11_center 为圆心、s11_rho 为半径的区域内的阻抗值。该区域如果设置得过
> 小，可能造成仿真结果不完整；如果设置得太大，有可能不收敛，导致没有仿
> 真结果。所以现有的设置为初步设置，若仿真发生问题，须要进行调整。pts
> 参数为仿真点数，过少会导致仿真结果曲线不连续，过多会拖慢仿真速度，也
> 应根据实际情况进行调整。

参数修改完毕后，执行菜单命令【Simulate】→【Simulate Settings...】，在弹
出的窗口中选择【Output Setup】选项卡，选中【Open Data Display when
simulation completes】选项，单击【Apply】按钮，再单击【Cancel】按钮。单击
工具栏中的图标🔧进行仿真，弹出仿真结果窗口。

由于后续要与 2.6GHz 的图像进行比对，此处只留下一条效率圆曲线。将仿
真结果窗口左上角红框中的参数修改为 PAE_step=2、NumPAE_lines=2、NumPdel_
lines=0，得到 1.7GHz 下的源牵引仿真结果，如图 2.37 所示。

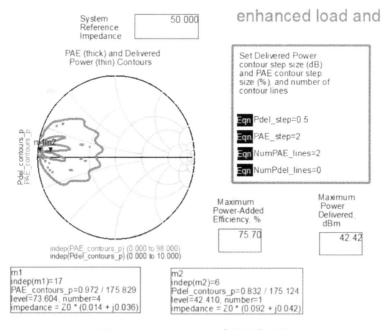

图 2.37　1.7GHz 下的源牵引仿真结果

接下来进行下一个频率的源牵引仿真。在仿真结果圆图上单击鼠标右键，在弹出的快捷菜单中选择【History】→【On】，保留当前仿真结果曲线，如图 2.38 所示。

返回电路原理图，将【STIMULUS】变量控件中的频率参数修改为 RFfreq=2600MHz，单击工具栏中的图标 🐾 进行仿真，得到 2.6GHz 和 1.7GHz 下的源牵引仿真结果，如图 2.39 所示。

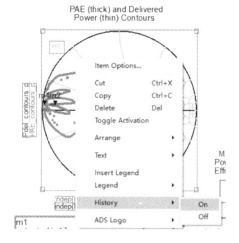

图 2.38 设置图表记录历史值   图 2.39 2.6GHz 和 1.7GHz 下的源牵引仿真结果

可以看出，晶体管对于输入匹配的精度要求不高，在较大的阻抗范围内都能达到较好的效率。若想在两个频点之间都能达到良好的匹配效果，只须保证输入匹配网络在频段内的阻抗落在图 2.39 中两个效率圆的交集区域即可。为了在较宽的频带内更加方便地实现良好的输入匹配，此处选取 10Ω 作为输入匹配网络设计的目标阻抗。

2. 输入匹配网络仿真

根据参考文献[10]提供的计算过程，得到结构和参数如图 2.40 所示的输入匹配网络。

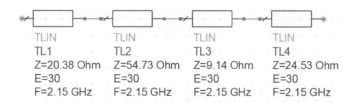

图 2.40 输入匹配网络模型参数

接下来进行该网络的参数仿真。执行菜单命令【File】→【New】→【Schematic…】，新建名为"INMATCH"的电路原理图。进入电路原理图后，执行命令【Insert】→【Template】，弹出【Insert Template】对话框，在【Schematic Design Templates】列表框中选择【ads_templates：S_Params】，插入 S 参数扫描模板。

在图 2.40 所示的输入匹配网络中加入 S 参数扫描模板，单击工具栏中的图标 ✎ 进行连接，如图 2.41 所示。

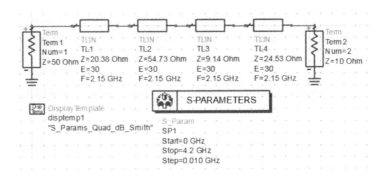

图 2.41　连接完毕后的电路原理图

找到【Term2】端口，双击控件或单击参数，修改参数为 Z=10Ohm。双击 S 参数仿真器 ⚙ S-PARAMETERS 或单击电路原理图中的参数，将频率参数设置为 Start=0GHz、Stop=4.2GHz、Step=0.01GHz。完成参数设置后的电路原理图如图 2.42 所示。

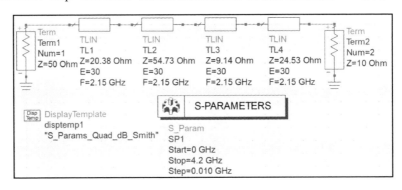

图 2.42　完成参数设置后的电路原理图

单击工具栏中的图标 ⚙ 进行仿真，弹出仿真结果窗口，其中默认存在 4 个 S 参数的图标。在仿真结果窗口中找一处空白区域，单击左侧【Palette】控制板的 ▦ 按钮，在空白区域单击鼠标左键放置图表，弹出【Plot Traces & Attributes】对话框，如图 2.43 所示。

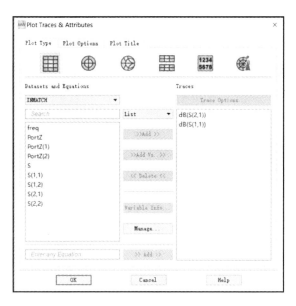

图 2.43　添加 S 参数曲线图

选择【Plot Type】选项卡，双击【Datasets and Equations】列表框中的
【S（1,1）】，将目标参数加入【Traces】列表框（在弹出的【Complex Data】对话
框中选择【dB】）；重复上述步骤，添加参数【S（2,1）】轨迹；单击【OK】按
钮，生成 S 参数图表。执行菜单命令【Marker】→【New...】，在 S（2,1）曲线
图的目标频段两端添加曲线标记，如图 2.44 所示。

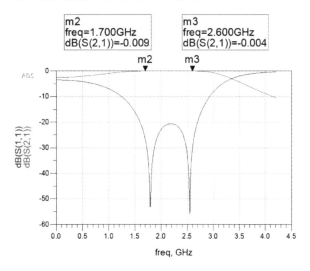

图 2.44　S 参数仿真结果

从仿真结果可以看出，该结构在目标频段内取得了良好的匹配效果。由于最优阻抗是一个范围，前面的目标阻抗仅为一个参考值。注意，尽管在设计阶段取得了良好的匹配效果，但不一定能保证在功率放大器整体中达到良好的指标，因此在后续总体仿真时，有可能进行调整，最终应保证整体功率放大器的参数指标。

2.2.5 负载牵引和输出匹配

输出匹配网络设计使用了参考文献[10]中的方法，计算过程较为复杂，本节直接提供计算完毕后的网络参数（详细计算过程可参阅参考文献[10]或2.1.2节）。

1. 负载牵引仿真

在功率放大器输出匹配网络设计中，除了考虑基波阻抗，还须考虑谐波阻抗。针对单频窄带功率放大器，可以通过解析计算来控制匹配网络的谐波阻抗，也可以构建晶体管封装模型，直接精确控制电流源平面的基波和谐波输出阻抗，从而达到最优效果[9]。但在宽带功率放大器中，当前的技术依旧聚焦于宽频带内基波阻抗的精确调控，对于谐波阻抗的控制则缺少较为完善的理论体系。尽管如此，输出匹配网络的谐波阻抗对于功率放大器性能的影响是客观存在的，在实践中应特别留意。

对于确定晶体管在较宽频段内的最优谐波阻抗区域，目前比较常用的方法是通过负载牵引实验来测量不同谐波阻抗下晶体管的性能表现。ADS软件中提供了具备谐波阻抗测试功能的负载牵引（Load-Pull）模板，本节将展示如何使用该模板确定 CGH40010F 晶体管的最优基波和二次/三次谐波阻抗区域。

任意打开一张电路原理图，按图 2.45 所示执行菜单命令【DesignGuide】→【Load Pull】，弹出【Load Pull】窗口，如图 2.46 所示；选择【One-Tone Load Pull Simulations】→【Constant Available Source Power】，然后单击【OK】按钮，生成负载牵引模板，如图 2.47 所示。

将系统自带的元器件模型删除，然后在元件面板列表【CGH40010F_package】中选择【CGH40010F】模型，将其放置在原先自带的元器件模型处。

找到【Load_Pull_Instrument1_r1】变量控件，双击控件或单击参数，将参数设置为 V_Bias1=-3.2V、V_Bias2=28V、RF_freq=1700 MHz、Pavs_dBm =29、Z_Source_Fund=10+j*0，该组参数为电路参数。

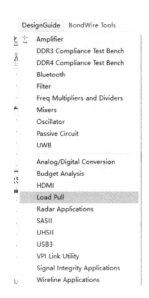

图 2.45　执行菜单命令　　　　　　图 2.46　【Load Pull】窗口
【DesignGuide】→【Load-Pull】

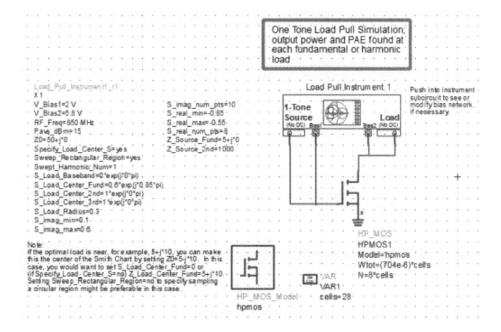

图 2.47　生成负载牵引模板

将其余参数设置为 S_imag_min=-0.9、S_imag_max=0.9、S_imag_num_pts= 50、S_real_min=-0.9、S_real_max=0.9、S_real_num_pts=50，该组参数为负载网

113

络 S 参数，用于设置负载阻抗的仿真范围。其中：S_imag_min 和 S_imag_max 分别代表负载网络 S 参数虚部（取值范围为-1～+1）的最小值和最大值；S_real_min 和 S_real_max 分别代表负载网络 S 参数实部（取值范围为-1～+1）的最小值和最大值；S_real_num_pts 和 S_imag_num_pts 分别代表负载网络 S 参数的实部和虚部的仿真点数，即在最大值到最小值之间取多少个点进行仿真，最终总的仿真点数为实部和虚部点数相乘，本例中两者均设置为 50 个点，也就是总共2500 个点。

> 负载网络 S 参数仿真范围如果设置得过小，可能造成仿真结果不完整；如果设置得太大，有可能不收敛，导致没有仿真结果。这里的设置为初步设置，若仿真发生问题，须要进行调整。仿真点数过少会导致仿真结果曲线不连续，过多会拖慢仿真速度，因此也要根据实际情况进行调整。

其余参数暂时保持默认设置。完成参数设置后的电路原理图如图 2.48 所示。

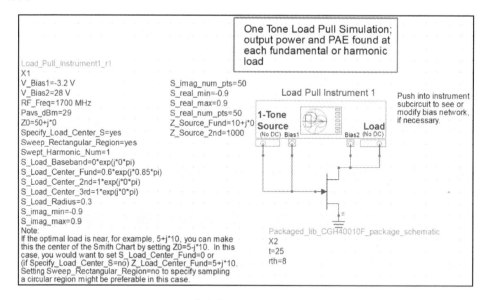

图 2.48　完成参数设置后的电路原理图

单击工具栏中的图标进行仿真，打开仿真结果窗口。得到的 1.7 GHz 下负载牵引基波仿真结果如图 2.49 所示。

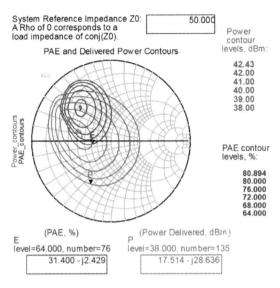

图 2.49　1.7 GHz 下负载牵引基波仿真结果

若感觉曲线过多而影响判断，可调节图片参数，减少曲线数量。在仿真结果窗口内找到曲线参数设置框，将参数设置为 PowerStep=2、NumPower_lines=1、NumPAE_lines=3，其余保持不变，如图 2.50 所示。修改参数后的仿真曲线图如图 2.51 所示。

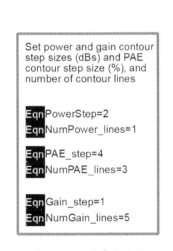

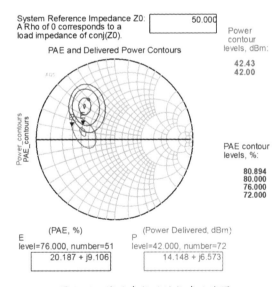

图 2.50　曲线参数设置　　　　　图 2.51　修改参数后的仿真曲线图

接下来仿真 2.6GHz 下的最优阻抗，寻找重合区域。在目前的曲线图上单击鼠标右键，在弹出的快捷菜单中选择【History】→【On】，保留当前仿真结果曲线，如图 2.52 所示。

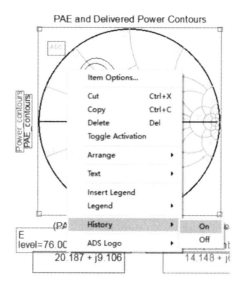

图 2.52　保留当前仿真结果曲线

回到负载牵引电路原理图，将【Load_Pull_Instrument1_r1】变量控件参数修改为 RF_freq=2600 MHz，单击工具栏中的图标进行仿真，得到 2.6 GHz 下负载牵引基波仿真结果，如图 2.53 所示。

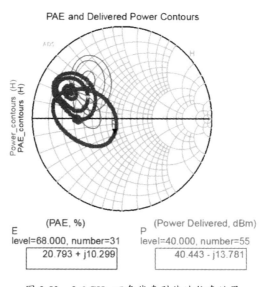

图 2.53　2.6 GHz 下负载牵引基波仿真结果

根据仿真结果中起止频率的较优效率和较优输出功率的阻抗重合区域，选择 20+j*10Ω 作为参考的目标阻抗。

接下来对二次、三次谐波阻抗进行负载牵引仿真。

在负载牵引电路原理图中，将参数修改为 RF_Freq=1700MHz、Swept_Harmonic_Num=2、S_Load_Center_Fund=0.447*exp(j*153.435*pi/180)，如图 2.54 所示。

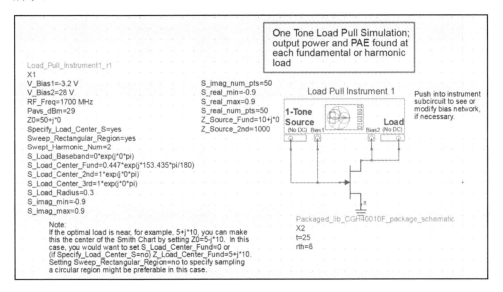

图 2.54　更改参数后的负载牵引电路原理图

 说明

　　Swept_Harmonic_Num 代表负载牵引仿真扫描的阻抗次数，在扫描某一次谐波阻抗时，其他谐波阻抗的阻抗值被设定为参数中的 S_Load_Center_*。此处先将基波阻抗设置为之前选定的最优阻抗，其他次谐波阻抗保持默认值，这样仿真出来的最优二次谐波阻抗区域才有参考价值。该参数格式为相量形式，可由读者自行将阻抗值换算为相量形式，也可在 ADS 软件中换算，只须想办法得到一个包含须要换算阻抗值的史密斯圆图曲线，将曲线标记放置在该阻抗值处，显示的数据值就会出现该点相量形式的值，如图 2.55 中所示的 0.447 为幅值，153.435 为角度。由于 ADS 中读取的相量是"幅值+角度"形式，而相量值本身是"幅值+弧度"形式，为了方便读取和更改参数，文中的参数设置在相量值中加入了角度换算公式。后续其他仿真中可根据实际情况更改相应参数。

单击工具栏中的图标 ⚙ 进行仿真，打开仿真结果窗口。修改曲线参数为 PowerStep=1、NumPower_lines=5、PAE_Step=5、NumPAE_ lines=5，可得到二次谐波阻抗负载牵引仿真结果，如图 2.56 所示。

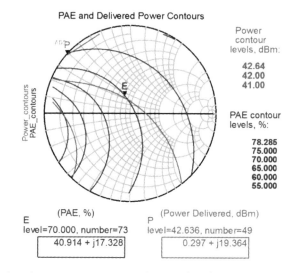

图 2.55 从结果图中读取某一阻抗的相量值　图 2.56 1.7GHz 下二次谐波阻抗负载牵引仿真结果

从仿真结果中可以看出，指标随二次谐波阻抗在某个方向上呈现阶梯分布，指标变化速度相比基波阻抗平缓许多。因此，通常在调整好基波阻抗的情况下，只须尽量保证二次谐波阻抗分布在较高性能的区域内即可。

在仿真结果左侧查看最优的二次谐波阻抗值，并将其作为三次谐波阻抗扫描仿真的设定值，如图 2.57 所示。

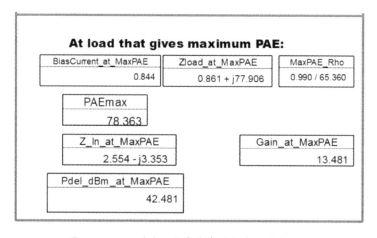

图 2.57 二次谐波阻抗负载牵引仿真结果最优值

返回负载牵引电路原理图，将参数修改为 Swept_Harmonic_Num=3、S_Load_Center_2nd = 1*exp(j*65.36*pi/180)，如图 2.58 所示。

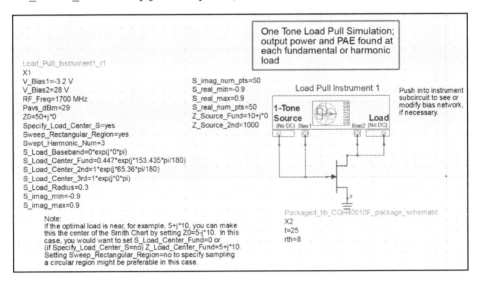

图 2.58　修改参数后的电路原理图

单击工具栏中的图标 进行仿真，打开仿真结果窗口。可根据仿真结果自行调整曲线设置，此处保持默认设置，得到的 1.7GHz 下三次谐波阻抗负载牵引仿真结果如图 2.59 所示。

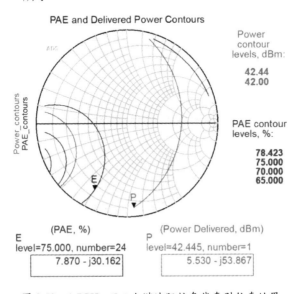

图 2.59　1.7GHz 下三次谐波阻抗负载牵引仿真结果

从仿真结果可以看出，三次谐波阻抗在较大区域内都处于高性能区域。因此，在本案例或类似案例中，不必过分担心三次谐波阻抗的影响，只须注意不要落入较小的低性能区域即可。

参照上述操作，进行 2.6GHz 下的晶体管负载牵引仿真，得到的仿真结果如图 2.60 和图 2.61 所示。

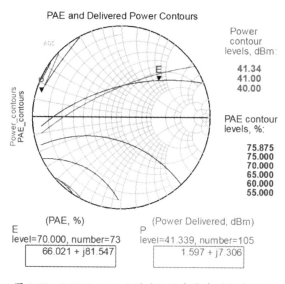

图 2.60　2.6GHz 下二次谐波阻抗负载牵引仿真结果

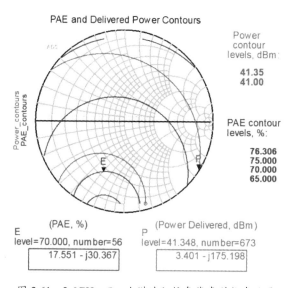

图 2.61　2.6GHz 下三次谐波阻抗负载牵引仿真结果

至此，基波和谐波阻抗的负载牵引仿真结束。

2. 输出匹配网络仿真

根据参考文献[10]提供的计算过程和结果，得到结构和参数如图 2.62 所示的输出匹配网络。

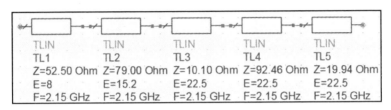

图 2.62　输出匹配网络模型参数

接下来进行该网络的参数仿真。

执行菜单命令【File】→【New】→【Schematic...】，新建名为"OUTMATCH"的电路原理图。进入电路原理图后，执行菜单命令【Insert】→【Template】，弹出【Insert Template】对话框，在【Schematic Design Templates】列表框中选择【ads_templates：S_Params】，插入 S 参数扫描模板。

将图 2.62 所示的匹配网络加入 S 参数扫描模板，单击工具栏中的图标＼进行连接，如图 2.63 所示。

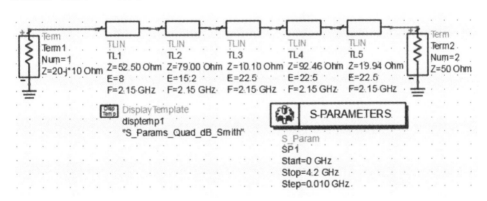

图 2.63　完成连接后的电路原理图

找到【Term1】端口，双击控件或者单击参数，修改参数为 Z=20-j*10Ohm（即目标阻抗的共轭）。双击 S 参数仿真器 S-PARAMETERS 或者单击电路原理图中的参数，将频率参数设置为 Start=0GHz、Stop=4.2GHz、Step=0.01GHz。完成参数设置后的电路原理图如图 2.64 所示。

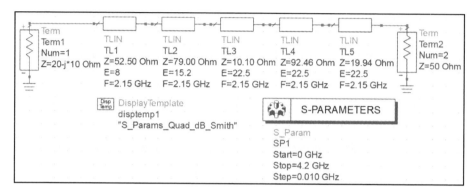

图 2.64 完成参数设置后的电路原理图

单击工具栏中的图标🐝进行仿真，弹出仿真结果窗口，其中默认存在 4 个 *S* 参数的图标。在仿真结果窗口中找一处空白区域，单击左侧【Palette】控制板的🏢按钮，在空白区域单击鼠标左键放置图表，弹出【Plot Traces & Attributes】对话框。选择【Plot Type】选项卡，双击【Datasets and Equations】列表框中的【S（1,1）】，将目标参数加入【Traces】列表框（在弹出的【Complex Data】对话框中选择【dB】）；重复上述步骤，添加参数【S（2,1）】；单击【OK】按钮，生成 *S* 参数图表。

执行菜单命令【Marker】→【New...】，在 S（2,1）曲线图的目标频段两端单击，添加曲线标记，如图 2.65 所示。

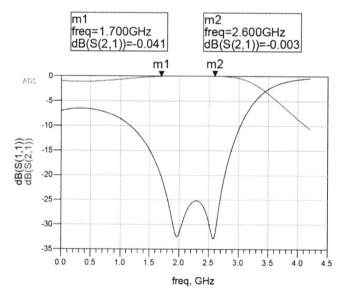

图 2.65 *S* 参数仿真结果

从仿真结果可以看出，该结构在目标频段内达成了良好的匹配效果。接下来对输出匹配网络的输入阻抗变化趋势进行仿真。

返回 OUTMATCH 电路原理图，找到【Term1】端口，双击控件或单击参数，修改参数为 Z= 50 Ohm。双击 S 参数仿真器 S-PARAMETERS 或单击电路原理图中的参数，将频率参数设置为 Start=0GHz、Stop=10GHz、Step=0.01GHz，如图 2.66 所示。

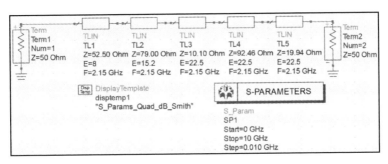

图 2.66　完成参数设置后的电路原理图

单击工具栏中的图标 进行仿真，在弹出的仿真结果窗口中找到 S（1,1）的史密斯圆图曲线[也可自行添加 S（1,1）的史密斯圆图曲线]。执行菜单命令【Marker】→【New...】，在 S（1,1）曲线图中添加曲线标记。双击曲线标记的数据显示框，弹出【Edit Marker Properties】对话框，选择【Format】选项卡，将归一化阻抗 Z_0 设置为 50Ω，如图 2.67 所示。最终得到的仿真结果如图 2.68 所示。

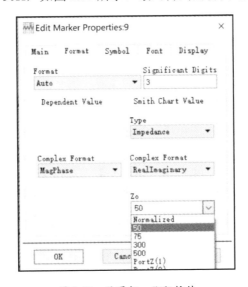

图 2.67　设置归一化阻抗值

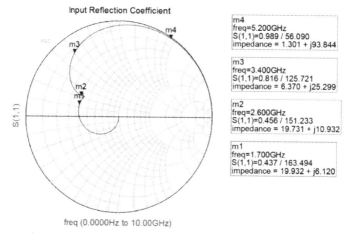

Input Reflection Coefficient

m4
freq=5.200GHz
S(1,1)=0.989 / 56.090
impedance = 1.301 + j93.844

m3
freq=3.400GHz
S(1,1)=0.816 / 125.721
impedance = 6.370 + j25.299

m2
freq=2.600GHz
S(1,1)=0.456 / 151.233
impedance = 19.731 + j10.932

m1
freq=1.700GHz
S(1,1)=0.437 / 163.494
impedance = 19.932 + j6.120

freq (0.0000Hz to 10.00GHz)

图 2.68　输出匹配网络阻抗仿真结果

从仿真结果可以看出，该输出匹配网络在目标频段内的基波阻抗基本集中在之前仿真出来的高性能区，同时二次谐波阻抗也分布在性能较高的区域。

至此，功率放大器各部分设计工作初步完成，接下来进行 ADS 原理图仿真。

2.3　宽带功率放大器的 ADS 原理图仿真

原理图仿真是功率放大器总体仿真的第一步。原理图仿真又分为两步：首先用理想模型进行仿真，然后将其转化为实际参数微带线模型再次仿真。相较于理想模型，实际参数微带线模型更加接近实际，也便于转化为版图模型。

2.3.1　理想模型仿真

执行菜单命令【File】→【New】→【Schematic…】，新建名为"SCH1"的电路原理图。进入电路原理图后，执行菜单命令【Insert】→【Template】，弹出【Insert Template】对话框，在【Schematic Design Templates】列表框中选择【ads_templates：S_Params】，插入 S 参数扫描模板。

在元件面板列表【CGH40010F_Package】中选择【CGH40010F】模型，将其放置在电路原理图中间；在元件面板列表【Sources-Freq Domain】中选择直流电源 V_DC 两个，将其添加至电路原理图中；在元件面板列表【muRataLibWeb Set Up】中选择库文件 muRataLibWeb_include，将其添加至电路原理图中；在元件面板列表【muRata Components】中选择 GRM18 系列电容两个，将其添加至电路原理图中；在元件面板列表【Lumped-Components】中选择电感，将其添加至电路原理图中。

> **说明**
>
> 　　由于宽带功率放大器的输出偏置应在较宽频段内保持较为严格的开路，所以使用一个大电感作为阻隔交流信号的偏置电路。

　　将电路原理图 Stability、INMATCH、OUTMATCH 中设计好的理想模型复制到 SCH1 电路原理图中，连接各个部件，如图 2.69 所示。

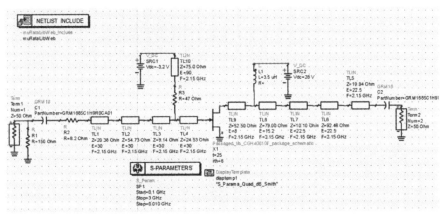

图 2.69　完成连接的电路原理图

　　双击 S 参数仿真器 [S-PARAMETERS] 或单击电路原理图中的参数，将频率参数设置为 Start=0.1GHz、Stop=3GHz、Step=0.01GHz。双击栅极电源（图中为 SRC1）或单击其参数 Vdc，将电压参数设置为 Vdc=−3.2V。双击漏极电源（图中为 SRC2）或单击其参数 Vdc，将电压参数设置为 Vdc=28V。双击输入和输出的 GRM18 村田电容模型，在弹出的窗口中将【PartNumber】修改为 581：GRM1885C1H9R0CA01 的 9pF 贴片电容模型。完成参数修改后的电路原理图如图 2.70 所示。

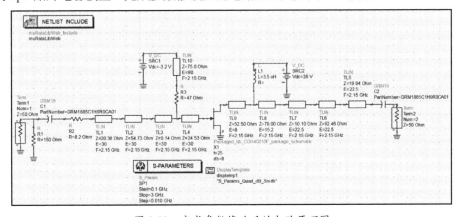

图 2.70　完成参数修改后的电路原理图

单击工具栏上的图标🕸进行仿真，弹出仿真结果窗口。在仿真结果窗口中找一处空白区域，单击左侧【Palette】控制板的▦按钮，然后在空白区域单击鼠标左键放置图表，弹出【Plot Traces & Attributes】对话框；选择【Plot Type】选项卡，双击【Datasets and Equations】列表框中的【S（1,1）】，将目标参数加入【Traces】列表框（在弹出的【Complex Data】对话框中选择【dB】）；重复上述步骤，添加参数【S（2,1）】；单击【OK】按钮，生成 S 参数图表。执行菜单命令【Marker】→【New...】，在 S（2,1）曲线图的目标频段两端添加曲线标记，如图 2.71 所示。

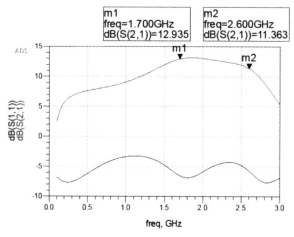

图 2.71　S 参数仿真结果

从仿真结果可以看出，功率放大器整体在目标频段内有良好增益。

接下来进行大信号仿真。首先将 SCH1 电路原理图元件化，单击工具栏上的端口图标⭘，给 SCH1 电路原理图中的输入、输出、供电处添加端口，如图 2.72 所示。

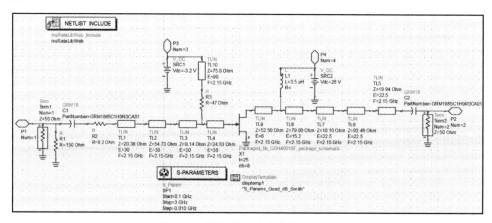

图 2.72　添加端口后的电路原理图

若端口的方向不同，生成的元件也不同，但对仿真结果没有影响。

端口添加完毕后，按图 2.73 所示在主界面【Folder View】选项卡中用鼠标右键单击【SCH1】的 Cell，在弹出的快捷菜单中选择【New Symbol】，弹出【New Symbol】对话框，如图 2.74 所示。

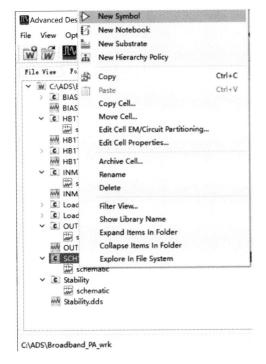

图 2.73　在弹出的快捷菜单中选择【New Symbol】

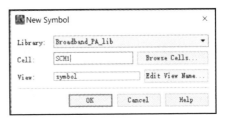

图 2.74　【New Symbol】对话框

单击【OK】按钮，弹出【Symbol Generator】对话框，如图 2.75 所示；在【Symbol Type】区域选中【Quad】选项，在【Order Pins by】区域选中【Orientation/Angle】选项；单击【OK】按钮，生成电路原理图符号，如图 2.76 所示（说明：生成的元件符号有可能与图 2.76 不完全一致，但对仿真结果没有影响）。

电路原理图符号创建完毕后，接下来生成大信号仿真电路原理图。

在第 1 章逆 F 类功率放大器的大信号仿真中采用了功率扫描和频率扫描分开的形式。由于本章仿真的是宽带功率放大器，可能要在多个频点进行功率扫描，因此使用 ADS 中的功率频率联合扫描模板进行大信号仿真。

图 2.75 【Symbol Generator】对话框

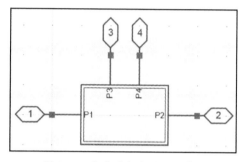

图 2.76 生成的电路原理图符号

任意打开一张电路原理图，按图 2.77 所示执行菜单命令【DesignGuide】→【Amplifier】，打开【Amplifier】窗口，如图 2.78 所示。选择【1-Tone Nonlinear Simulations】→【Spectrum，Gain，Harmonic Distortion vs. Frequency & Power（w/PAE）】模板，单击【OK】按钮，生成大信号功率扫描模板，如图 2.79 所示。

图 2.77 执行菜单命令
【DesignGuide】→【Amplifier】

图 2.78 【Amplifier】窗口

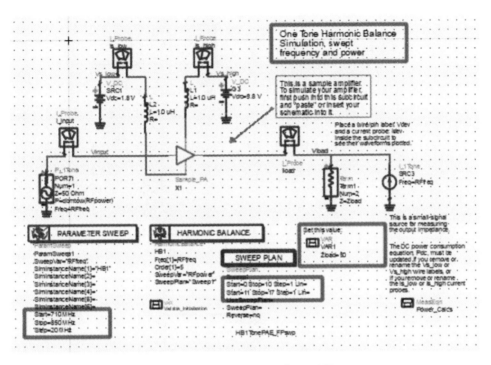

图 2.79　生成的大信号功率扫描模板

将默认模板中间的晶体管删除，选中供电处的两个电感，利用工具栏上的短路图标▩将其短路。单击工具栏上的器件库图标，弹出【Component Library】窗口，如图 2.80 所示。在左侧列表框中选择【All Libraries】→【Workspace Library】，在右侧的元件栏中选中【SCH1】（说明：若未出现，可重启 ADS 再次尝试），双击后可在电路原理图中选择添加。添加后，将相应端口连接至相应位置，如图 2.81 所示。

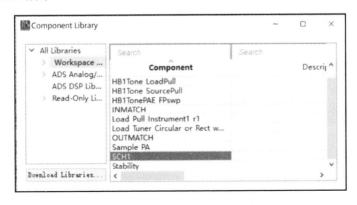

图 2.80　【Component Library】窗口

129

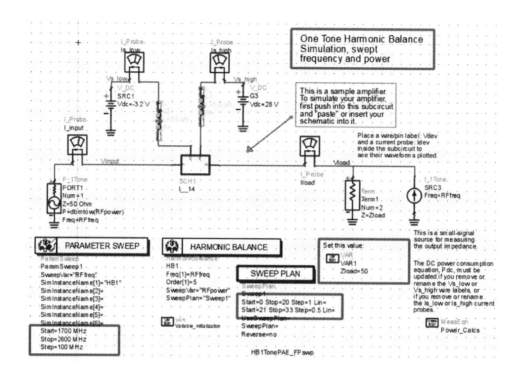

图 2.81　连接好的电路原理图

　　找到【Parameter Sweep】变量控件 ，双击控件或单击参数，将参数设置为 Start=1700MHz、Stop=2600MHz、Step=100MHz。双击【SWEEP PLAN】控件，将两端扫描段的参数修改为 Start=0、Stop=20、Step=1 和 Start=21、Stop=33、Step=0.5。找到漏极和栅极的两个电源，分别将电压参数修改为-3.2V 和 28V。完成参数设置的电路原理图如图 2.82 所示。

　　单击电路原理图中间的【SCH1】，然后单击工具栏上的下一层图标，打开该 SCH1 电路原理图，利用工具栏上的禁用图标分别将电源元件【SRC1】和【SRC2】、端口元件【Term1】和【Term2】、S 参数仿真控件【SP1】禁用，如图 2.83 所示。

> **说明**
>
> 　　某些版本 ADS 的【Display Template】控件可能导致仿真结果显示异常，建议一并禁用。

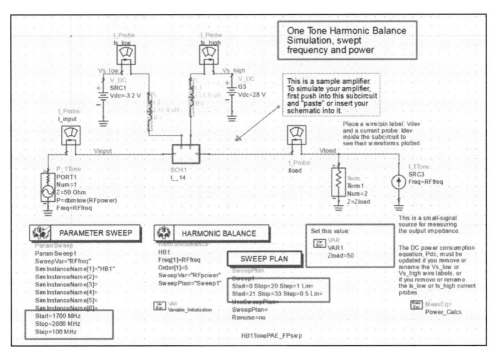

图 2.82　完成参数设置的电路原理图

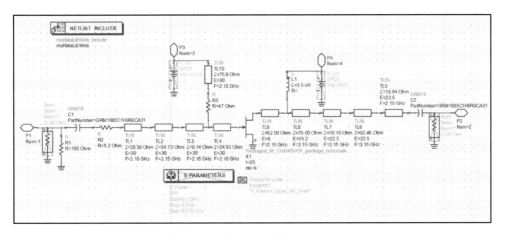

图 2.83　禁用 SCH1 电路原理图中的部分元件和端口

单击工具栏上的返回上一层图标🔙，返回功率频率联合扫描电路原理图。

单击工具栏上的图标🔧进行仿真，打开仿真结果窗口。在仿真结果窗口下方选择【X-dB Gain Compression Data】，即可查看大信号仿真结果，如图 2.84 所示。

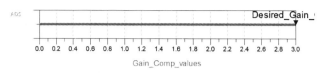

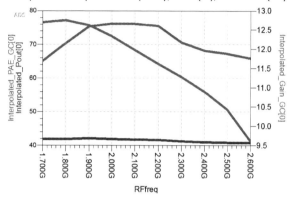

图 2.84   大信号频率扫描仿真结果

由图可见，在频率扫描仿真结果上方有一个选择条，这是用于选择频率扫描仿真结果对应的增益压缩值的（此处设置为 3.0）。

 说明

  此处可能由于未知原因导致仿真结果异常。如果仿真结果异常，可在功率频率联合扫描电路原理图中，尝试将【Harmonic Balance】仿真器中的参数修改为 Order[1]=7，然后再次进行仿真。

接下来查看不同频率下的功率扫描仿真结果。在仿真结果窗口中找一处空白区域，单击左侧【Palette】控制板的▦按钮，在空白区域单击鼠标左键放置图表，弹出【Plot Traces & Attributes】对话框；选中【HB.PAE】，单击【>>Add Vs.. >>】按钮，弹出【Select Independent Variable】窗口，选中【HB. Pdel_ dBm】，如图 2.85 所示；单击【OK】按钮，即可生成图表。

最终得到的多个频率下 PAE 的功率扫描仿真结果如图 2.86 所示。

图 2.85 【Select Independent Variable】窗口

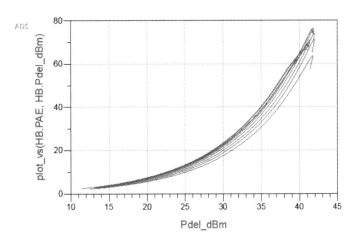

图 2.86　多个频率下 PAE 的功率扫描仿真结果

按照同样的步骤，添加【HB.Gain_Transducer】相对于【Pdel_dBm】的曲线图，得到的多个频率下增益的功率扫描仿真结果如图 2.87 所示。

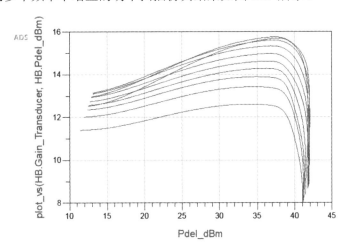

图 2.87　多个频率下增益的功率扫描仿真结果

从以上仿真结果可以看出，功率放大器理想模型在整体频段内都有较为良好的输出功率以及增益，但分布稍显不均匀，须要进一步调节。

返回 SCH1 电路原理图。由于匹配结构包含大量重复参数，故此处先进行变量化再调节。为了降低调节过程的复杂度，只对部分关键参数进行变量化和调节：将输入部分阶梯阻抗传输线模型的频率统一变更为变量 f1，电长度变更为 theta；将输出部分阶梯阻抗传输线模型的传输线频率统一变更为变量 f2，后 3 段传输线电长度变更为 theta2；稳定电路部分并联接地电阻值变更为 R1，串联电阻值变更为 R2。单击工具栏上的变量图标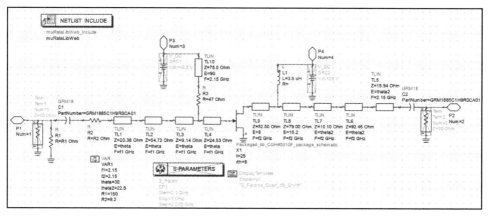，在电路原理图空白处添加变量控件，添加上述变量，并将值设置为先前相应的值。完成变量化的电路原理图如图 2.88 所示。

图 2.88　完成变量化后的电路原理图

双击打开变量控件，弹出【Edit Instance Parameters】对话框，如图 2.89 所示；选择第一个变量，单击【Tune/Opt/Stat/DOE Setup...】按钮，弹出【Setup】对话框，如图 2.90 所示；选择【Tuning】选项卡，在【Tuning Status】栏中选择【Enabled】，将参数修改为 Minimum Value=1、Maximum Value=10、Step Value=0.1；单击【OK】按钮。

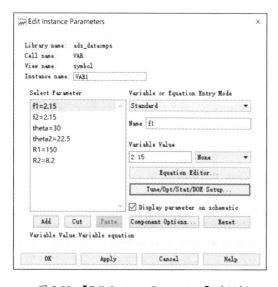

图 2.89　【Edit Instance Parameters】对话框

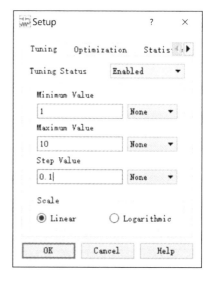

图 2.90　【Setup】对话框

采用同样方法，将其他变量参数设置为可调节。除了上述方法，还可以直接把调节代码添加进参数，格式为【tune{ 起始数值　单位　to　终止数值　单位　by 变动数值　单位 }】（参见 1.3.1 节）。设置可调节后的变量控件如图 2.91 所示。

添加完调节参数后，返回 HB1TonePAE_FPswp 电路原理图，单击工具栏上的参数调节图标，进入调节模式，弹出【Tune Parameters】对话框，如图 2.92 所示。

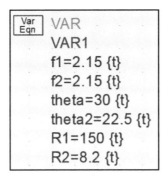

图 2.91　设置可调节后的变量控件

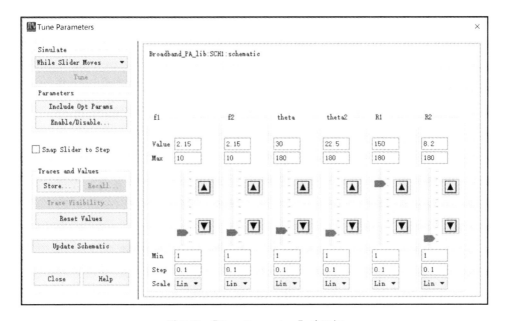

图 2.92　【Tune Parameters】对话框

经过调节后发现，f1 调整至 3.5GHz 后，增益和功率附加效率的分布更均匀。修改参数后仿真结果如图 2.93 至图 2.95 所示。

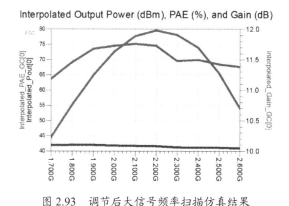

图 2.93　调节后大信号频率扫描仿真结果

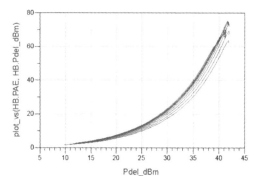

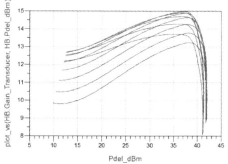

图 2.94　调节后 PAE 的功率扫描仿真结果　　图 2.95　调节后增益的功率扫描仿真结果

至此，功率放大器理想模型仿真完毕，接下来进行微带线模型仿真。

2.3.2　微带线模型仿真

理想模型采用的是理想传输线模型，这与现实中的各种传输线形式有一定的差别，所以在理想模型仿真完毕后，还要进行微带线模型仿真。ADS 提供丰富的微带线元件，并可以轻松转化为版图。

执行菜单命令【File】→【New】→【Schematic...】，创建名为"SCH2"的电路原理图。参照理想微带线模型仿真步骤，添加除传输线外的其他元件和端口。也可以直接将 SCH1 电路原理图中的元件复制到 SCH2 电路原理图中，再删掉所有理想传输线模型。接下来将理想传输线模型转化为实际微带线模型。

如图 2.96 所示，打开 SCH2 电路原理图，执行菜单命令【Tools】→【LineCalc】→【Start LineCalc】，弹出【LineCalc/untitled】对话框，如图 2.97 所示。

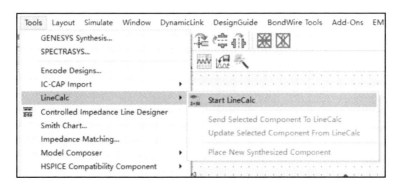

图 2.96   执行菜单命令【Tools】→【LineCalc】→【Start LineCalc】

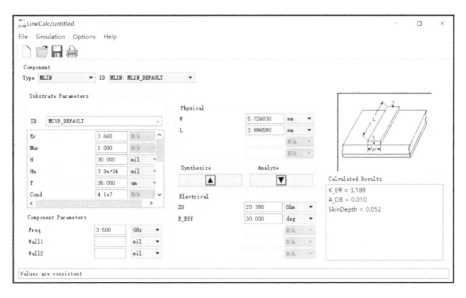

图 2.97   【LineCalc/untitled】对话框

将本案例所用 RO4350B 板材的参数输入【LineCalc/untitled】对话框：将
【Substrate Parameters】区域的参数修改为 Er=3.66、H=30mil、T=35um、TanD=
0.0035，其他参数保持默认值（注意：3.66 为 RO4350B 的设计推荐值，与生产
实际值有所区别）；将【Components Parameters】区域的参数修改为 Freq=
3.5GHz；将【Physical】区域的单位全部修改为【mm】。

至此，参数设置完毕，之后只须将阻抗和电长度参数输入【Electrical】区
域，单击【Synthesize】按钮 中的三角箭头，即可换算出相应的微带线长
宽，如图 2.98 所示。

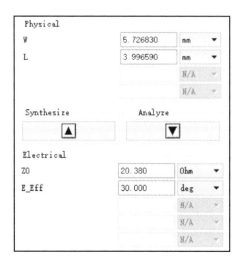

图 2.98　微带线长宽计算

将 SCH1 电路原理图中的理想传输线参数换算成微带线参数，并将相应模型加入 SCH2 电路原理图中。

打开 SCH2 电路原理图，在元件面板列表【TLines-Microstrip】中选择板材基板控件 MSUB ，将其添加到空白处，并将其参数修改为 Er=3.66、H=30mil、T=35um、TanD=0.0035，其他参数保持默认值。在元件面板列表【TLines-Microstrip】中选择微带线模型 MLIN 若干，将其添加至电路原理图中，按照 SCH1 电路原理图中的结构连接。完成连接的微带线电路原理图如图 2.99 所示。

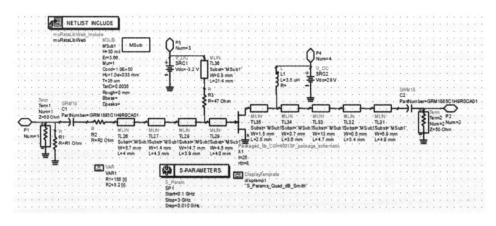

图 2.99　完成连接的微带线电路原理图

将电路原理图中所有微带线参数设置为用【LineCalc/untitled】对话框计算出的参数。完成参数修改后的微带线电路原理图如图 2.100 所示。

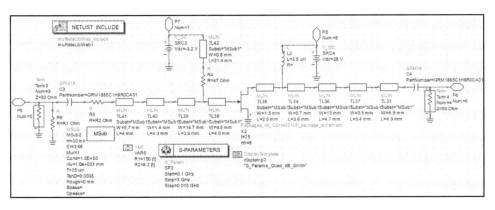

图 2.100 完成参数修改后的微带线电路原理图

 说明

　　由于晶体管两侧的微带线兼做焊盘使用，所以将输出匹配网络最开始的传输线设置为晶体管焊盘的最小参数：W=1.5mm、L=2.5mm。

　　由于理想传输线模型为理想连接，在转化为微带线模型后，须要变更为实际的连接方式，以贴近实际情况，这样也更容易转换为版图。此外，最好将微带线模型变量化，让参数更加直观，调节起来会更加方便，且增加工程规范程度。

　　将抽象连接转化为实际连接的主要步骤是加入各个连接模块。在本案例中，为了增加电路整体性能，防止因为阻抗突变引起的未知问题，在匹配网络各段宽度不同的传输线的连接处增加渐变传输线（MTAPER）￣，在连接偏置部分将传输线替换为"T"形支节（MTee）￣，以便提供接口。对于所有元件，双击元件可以打开【Edit Instance Parameters】对话框，单击其中的【HELP】按钮，可以查看元件的参数属性，并在所有电阻、电容、电感等元件处加入相应焊盘（通常用微带线实现；部分与宽线连接的焊盘可使用渐变传输线实现，以增加阻抗过渡的平滑性；部分线宽与焊盘宽度一致的微带线无须额外增加焊盘，可适当增加线长），在 I/O 部分增加接头的焊盘。以上元件均位于元件面板列表【TLines-Microstrip】中。

 技巧

　　连接模块本身具有长度，接入连接模块后，须要根据情况调整微带线长度。

　　出于 PCB 面积因素的考虑，对输入部分偏置作转角处理；同时，为了便于

139

焊接元件，将元件上移 4.3mm。

由于转化后参数数量变多，并且部分参数之间有较强关联性，因此将微带线模型部分参数变量化，并添加调节参数。完成参数设置及变量化后的微带线电路原理图如图 2.101 和图 2.102 所示。

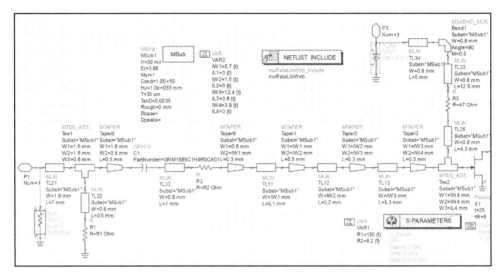

图 2.101　完成参数设置及变量化后的微带线电路原理图（输入部分）

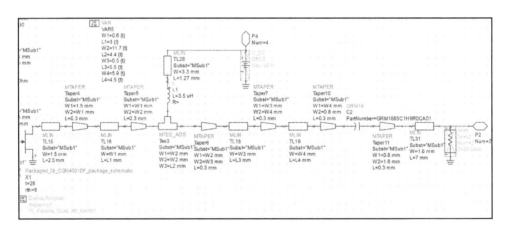

图 2.102　完成参数设置及变量化后的微带线电路原理图（输出部分）

通常，初次转化后的仿真结果会有一定的偏差，须要进行参数调节。进入 SCH2 电路原理图，利用工具栏上的禁用图标⊠将电源元件【SRC1】和【SRC2】、端口元件【Term1】和【Term2】、S 参数仿真控件【SP1】、仿真结果模板【Display Template】禁用。

在主界面【Folder View】选项卡用鼠标右键单击【SCH2】的 Cell，在弹出的快捷菜单中选择【New Symbol】，弹出【New Symbol】对话框；单击【OK】按钮，弹出【Symbol Generator】对话框，在【Symbol Type】区域选中【Quad】选项，在【Order Pins by】区域选中【Orientation/Angle】选项；单击【OK】按钮，生成电路原理图符号。

进入 HB1TonePAE_FPswp 电路原理图，将原先放置的电路原理图元件替换为【SCH2】元件。单击工具栏上的参数调节图标，弹出【Tune Parameters】对话框，如图 2.103 所示。

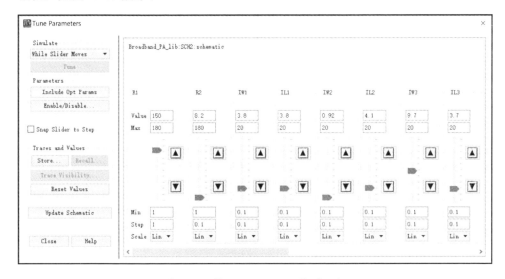

图 2.103　【Tune Parameters】对话框

在调节窗口中单击上/下箭头，按设定的 Step 值增/减参数。在此，也可以直接更改调节参数的最大值、最小值和当前值。调整参数后，仿真结果也会随之变化。由于【HB1TonePAE_FPswp】模板仿真参数较多，可能出现调节速度慢的情况，因此可以先创建固定功率的频率扫描仿真模板【HB1TonePAE_Fswp】，完成调节后再代入功率频率扫描模板中进行仿真。

通过调节工具将参数调整到一个良好的状态后，单击【Update Schematic】按钮，将调整结果存入电路原理图中，然后关闭【Tune Parameters】对话框。通过初步调节得到的参数如图 2.104 所示。调节后得到的仿真结果如图 2.105 至图 2.107 所示。

从仿真结果可以看出，功率放大器在较宽频带内均可取得良好的仿真结果。虽然增益部分的分布稍有不均，但因微带线模型并不是最终仿真结果，在后续仿真中仍有可能变化，所以该问题留到版图联合仿真中再尝试解决。

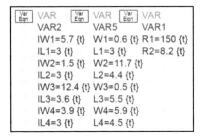

图 2.104 通过初步调节得到的参数

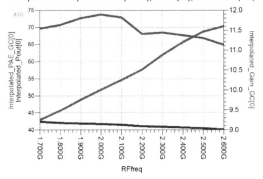

图 2.105 调节后的大信号频率扫描仿真结果

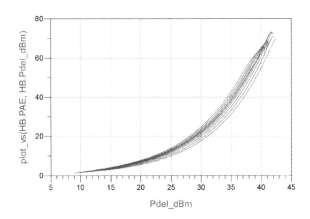

图 2.106 调节后 PAE 的功率扫描仿真结果

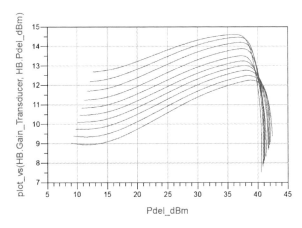

图 2.107 调节后增益的功率扫描仿真结果

2.4　宽带功率放大器的 ADS 版图联合仿真

版图仿真是 ADS 仿真中最接近实际情况的仿真，也是最消耗计算资源、速度最慢的仿真。版图仿真只能仿真微带线的无源版图，对于功率放大器整体系统，在版图仿真后还要生成模型，再导入电路原理图中进行联合仿真。

2.4.1　版图仿真

执行菜单命令【File】→【New】→【Schematic...】，创建名为"SCH3_Layout"的电路原理图。将 SCH2 电路原理图中的所有元件复制到 SCH3_Layout 电路原理图中，如图 2.108 所示。

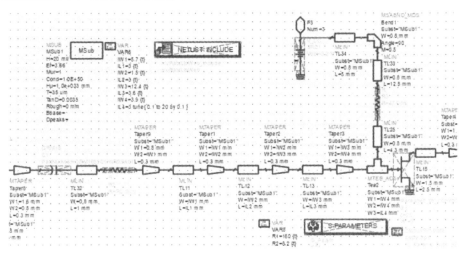

图 2.108　SCH3_Layout 电路原理图

选中所有非微带线元件，利用工具栏上的禁用图标⊠，将除微带线和端口外的所有元件禁用，仅保留微带线、变量参数和基板参数控件，如图 2.109 所示。

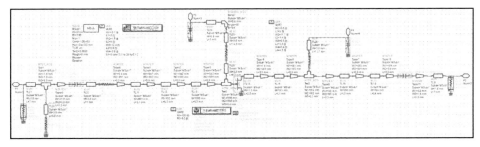

图 2.109　禁用所有非微带线元件

按图 2.110 所示执行菜单命令【Layout】→【Generate/Update Layout...】，弹出【Generate/Update Layout】对话框，如图 2.111 所示；保持默认设置，单击【OK】按钮，打开版图界面，如图 2.112 所示。

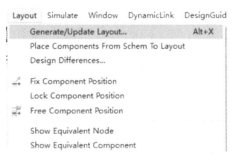

图 2.110　执行菜单命令【Layout】→【Generate/Update Layout...】

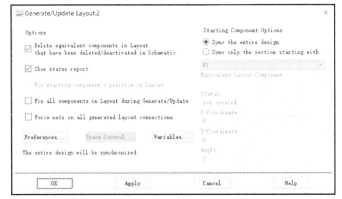

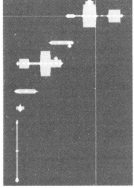

图 2.111　【Generate/Update Layout】对话框　　　图 2.112　初步生成的版图

　　生成版图后，可使用【Ctrl+M】快捷键或鼠标右键菜单中的【Measure】选项调出测量工具，验证版图的尺寸是否正确。如果测量结果的单位是 mil，则可能是创建工作空间时设置错误，可以参考 1.4.1 节进行改正。

初步生成的版图有点儿杂乱。按照设计方案将各个部件布置好，若须改变部件方向，可以利用【Ctrl+R】快捷键。

　　常用 0603 封装贴片焊盘间距为 0.7mm，中间功率管间距为 4.4mm。

有些部件的连接方式有错误，应进行纠正。理论上，版图中只要在界面里重合，就算是连通的。

移动过程中，如果发现最小移动幅度太大，无法让版图精准连接，可以在版图中单击鼠标右键，从弹出的快捷菜单中选择【Preference】，弹出【Preferences for Layout】对话框，如图 2.113 所示；选择【Grid/Snap】选项卡，在【Snap to】区域取消【Grid】选项的选中状态，这样就可以实现精细移动。

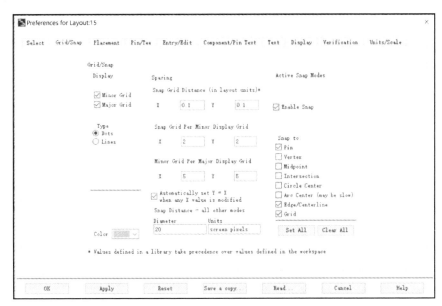

图 2.113　【Preferences for Layout】对话框

调整后的版图如图 2.114 所示。

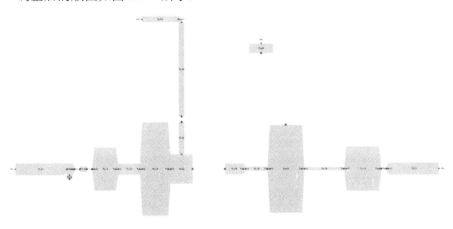

图 2.114　调整后的版图

调整好版图后，为版图添加端口。由于生成版图时在电源和 I/O 区域都已添加端口，所以剩余的工作主要是添加贴片元件的连接端口。

单击工具栏中的端口图标 ○⊷，即可在版图中单击鼠标左键添加端口（利用【Ctrl+R】快捷键可以变换端口方向）。在所有焊盘处均添加上端口。

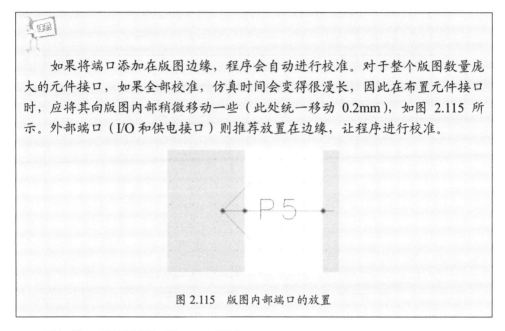

　　如果将端口添加在版图边缘，程序会自动进行校准。对于整个版图数量庞大的元件接口，如果全部校准，仿真时间会变得很漫长，因此在布置元件接口时，应将其向版图内部稍微移动一些（此处统一移动 0.2mm），如图 2.115 所示。外部端口（I/O 和供电接口）则推荐放置在边缘，让程序进行校准。

图 2.115　版图内部端口的放置

添加端口后的版图如图 2.116 所示。

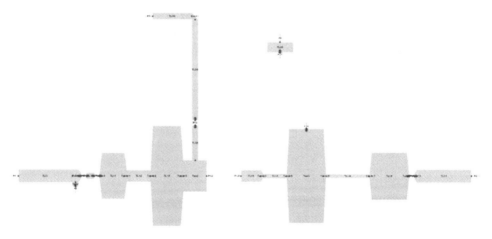

图 2.116　添加端口后的版图

单击工具栏上的 EM 设置图标 🎟，弹出 EM 设置窗口，如图 2.117 所示。

图 2.117　EM 设置窗口

单击左侧栏中的【Substrate】，进入基板设置窗口，如图 2.118 所示。为了生成新的基板参数，单击【New...】按钮，弹出的【New Substrate】对话框，在【File Name】栏中输入"RO4350B"，如图 2.119 所示。

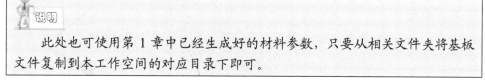

此处也可使用第 1 章中已经生成好的材料参数，只要从相关文件夹将基板文件复制到本工作空间的对应目录下即可。

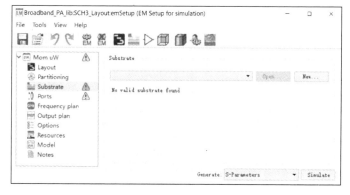

图 2.118　基板参数设置

图 2.119 【New Substrate】对话框

单击【OK】按钮，进入基板设置界面，如图 2.120 所示。单击中间的介质层（底层与顶层之间），单击【Substrate Layer】区域的【Material】栏后面的【…】按钮，弹出【Material Definitions】对话框，如图 2.121 所示。

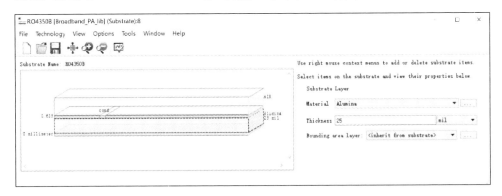

图 2.120 基板参数设置（1）

图 2.121 【Material Definitions】对话框（【Dielectrics】选项卡）

选择【Dielectrics】选项卡，单击【Add Dielectric】按钮，添加一个介质材料，将其名称设置为 RO4350B，随后将其【Permittivity(Er)】参数的 Real 部分设置为 3.66，TanD 部分设置为 0.0035，如图 2.122 所示。选择【Conductors】选

项卡，单击【Add Conductor】按钮，添加导体材料，将其名称设置为"Cu"，电导率设置为"57142857 Siemens/m"，磁导率保持默认设置，如图 2.123 所示。

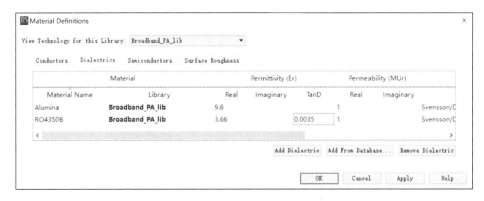

图 2.122 添加介质材料

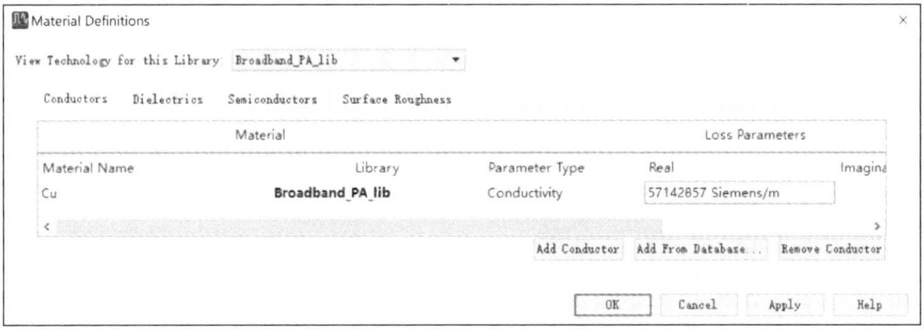

图 2.123 【Material Definitions】对话框（【Conductors】选项卡）

完成参数设置后，单击【OK】按钮，在基板设置界面中将【Material】栏设置为【RO4350B】，将【Thickness】栏设置为"30mil"，如图 2.124 所示。

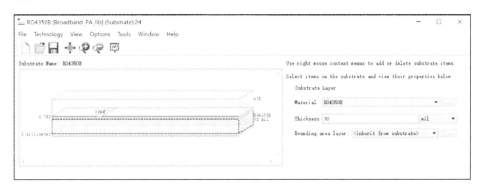

图 2.124 基板参数设置（2）

单击上层的【cond】黄色条，将【Conductor Layer】区域的【Material】栏设置为【Cu】，将【Thickness】栏设置为"35 micron"，如图 2.125 所示。

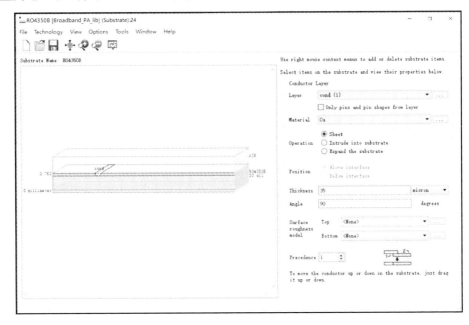

图 2.125　基板参数设置（3）

单击最底层，将【Interface】区域的【Material】栏设置为【Cu】，将【Thickness】栏设置为"35 micron"，如图 2.126 所示。

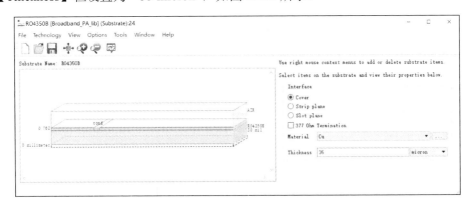

图 2.126　基板参数设置（4）

单击工具栏上的保存图标🖫，然后关闭窗口，返回 EM 设置窗口，在左侧列表框中选择【Frequency plan】，将第一条 Adaptive 的参数修改为 Fstart=0GHz、FStop=7.8GHz、Npts=781(max)（此处，截止频率通常选择为三次谐波，频率间隔为 10MHz；为了节约仿真时间，选择自适应点数），如图 2.127 所示。在左侧列表框中选择【Options】，在【Simulation Options】区域选择【Mesh】选项卡，将【Mesh density】区域的【Cells/Wavelength】栏设置为 50（数字越大仿真越精确，但是仿真会更慢，应根据实际情况调整），选中【Edge mesh】选项，其他保持默认设置，如图 2.128 所示。

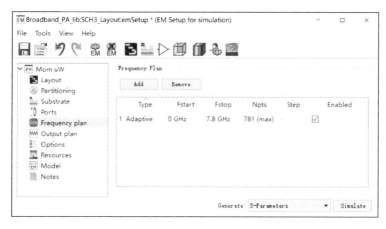

图 2.127　EM 仿真频率设置

图 2.128　EM 仿真 Mesh 设置

单击【Simulate】按钮，即可开始仿真。仿真结束后，弹出仿真结果窗口。返回版图窗口，按图 2.129 所示执行菜单命令【EM】→【Component】→【Create EM Model and Symbol...】，弹出【EM Model】窗口，如图 2.130 所示；将两个选项选中，单击【OK】按钮，即可创建版图元件，如图 2.131 所示。

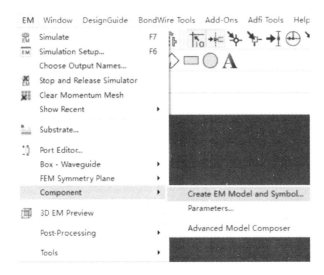

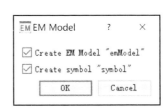

图 2.129　执行菜单命令【EM】→【Component】
　　　　　→【Create EM Model and Symbol...】

图 2.130　【EM Model】窗口

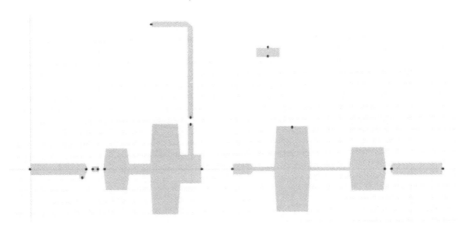

图 2.131　生成的版图元件

2.4.2　版图联合仿真

生成版图元件后，即可进行联合仿真。返回 ADS 主界面的【Folder View】，执行菜单命令【File】→【New】→【Schematic...】，新建名为"SCH4"的电路原理图。将 SCH1 电路原理图中的元件复制到 SCH4 电路原理图中，并删去所有理想传输线模型。单击工具栏上的器件库图标 █，将 SCH3_Layout 电路原理图中的元件放置在空白处，然后将所有元件连接到版图中的相应位置，如图 2.132 所示。

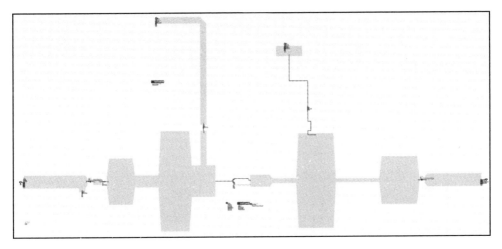

图 2.132　连接好的电路原理图

仿真前，应将版图元件的数据源更改到 EM 模型中。选中版图模型，单击工具栏上的模型选择图标 ↗，在弹出的【Choose View for Simulation】窗口中选择【emModel】，如图 2.133 所示；单击【OK】按钮，关闭【Choose View for Simulation】窗口。

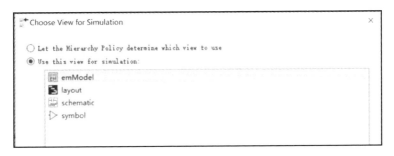

图 2.133　【Choose View for Simulation】窗口

单击工具栏上的图标 ⚙ 进行仿真，弹出仿真结果窗口，在其中找一处空白区域，单击左侧【Palette】控制板的 ▦ 按钮，在空白区域单击鼠标左键放置图表，弹出【Plot Traces & Attributes】对话框；选择【Plot Type】选项卡，双击

【Datasets and Equations】列表框中的【S（1,1）】，将目标参数加入【Traces】列表框（在弹出的【Complex Data】对话框中选择【dB】）；重复上述步骤，添加参数【S（2,1）】；单击【OK】按钮，得到版图模型 S 参数仿真结果，如图 2.134 所示。

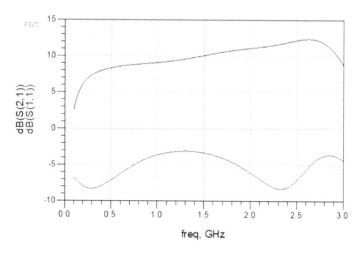

图 2.134　版图模型 S 参数仿真结果

接着进行大信号仿真：创建 SCH4 电路原理图元件，并禁用其中的相应端口，将其添加至已经创建好的 HB1TonePAE_FPswp 扫描模板电路原理图，可得如图 2.135 至图 2.137 所示的仿真结果。

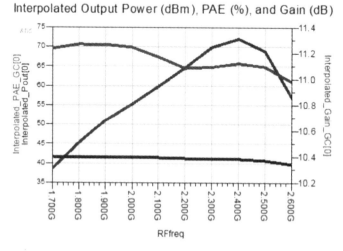

图 2.135　版图模型大信号频率扫描结果

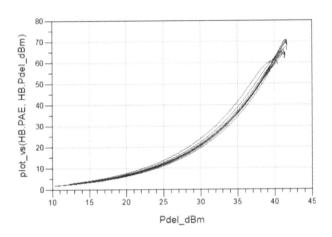

图 2.136　版图模型 PAE 的功率扫描仿真结果

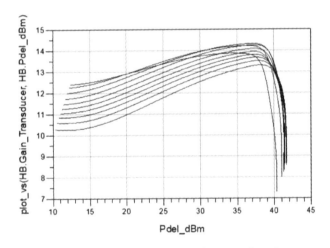

图 2.137　版图模型增益的功率扫描仿真结果

由仿真结果发现，转化为版图后，仿真结果有所改变，须要进一步修改参数。在 SCH3_Layout 电路原理图中修改相应微带线参数后，执行菜单命令【Layout】→【Generate/ Update Layout…】，弹出【Generate/Update Layout】对话框，选中【Fix all components in Layout during Generate/ Update】选项，如图 2.138 所示。

单击【OK】按钮，打开版图界面，可以发现相应的传输线已改变（若无变化，可尝试在版图中双击相应的传输线，在弹出的参数设置窗口中单击【OK】按钮）。将变化后的传输线重新调整到合适位置，单击工具栏上的仿真图标 开始仿真。

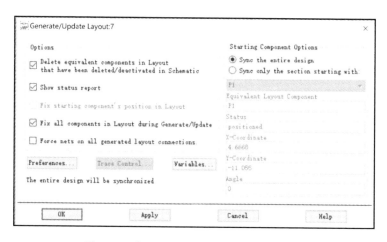

图 2.138 【Generate/Update Layout】对话框

　　仿真完毕后，回到版图窗口，执行菜单命令【EM】→【Component】→【Create EM Model and Symbol…】，弹出【EM Model】窗口，取消【Update symbol "symbol"】选项的选中状态，只选中【Update EM Model "emModel"】选项，如图 2.139 所示。此举是为了保证电路原理图中的版图元件大小不变，如果版图元件大小发生改变，就要调整元件连接，步骤烦琐，最好在参数调节完毕后再更改版图元件大小。

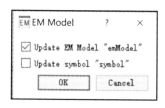

图 2.139 【EM Model】窗口

　　经过多次调节后，最终的版图参数如图 2.140 所示，由此得到的模型仿真结果如图 2.141 至图 2.143 所示。

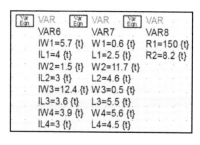

图 2.140 最终的版图参数

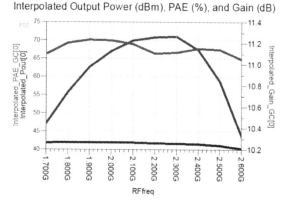

图 2.141 调节后版图模型大信号频率扫描结果

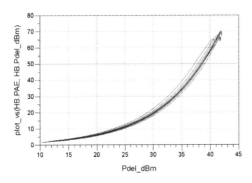

图 2.142 调节后版图模型 PAE 的
功率扫描仿真结果

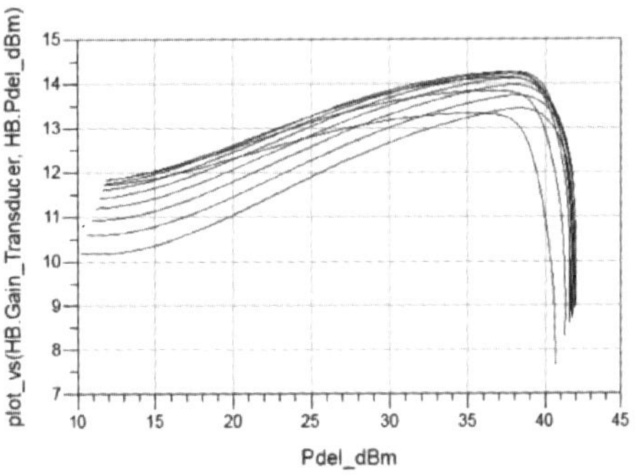

图 2.143 调节后版图模型增益的
功率扫描仿真结果

2.5 PCB 制板及实物测试

2.5.1 生成 PCB 设计文件

复制【SCH3_Layout】单元，在主界面【Folder View】选项卡用鼠标右键单击【SCH3_Layout】单元，在弹出的菜单中选择【Copy】；再用鼠标右键单击，在弹出的菜单中选择【Paste】，弹出【Copy Files】对话框，如图 2.144 所示。将【New Name】栏设置为【PCB】，单击【OK】按钮。

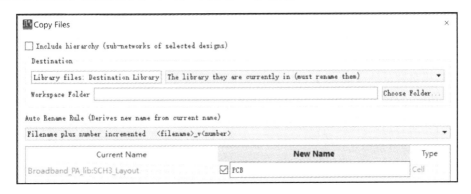

图 2.144 【Copy Files】对话框

打开 PCB 单元的版图，单击工具栏上的方形工具图标 ■，在版图的电源输入部分绘制焊盘，并在其周围绘制接地区块。电源部分的焊盘尺寸及放置位置没有严格规定，可根据实际使用电容元件的规格来设计。

栅极偏置（输入偏置）靠近晶体管的第一个电容焊盘应设置在偏置的四分之一波长传输线末端，因为接地电容焊盘对射频信号相当于一个接地点，放置在微带线相应长度的末端，才能让偏置电路等效于四分之一波长传输线，从而起到隔绝射频信号的作用。输出部分由于采用电感，没有相应约束。

此外，偏置部分应该放置若干个偏差一个数量级的旁路电容，防止因为谐振效应导致单一电容在某个频率点失效。因此，实例版图中绘制了多个电容焊盘，其中一个为大电容值电解电容焊盘。添加电源焊盘和接地焊盘后的版图如图 2.145 所示。

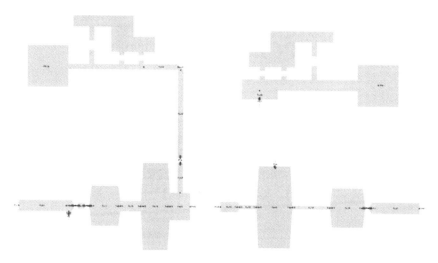

图 2.145　添加电源焊盘和接地焊盘后的版图

在工具栏上的【Layer】栏中选择 hole 层，如图 2.146 所示。

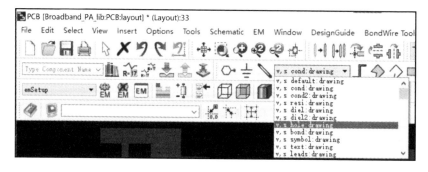

图 2.146　选择 hole 层

单击工具栏上的圆形工具图标◎，在须要连接底层金属 GND 的顶层金属片上绘制均匀排列的小圆孔，如图 2.147 所示。

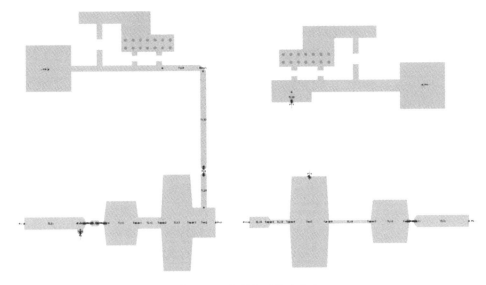

图 2.147　绘制电源接地通孔

绘制电源焊盘后，还要在输入部分绘制一个接地电阻的接地焊盘。同上述步骤，使用方形工具图标▭和圆形工具图标◎绘制如图 2.148 所示的接地焊盘（绘制不同种类图形时，要注意图层的选择）。

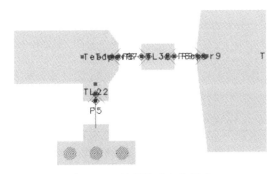

图 2.148　绘制接地电阻焊盘

绘制完成后，为新绘制的焊盘添加端口，如图 2.149 所示。

接下来，对这个更加接近实际的版图模型进行联合仿真。首先在基板设置中定义过孔：单击工具栏上的基板设置图标▦，弹出基板设置窗口，用鼠标右键单击中间的 RO4350B 介质层，在弹出的快捷菜单中选择【Map Conductor Via】，如图 2.150 所示。

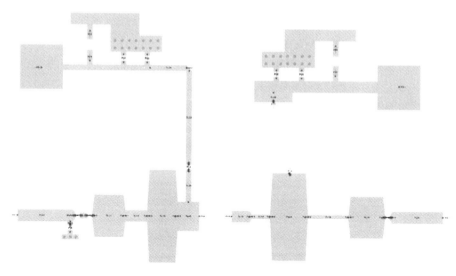

图 2.149　添加焊盘端口后的版图

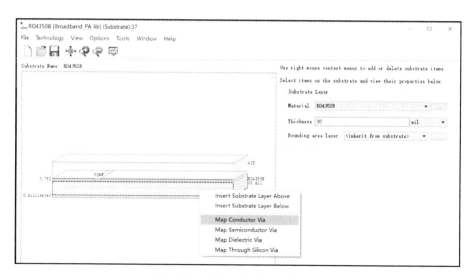

图 2.150　在基板设置中定义过孔

在【Layer】栏中选择 hole 层，在【Material】栏中选择【Cu】，如图 2.151 所示。保存文件并退出基板设置窗口。

其余部分保持已设置好的仿真参数，单击工具栏上的仿真图标🔅开始仿真。仿真完毕后，弹出仿真结果窗口。返回版图窗口，执行菜单命令【EM】 → 【Component】 → 【Create EM Model and Symbol...】，弹出【EM Model】窗口，将两个选项均选中，单击【OK】按钮，生成模型符号。

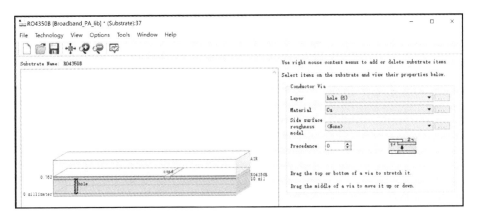

图 2.151   基板过孔设置

回到主界面【Folder View】选项卡，执行菜单命令【File】→【New】→【Schematic…】，创建名为"SCH5"的电路原理图。

将 SCH4 电路原理图中的元件复制到 SCH5 电路原理图中，删去原有的版图元件，单击工具栏上的器件库图标 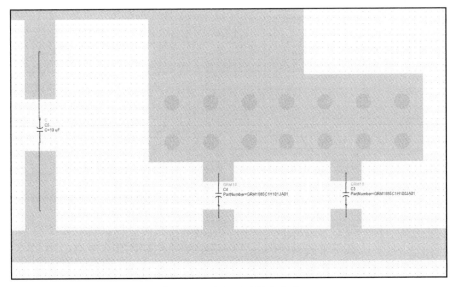，添加 PCB 元件。

重新连接原有的元件，注意此处接地电阻不再连接软件中的接地元件，而是直接连接到版图元件中的接地焊盘上。接下来，在栅极电源的两个贴片电容焊盘处，添加两个村田电容，型号分别为 659：GRM1885C1H100JA1 和 712：GRM1885C1H101JA1，在电解电容焊盘处添加一个 10μF 的电容，如图 2.152 所示。

图 2.152   在电源处添加电容

161

按照类似的操作步骤，给漏极电源添加同样的电容。PCB 版图联合仿真电路原理图如图 2.153 所示。

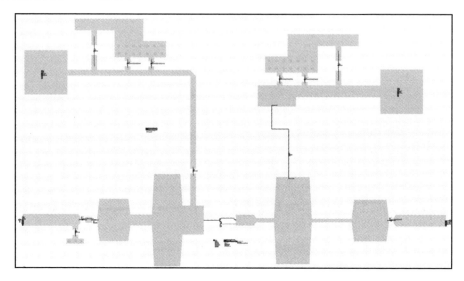

图 2.153　PCB 版图联合仿真电路原理图

选中版图模型，单击工具栏上的模型选择图标，在弹出的【Choose View for Simulation】窗口中选择【emModel】，单击【OK】按钮。

将创建的电路原理图元件导入【HB1TonePAE_FPswp】扫描模板中进行仿真，最终得到的仿真结果如图 2.154 至图 2.157 所示。

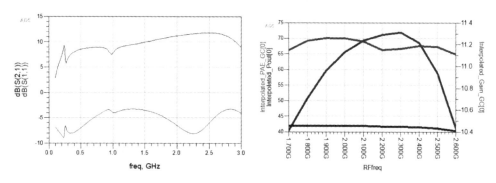

图 2.154　PCB 版图模型 S 参数仿真结果　　图 2.155　PCB 版图模型大信号频率扫描结果

将此处的仿真结果与之前的版图仿真结果进行对比可以发现，添加电源处焊盘和接地孔对于仿真结果的影响较小，但添加接地孔后仿真速度会明显变慢，因此常用简便的模型调节完成后，再进入精确模型进行仿真，以确认仿真结果是否正确。

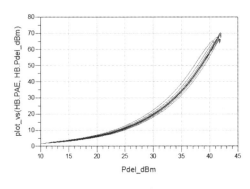

图 2.156　PCB 版图模型 PAE 的
功率扫描仿真结果

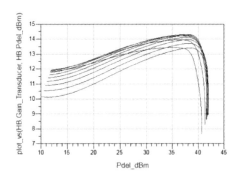

图 2.157　PCB 版图模型增益的
功率扫描仿真结果

接下来生成 PCB 加工文件：进入 PCB 版图界面，选择 hole 层，在中间功率管位置绘制一个宽度为 4.4mm、长度为 16mm 的矩形方孔，如图 2.158 所示。

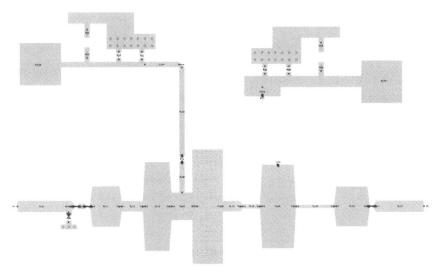

图 2.158　绘制通孔后的版图

由于 PCB 面积较大，除了晶体管的开孔，还要加入将 PCB 固定在散热片上的螺钉孔。此处应根据散热片规格添加螺钉孔，也可以在合适的位置先打孔后定制专用的散热片。本案例采用定制的通用散热片，按照散热片设计图纸添加螺钉孔。添加螺钉孔后的版图如图 2.159 所示。

添加螺钉孔后，参照前文介绍的操作步骤，在工具栏的【Layer】栏中选择 cond2 层，绘制一个覆盖整个版图的方形，将其作为地层；在工具栏的【Layer】栏中选择 default 层，绘制一块和地层同样大小、位置的框，将其作为切割层，如图 2.160 所示。

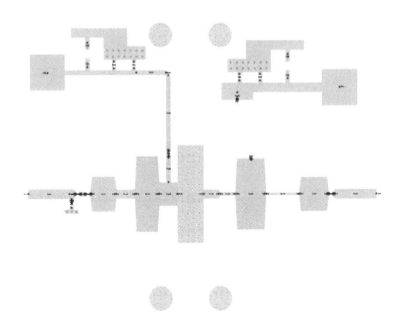

图 2.159 添加螺钉孔后的版图

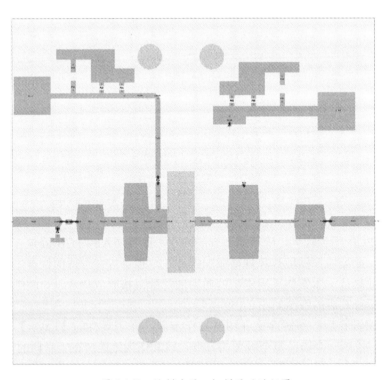

图 2.160 绘制地层、切割层后的版图

至此，PCB 设计完成。实际工作中，读者可根据自己的设计要求更改焊盘设计。

接下来导出 PCB 文件。按图 2.161 所示执行菜单命令【File】→【Export...】，弹出【Export】对话框，将【File type】栏设置为【Gerber/Drill】，在【Destination directory】栏中设置合适的输出目录，如图 2.162 所示；单击【OK】按钮。

图 2.161　执行菜单命令【File】→【Export...】　　　　图 2.162　【Export】对话框

在设置的目录中可以找到 4 个层的 Gerber 文件：cond.gbr、cond2.gbr、default.gbr、hole.gbr。将这 4 个文件交给加工厂，即可加工。

2.5.2　实物测试

收到 PCB 成品后，将相应的元件焊接好，并安装在散热片上，如图 2.163 所示。

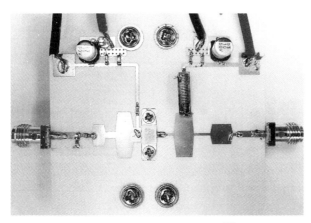

图 2.163　功率放大器实物图[10]

将制作好的功率放大器放入功率放大器测试系统中进行测试，得到的测试结果如图 2.164 和图 2.165 所示。

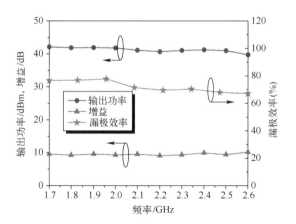

图 2.164　功率放大器频率扫描测试结果

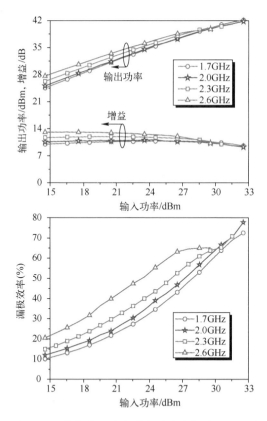

图 2.165　多频率下功率放大器功率扫描测试结果

从测试结果可以看出，该功率放大器在 1.7～2.6GHz 频段内具有良好的指标表现，测试结果基本符合仿真趋势和预期。

3.3～3.6GHz 滤波集成功率放大器

现代通信系统不断向着小型化、集成化的方向发展，而功能融合是实现这一目标的重要手段之一。滤波集成功率放大器就是在功率放大器中集成了滤波器的功能，它可以实现放大目标频段信号且抑制其他频段信号的功能。本章将介绍如何使用 ADS 设计一款基于高选择性隔直滤波阻抗变换器的滤波集成功率放大器，并进行从理想传输线模型到版图仿真的一系列仿真步骤，最后设计PCB 并生成制板文件。实验结果表明，该滤波集成功率放大器不仅在目标频段内有良好的放大器指标，对带外信号也能起到有效的抑制作用。

3.1 新型滤波集成功率放大器介绍

3.1.1 滤波集成功率放大器

随着现代通信标准使用信道频率的不断升高，基站信号的衰减问题逐渐浮现。相比于 4G 时代，5G 时代初期所采用的 Sub-6GHz 频段已经出现了较为严重的室内衰减问题，后期还要采用频率更高的毫米波，这显然会使衰减加剧。为了解决这一问题，运营商须要增加基站密度，必要时还应加装室内基站。无论是小范围覆盖人员密集的区域，还是在室内架设基站，都需要体积远小于普通基站的微基站。

因此，小型化、集成化是当前射频系统设计的一个重要方向。功能融合器件可以在一个器件内实现多种不同功能，对于射频系统的小型化、集成化有着重要意义。当前，研究人员在无源领域已经对功能融合器件进行了丰富的研究，而在功率放大器领域，这方面的研究尚处于起步阶段。

功率放大器属于非线性器件，其输出信号中可能包含目标频段外的频率成分，有时须要使用滤波器滤除杂波。同时，作为大功率器件，对其输入信号内的杂波进行放大也会严重影响效率，所以在信号进入功率放大器前，往往须要滤波。如果功率放大器本身可以对信号进行滤波，只放大目标频带内的信号，而对目标频段外的信号进行抑制，这对射频系统的集成化和低成本化有重大意义。

滤波集成功率放大器的设计要点在于，必须同时满足目标频段内的高设计指标和目标频带外的高抑制度。目前的主要实现思路是，利用具有一定阻抗变换比的滤波器作为匹配网络的基础进行匹配。因此，如何设计出性能优异，又能自由调控带宽和阻抗变换比的滤波集成阻抗变换器十分关键。

3.1.2　基于高选择性隔直滤波阻抗变换器的匹配网络

本案例滤波集成功率放大器的核心问题是，实现一种具备滤波功能的匹配网络，该匹配网络的本质可以理解成一个带有滤波功能的阻抗变换器，或是阻抗变换比不为 1 的滤波器。参考文献[11]提出了一种基于双耦合线结构的滤波集成阻抗变换器，并以此实现了一种滤波集成功率放大器，如图 3.1 所示。

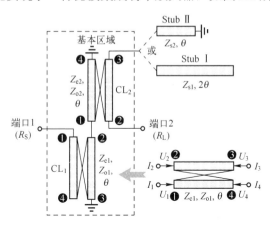

图 3.1　单端型滤波集成阻抗变换器的电路结构[11]

图 3.1 所示的滤波集成阻抗变换器由两个级联耦合线 CL_1、CL_2 和加载于 CL_2 的 3 端口的枝节 Stub I 和 Stub II 组成。为了方便设计，将电长度 θ 设定为 $90°$，因此半波长开路支节 Stub I 和四分之一波长的短路支节 Stub II 在中心频率处相当于开路，对于两级耦合线组成的基础区域影响较小。下面利用传输线理论与 ABCD 矩阵对该电路结构进行分析。

对于 CL_1，由于 4 端口开路、3 端口短路，可得 $U_3=0$、$I_4=0$，二端口耦合线 CL_1 电流-电压关系可用下式来表示[11]：

$$\begin{cases} U_1 = I_1 Z_{11} + I_2 Z_{12} + I_3 Z_{13} \\ U_2 = I_1 Z_{21} + I_2 Z_{22} + I_3 Z_{23} \\ I_3 = -(I_1 Z_{31} + I_2 Z_{32})/Z_{33} \end{cases} \tag{3-1}$$

式中，阻抗参数由广义四端口耦合线的阻抗矩阵定义如下（注：Z_{ei} 和 Z_{oi} 分别是 CL_1 和 CL_2 偶模和奇模特性阻抗）[11]：

$$\begin{cases} Z_{11} = Z_{22} = Z_{33} = Z_{44} = -\mathrm{j} Z_{ai} \cot\theta/2 \\ Z_{12} = Z_{21} = Z_{34} = Z_{43} = -\mathrm{j} Z_{bi} \cot\theta/2 \\ Z_{13} = Z_{31} = Z_{24} = Z_{42} = -\mathrm{j} Z_{bi} \csc\theta/2 \\ Z_{14} = Z_{41} = Z_{23} = Z_{32} = -\mathrm{j} Z_{ai} \csc\theta/2 \end{cases} \tag{3-2a}$$

$$\begin{cases} Z_{ai} = Z_{ei} + Z_{oi} \\ Z_{bi} = Z_{ei} - Z_{oi} \end{cases}, \quad i = 1, 2 \tag{3-2b}$$

由式（3-1）和式（3-2）可得二端口耦合线 CL_1 的 ABCD 矩阵为[11]

$$\begin{bmatrix} A & B \\ C & D \end{bmatrix}_{CL_1} = \begin{bmatrix} \dfrac{Z_{b1} \csc^2(\theta)}{Z_{a1}} - \dfrac{Z_{a1} \cot^2(\theta)}{Z_{b1}} & \dfrac{\mathrm{j}(Z_{b1}^2 - Z_{a1}^2)\cot(\theta)}{2Z_{b1}} \\ -\dfrac{2\mathrm{j}\cot(\theta)}{Z_{b1}} & \dfrac{Z_{a1}}{Z_{b1}} \end{bmatrix} \tag{3-3}$$

用同样的步骤可以推导出二端口耦合线 CL_2 的 ABCD 矩阵，CL_2 的三端口连接的支节等效为开路[11]：

$$\begin{bmatrix} A & B \\ C & D \end{bmatrix}_{CL_2} = \begin{bmatrix} \dfrac{Z_{a2}}{Z_{b2}} & \dfrac{\mathrm{j}(Z_{b2}^2 - Z_{a2}^2)\cot(\theta)}{2Z_{b2}} \\ -\dfrac{2\mathrm{j}\cot(\theta)}{Z_{b2}} & \dfrac{Z_{b2} \csc^2(\theta)}{Z_{a2}} - \dfrac{Z_{a2} \cot^2(\theta)}{Z_{b2}} \end{bmatrix} \tag{3-4}$$

结合式（3-3）和式（3-4），在 $\theta = 90°$ 的情况下，可求出 CL_1 和 CL_2 级联组成的基础区域的 ABCD 矩阵：

$$\begin{bmatrix} A & B \\ C & D \end{bmatrix}_{\text{基本区域}} = \begin{bmatrix} \dfrac{Z_{a2} Z_{b1}}{Z_{a1} Z_{b2}} & 0 \\ 0 & \dfrac{Z_{a1} Z_{b2}}{Z_{a2} Z_{b1}} \end{bmatrix} \tag{3-5}$$

进一步可推导出反射系数 S_{11}[11]：

$$S_{11} = \frac{r Z_{a2}^2 Z_{b1}^2 - Z_{a1}^2 Z_{b2}^2}{r Z_{a2}^2 Z_{b1}^2 + Z_{a1}^2 Z_{b2}^2} \tag{3-6}$$

式中，系数 r 为阻抗变换比（R_L/R_S，$R_L > R_S$）。该结构在中心频率 f_0 处实现匹配，则 S_{11} 应为 0，由此可得基础区域电路参数约束条件为[11]

$$
\begin{cases}
\sqrt{r}C_1 = C_2 \\
C_1 = \dfrac{Z_{e1} - Z_{o1}}{Z_{e1} + Z_{o1}} \\
C_2 = \dfrac{Z_{e2} - Z_{o2}}{Z_{e2} + Z_{o2}}
\end{cases}
\tag{3-7}
$$

式中，C_1 和 C_2 为耦合线 CL_1 和 CL_2 的耦合系数。为了简化计算，设定 CL_1 和 CL_2 的奇模阻抗满足 $Z_{o1}=Z_{o2}=Z_o$，并指定 Z_o 和 C_2 为自由电路参数，则根据式（3-7）可推导出耦合线 CL_1 和 CL_2 的偶模阻抗为[11]

$$
\begin{cases}
Z_{e1} = \dfrac{\sqrt{r} + C_2}{\sqrt{r} - C_2} Z_o \\
Z_{e2} = \dfrac{1 + C_2}{1 - C_2} Z_o
\end{cases}
\tag{3-8}
$$

从上式可以看出，Z_o 和 C_2 被设定后，偶模阻抗可以由要求的阻抗变换比得出。为了方便计算，将端口 1 和端口 2 的终端阻抗归一化为 1 和 r（$R_S=1$，$R_L=r$），将奇模阻抗归一化为 z_o（$z_o=Z_o/R_S$）。

仿真证明，z_o 和 C_2 可以控制该滤波集成阻抗变换器基础区域的工作带宽。为了进一步提升频率选择性，图 3.1 中的开路支节 Stub I 或短路支节 Stub II 被加载在 CL_2 的 3 端口处，此举可以产生额外的两个传输极点和零点，极大地提升了频率选择性。

设开路支节和短路支节的归一化特征阻抗分别为 z_{s1} 和 z_{s2}（$z_{s1}=Z_{s1}/R_S$，$z_{s2}=Z_{s2}/R_S$），参考文献[11]给出不同 3dB 相对带宽（FBW）、回波损耗（RL）和阻抗变换比（r）下的自由电路参数组合，见表 3.1。

表 3.1　不同 3dB 相对带宽、回波损耗和阻抗变换比下的自由电路参数组合[11]

变化参数	3dB FBW	RL	r	Z_o	C_2	Z_{s1}	Z_{s2}
3dB FBW	12%	20dB	5	12.7	0.195	8.70	4.35
	22%			6.4	0.35	5.50	2.75
	32%			4.05	0.50	4.40	2.20
RL	22%	20dB	5	6.4	0.35	5.50	2.75
		30dB		5.5	0.36	4.70	2.35
		40dB		5.1	0.365	4.30	2.15
r	22%	20dB	2	6.4	0.228	18.2	9.10
			5	6.4	0.35	5.50	2.75
			10	6.4	0.48	3.10	1.55

表 3.1 中不同参数下的 S 参数仿真结果如图 3.2 所示。

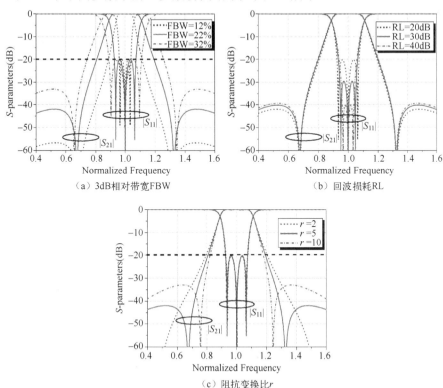

（a）3dB相对带宽FBW

（b）回波损耗RL

（c）阻抗变换比r

图 3.2　不同参数下的滤波集成阻抗变换器（Stub II）的理想仿真 S 参数曲线[11]

从仿真结果看，加载开路支节 Stub I 或短路支节 Stub II 的仿真结果十分接近。为了便于电路实现，在功率放大器中选择了 Stub I 作为加载支节。

借由这种特性，参考文献[11]中设计出一款基于单端型滤波集成阻抗变换器的带通功率放大器，其电路结构如图 3.3 所示。

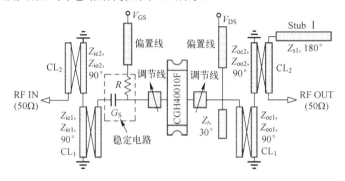

图 3.3　基于单端型滤波集成阻抗变换器的带通功率放大器电路结构[11]

3.1.3 功率放大器设计参数

本章目标为设计一个工作在 3.3～3.6GHz 的宽带功率放大器，其设计参数如下所述。

☺ 频率：3.3 ~ 3.6 GHz

☺ 输出功率：10 W

☺ 增益：>10 dB

☺ 效率：>50 %

☺ 阻带抑制：>30dB

根据设计要求，本章案例选择了来自 CREE 公司的 CGH40010F 氮化镓 HEMT，相关手册和模型可以从 CREE 公司官方网站上获取。

　　功率放大器仿真的准确度受晶体管模型影响较大，推荐从官方网站获取最新的器件模型并时常更新。

3.2　滤波集成功率放大器的 ADS 设计

前两章已经完整介绍过两种不同种类的功率放大器的设计流程。本章除了延续前文的方法，将进一步尝试更加复杂且灵活的设计和仿真流程。功率放大器的部件较多，设计中的干扰项也相对较多，所以在实际设计中往往无法将一个流程顺畅地走完，也许会在某一个步骤出现问题，导致流程的逻辑链条被打乱，出现不同阶段的部件混合仿真设计的情况，但功率放大器设计的基本思路和方法是不变的。

3.2.1 新建工程和 DesignKit 安装

由于功率放大器整体电路包含功率晶体管和电阻、电容等分立器件，应加载第三方提供的 DesignKit。本章案例加载的 DesignKit 有 CREE 公司提供的 GaN HEMT 模型和 Murata 公司提供的贴片电容模型。

1. 运行 ADS 并新建工程

启动 ADS 软件，进入主界面【Advanced Design System 2015.01(Main)】，如图 3.4 所示。

图 3.4　进入 ADS 主界面

执行菜单命令【File】→【New】→【Workspace】，打开创建工作空间向导对话框。单击【Next】按钮，对工作空间名称（Workspace name）和工作空间路径（Create in）进行设置。此处我们将工作空间名称设置为 Filtering_PA_wrk，路径保留默认设置或大家的习惯路径，如图 3.5 所示。

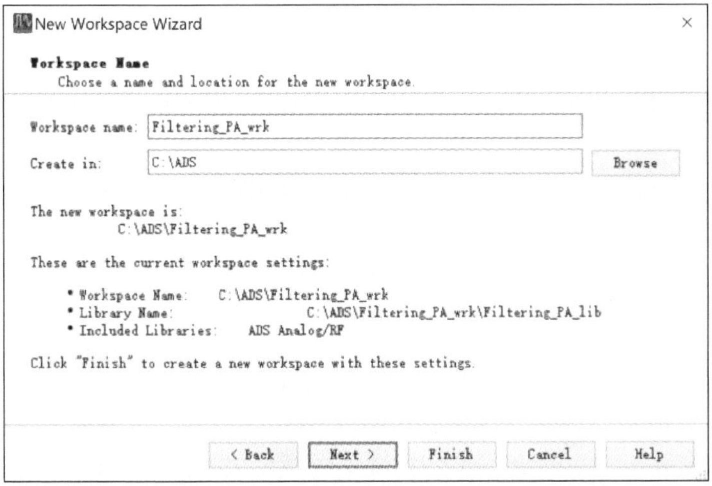

图 3.5　工作空间名字和路径设置对话框

一直单击【Next】按钮，直到出现精度设置对话框，如图 3.6 所示。选择精度为 0.0001mm，接着继续单击【Next】按钮，最后单击【Finish】按钮，完成工作空间的创建。

完成工作空间的创建后，ADS 主界面中【Folder View】选项卡会显示所建立的工作空间名称和相应路径，如图 3.7 所示（工作空间名称为"Filtering_PA_wrk"，路径为"C:\ADS\ Filtering_PA_wrk"）。

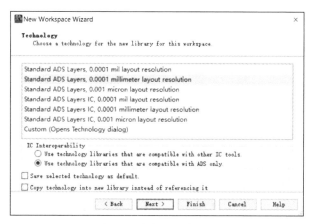

图 3.6　精度设置对话框

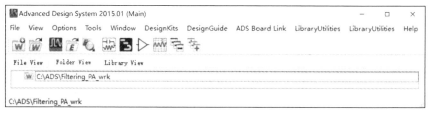

图 3.7　新建工作空间和相应路径

2．DesignKit 的安装

在器件供应商官方网站下载所需器件的 ADS 模型（通常为 Zip 格式）。此处使用的模型名称为 CGH40010F_package 和 murata_lib_ads2011later_1906e_static。

按图 3.8 所示执行菜单命令【DesignKits】→【Unzip Design Kit...】，弹出【Select A Zipped Design Kit File】对话框，如图 3.9 所示；选择需要的模型文件，单击【打开】按钮，弹出【Select directory to unzip file】对话框，如图 3.10 所示；选择模型文件的解压目录，这里选择默认目录，单击【Choose】按钮，随后弹出【Add Design Kit】对话框，如图 3.11 所示；单击【Yes】按钮，将模型添加到该工程下。

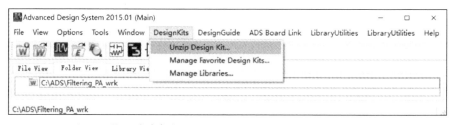

图 3.8　执行菜单命令【DesignKits】→【Unzip Design Kit...】

图 3.9 【Select A Zipped Design Kit File】对话框

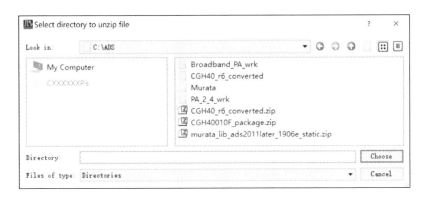

图 3.10 【Select directory to unzip file】对话框

图 3.11 【Add Design Kit】对话框

采用类似的操作，将村田电容模型添加到工程下，然后就可以进行后续的仿真设计了。

说明

　　若之前已经成功解压同样的晶体管或电容的模型，则不必按照上述步骤再次解压模型。

　　按图 3.12 所示执行菜单命令【DesignKits】→【Manage Libraries…】，弹出【Manage Libraries】对话框，如图 3.13 所示；单击【Add Library Definition File…】按钮，弹出【Select Library Definition Flie】对话框，如图 3.14 所示；选择模型解压目录下的 lib.defs 文件，单击【打开】按钮，即可添加库文件，如图 3.15 所示。

图 3.12　执行菜单命令【DesignKits】→
　　　　　【Manage Libraries…】

图 3.13　【Manage Libraries】对话框

图 3.14　【Select Library Definition Flie】对话框

图 3.15　添加库文件

3.2.2　晶体管直流扫描和直流偏置设计

执行菜单命令【File】→【New】→【Schematic...】, 弹出【New Schematic】对话框, 如图 3.16 所示。在【Cell】栏中输入"BIAS", 单击【OK】按钮, 创建新的电路原理图。

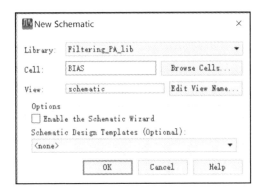

图 3.16　【New Schematic】对话框

　　【Options】区域的【Enable the Schematic Wizard】选项的作用是是否启用电路原理图向导（本例不启用, 不选中此选项）, 在【Schematic Design Templates (Optional)】栏中可以选择常用模板选项（本例不使用模板）。

按图 3.17 所示执行菜单命令【Insert】→【Template...】, 弹出【Insert Template】对话框, 如图 3.18 所示; 选择【DC_FET_T】模板, 单击【OK】按钮后, 将其添加至电路原理图中, 如图 3.19 所示。

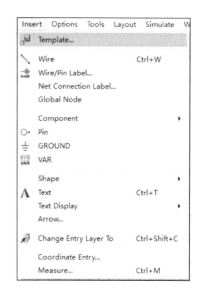

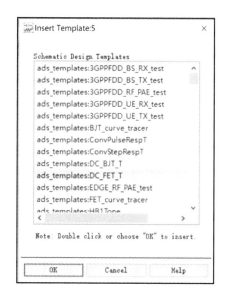

图 3.17 执行菜单命令【Insert】→【Template...】   图 3.18 【Insert Template】对话框

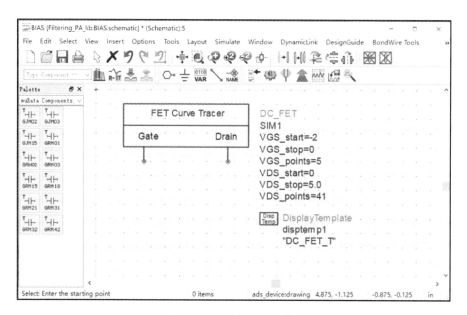

图 3.19 添加直流扫描模板

在电路原理图左侧元件面板中选择【CGH40010F_Package】或其他晶体管选项卡，在元器件列表中选择【CGH40010F】模型，将其添加至电路原理图中，如图 3.20 所示。

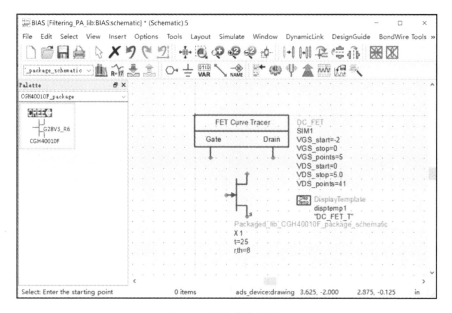

图 3.20   添加晶体管模型

单击工具栏上的图标 ↖，连接各个元器件。然后双击【FET Curve Tracer】或直接单击电路原理图中的参数值，将参数设置为 VGS_start=-3.5、VGS_stop=-2.5、VGS_points=21、VDS_start=0、VDS_stop=56、VDS_points=57，如图 3.21 所示。

单击工具栏上的图标 进行仿真，得到直流扫描仿真结果，如图 3.22 所示。执行菜单命令【Marker】→【New...】，移动光标至须要添加标记的曲线上，单击鼠标左键放置一个曲线标记。

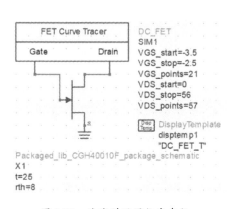

图 3.21   连线并设置仿真参数

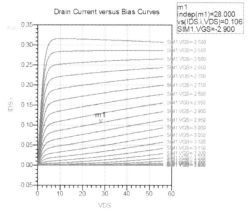

图 3.22   直流扫描仿真结果

依照参考文献[11]设定的 106mA 漏极静态电流，本案例选择-2.9V 作为栅极偏置电压，漏极偏置电压为 28V。

由于每个实物元器件的物理性质都有一定差异，不同的晶体管之间会有指标波动，仿真结果的偏置电压一般与实际情况有一定差距，测试时应以漏极电流为准。

3.2.3 稳定性分析和稳定电路设计

作为有源器件，放大器在增益较大时有可能发生不稳定的现象，导致自激振荡，使放大器无法正常工作。因此，通常应在设计放大器时，尽量使放大器处于无条件稳定状态（判断稳定性的方法参见 1.2.3 节）。

1. 晶体管稳定性仿真

执行菜单命令【File】→【New】→【Schematic...】，创建名为"Stability"的电路原理图。进入电路原理图后，执行菜单命令【Insert】→【Template】，弹出【Insert Template】对话框，如图 3.23 所示；选择【ads_templates：S_Params】，单击【OK】按钮，插入 S 参数扫描模板。

然后，在元件面板中选择【CGH40010F】，将其添加至电路原理图中；在元件面板列表【Lumped-Components】中选择扼流电感（DC_Feed）和隔直电容（DC_Block）各两个，将其添加至电路原理图中；在元件面板列表【Sources-Freq Domain】中选择直流电源（V_DC）两个，将其添加至电路原理图中；在元件面板列表【Simulation-S_Param】中选择测量稳定因子的控件 Stabfact 和 Stabmeas ，将其添加至电路原理图中。

单击工具栏上的连线图标，将各个元件连接好，并添加合适的接地。完成连接的电路原理图如图 3.24 所示。

图 3.23 添加 S 参数扫描模板

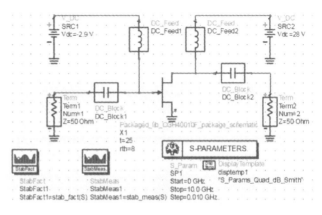

图 3.24 完成连接的电路原理图

双击栅极电源（图中为 SRC1）或单击其参数 Vdc，将电压参数设置为 Vdc=
-2.9V。双击漏极电源（图中为 SRC2）或单击其参数 Vdc，将电压参数设置为
Vdc=28V。

双击 S 参数仿真器 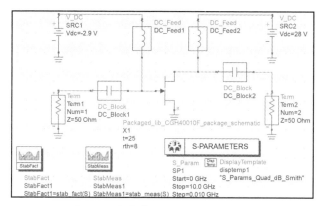 或单击电路原理图中的参数，将频率参数设置
为 Start=0GHz、Stop=10GHz、Step=0.01GHz。

完成参数设置的电路原理图如图 3.25 所示。

图 3.25　完成参数设置的电路原理图

单击工具栏上的图标 进行仿真，弹出仿真结果窗口，其中默认存在 4 个 S
参数的图标。在仿真结果窗口中找一处空白区域，单击左侧【Palette】控制板的
按钮，在空白区域单击鼠标左键放置图表，弹出【Plot Traces & Attributes】对
话框，如图 3.26 所示。

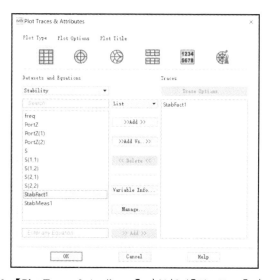

图 3.26　【Plot Traces & Attributes】对话框（【Plot Type】选项卡）

选择【Plot Type】选项卡，双击【Datasets and Equations】列表框中的【StabFact1】，将目标参数加入【Traces】；选择【Plot Options】选项卡，在【Select Axis】列表框中选择【Y Axis】，取消【Auto Scale】选项的选中状态，将参数修改为 Min=0、Max=5、Step=1，其他保持默认设置，如图 3.27 所示。

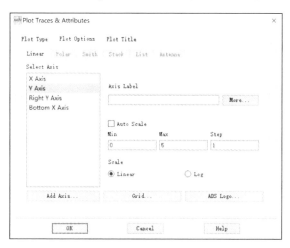

图 3.27 【Plot Traces & Attributes】对话框（【Plot Options】选项卡）

单击【OK】按钮生成图表。采用同样的方法添加【StabMeas1】图表。最终得到的晶体管稳定性仿真结果如图 3.29 所示。

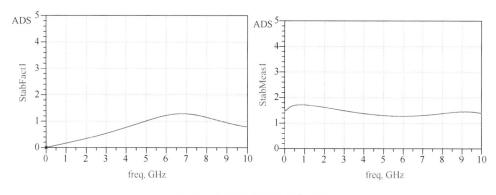

图 3.28 晶体管稳定性仿真结果

从仿真结果可以看出，在-2.9V 的偏置下，晶体管在 5GHz 以下的频段 k 因子均小于 1，无法达到无条件稳定，须要增加稳定电路，以提高功率放大器的稳定性。

2. 添加稳定电路

对于滤波集成功率放大器，由于目标频段以外的大部分频段增益为负值，不易产生不稳定问题，所以主要关注目标频段内的稳定性。由于目标频段处于 3GHz 以上的高频，晶体管在该频段增益相比于低频段已经有所衰减，所以理论上该滤波集成功率放大器在稳定性上有天然优势。

此处验证参考文献[11]中所采取的稳定电路（栅极偏置上的电阻与输入部分的串联电容）对于晶体管的作用效果。

打开 3.2.2 节中创建的 Stability 电路原理图，在元件面板列表【muRataLibWeb Set Up】中选择库文件控件 muRataLibWeb_include，将其添加至电路原理图中；在元件面板列表【muRata Components】中选择 GRM18 系列电容，将其添加至电路原理图中；在元件面板列表【Lumped-Components】中选择电阻，将其添加至电路原理图中；在元件面板列表【TLines-Ideal】中选择理想传输线 TLIN ，将其添加至电路原理图中。

> **说明**
>
> 　　此处采用的村田电容模型在添加 DesignKit 阶段已添加，若在此步骤中未发现电容模型的列表，可回看 1.2.1 节和 3.2.1 节相关步骤。此处添加的 GRM18 系列电容模型为本案例最终实现时使用的电容型号，若采用其他型号电容来实现，可更换为相应的电容模型。

将添加的元件和控件移至电路原理图中，删掉栅极电源处的 DC_Feed 扼流电感（说明：理想电感会消除并联电阻的效果，此处用四分之一波长传输线来代替）和输入端的隔直电容 DC_Block，然后使用工具栏上的图标进行连线。加入稳定电路后的电路原理图如图 3.29 所示。

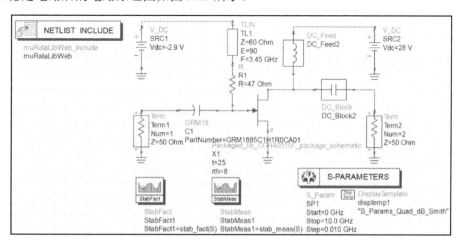

图 3.29　加入稳定电路后的电路原理图

双击元件或单击参数，将偏置电路中的电阻参数修改为 R=47Ohm，将四分之一波长传输线参数修改为 Z=60Ohm、E=90、F=3.45GHz。双击 GRM18 村田电容模型，弹出【Edit Instance Parameters】对话框，如图 3.30 所示；将【PartNumber】修改为 23：GRM1885C1H1R0CA01 的 1.0pF 贴片电容模型；其他参数保留默认设置。

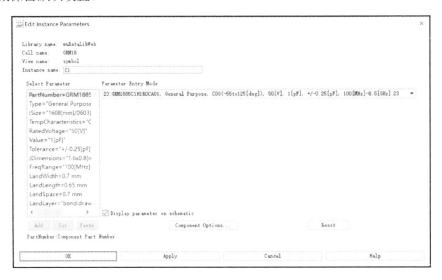

图 3.30 【Edit Instance Parameters】对话框

单击工具栏上的图标 🔧 进行仿真，弹出仿真结果窗口，查看原先已经设置好的仿真结果图表。加入稳定电路后的稳定性仿真结果如图 3.31 所示。

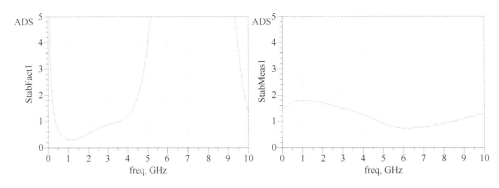

图 3.31 加入稳定电路后的稳定性仿真结果

从仿真结果可以看出，k 因子在部分频段内达到了无条件稳定的条件。部分目标频段和其他频段虽然没有达到无条件稳定，但后续加入滤波集成输入匹配网络，理论上会达到稳定状态。因此，在输入匹配完成后，仍须进行稳定性检查，并在权衡性能和稳定性指标后作出适当调整。

3.2.4　源牵引和输入匹配

由于滤波集成阻抗变换器只能进行实阻抗变换，而晶体管的最优阻抗通常是复阻抗，因此在阻抗变换器之后，还需要调节网络将晶体管的复阻抗变换至实阻抗。因此，本案例会配合调节电路的设计，进行两次源牵引仿真。

1. 源牵引仿真

源牵引和负载牵引是通过可变阻抗的变化尝试出功率放大器最佳性能阻抗的测试实验，是功率放大器在匹配前寻找匹配目标阻抗的重要手段。在 ADS 软件中，可通过预设的模板较为方便地进行牵引实验的仿真。

任意打开一张电路原理图，按图 3.32 所示执行菜单命令【DesignGuide】→【Amplifier】，弹出【Amplifier】窗口，如图 3.33 所示；选择【1-Tone Nonlinear Simulations】→【Source-Pull-PAE，Output Power Contours】，单击【OK】按钮，生成源牵引模板，如图 3.34 所示。

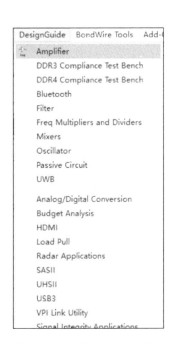

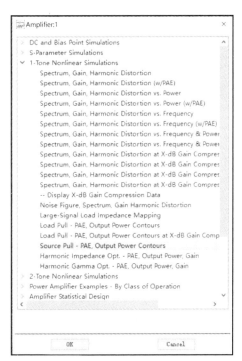

图 3.32　执行菜单命令【DesignGuide】→【Amplifier】　　图 3.33　【Amplifier】窗口

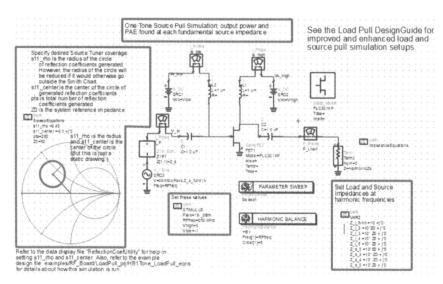

图 3.34　生成的源牵引模板

　　将系统自带的元器件模型删除，在电路原理图右侧元件面板列表
【CGH40010F_ package】中选择【CGH40010F】模型，将其放置在原先自带的元
器件模型处。将变量控件【STIMULUS】的参数设置为 Pavs=29_dBm、
RFfreq=3300MHz、Vhigh=28、Vlow=-2.9，该组参数为电路参数；将变量控件
【SweepEquations】的参数设置为 s11_rho=0.99、s11_center=0+j*0、pts=5000、
Z0=50，该组参数为阻抗扫描参数；找到变量控件【VAR2】，将负载的基波阻抗
修改为 Z_l_fund=15+j*0。完成参数设置后的电路原理图如图 3.35 所示。

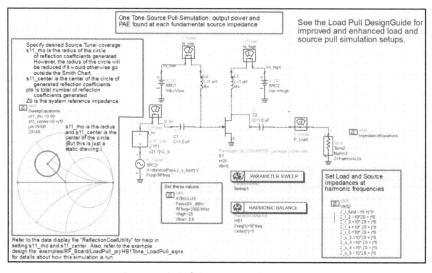

图 3.35　完成参数设置后的电路原理图

扫描参数 s11_center 和 s11_rho 决定了仿真阻抗的范围，即仿真会尝试以 s11_center 为圆心、s11_rho 为半径的区域内的阻抗值。该区域如果设置得过小，可能造成仿真结果不完整；如果设置得太大，有可能不收敛，导致没有仿真结果。此处为初步设置，若仿真发生问题，须要进行调整。pts 参数为仿真点数，过少会导致仿真结果曲线不连续，过多会拖慢仿真速度，也应根据实际情况进行调整。

执行菜单命令【Simulate】→【Simulate Settings...】，在弹出的窗口中选择【Output Setup】选项卡，选中【Open Data Display when simulation completes】选项，单击【Apply】按钮，再单击【Cancel】按钮。单击工具栏上的图标 🔧 进行仿真，弹出仿真结果窗口。

由于后续要与 3.6GHz 的图像进行比对，而效率圆和功率圆基本处于同一位置，所以此处只留下一条效率圆曲线。将仿真结果窗口框线中的参数修改为 PAE_step=2、NumPAE_lines=2、NumPdel_lines=0，得到的 3.3GHz 下源牵引仿真结果如图 3.36 所示。

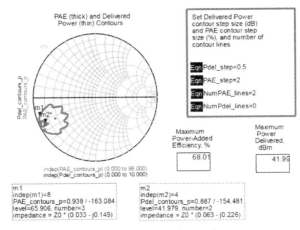

图 3.36　3.3GHz 下源牵引仿真结果

接下来进行下一个频率的源牵引仿真。首先在仿真结果圆图上单击鼠标右键，在弹出的快捷菜单中选择【History】→【On】，保留当前结果曲线，如图 3.37 所示。

返回电路原理图，将【STIMULUS】变量控件中的频率参数改为 RFfreq=3600MHz，单击工具栏上的图标 🔧 进行仿真，弹出仿真结果窗口，得到 3.3GHz 和 3.6GHz 下源牵引仿真结果，其中粗线表示 3.6GHz 下源牵引仿真结果，如图 3.38 所示。

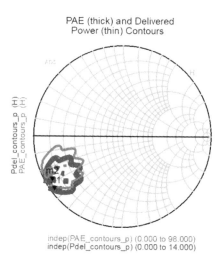

图 3.37　设置图表记录历史值　　　图 3.38　3.3GHz 和 3.6GHz 下源牵引仿真结果

由图 3.38 可以看出，两个频率下的最佳输入阻抗较为接近，但均为复阻抗，须要用一定的调节结构将其变换为实阻抗。

2．调节电路设计

本案例输入部分采用一段微带线配合稳定电路部分作为调节电路，下面简单介绍该部分电路的设计思路。

首先对晶体管在 3.45GHz 下进行源牵引仿真，得到一个参考的最优源阻抗，此处略过过程，直接给出参考值 5−j*12Ω，则晶体管的参考输入阻抗为其共轭，即 5+j*12Ω。

接下来借助史密斯圆图工具确认这段传输线的初步参数。执行菜单命令【Tools】→【Smith Chart...】，弹出【Smith Chart Utility】对话框，如图 3.39 所示。将【Freq（GHz）】栏设置为 3.45，负载阻抗 Z_L 改为 5+j*12Ω。

在左侧的【Palette】列表框中单击传输线图标，添加任意长度的调节线；单击串联电容图标，添加任意电容值的电容，如图 3.40 所示。偏置电阻由于在高频段约等于开路，暂时不考虑其影响。

单击【Network Schematic】窗口内的电容，将其【Value】参数改为 1.0pF；单击传输线，考虑到最终实阻抗过小会增加匹配难度，因此将传输线特征阻抗改为 30，接下来调整传输线的电长度，使得代表电阻前输入阻抗的绿点落在实阻抗轴上，如图 3.41 所示。

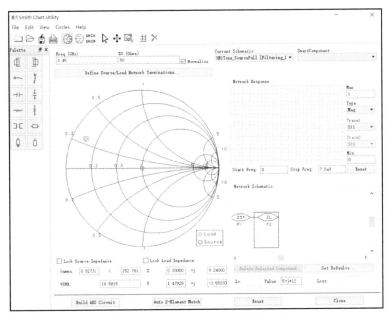

图 3.39 【Smith Chart Utility】对话框

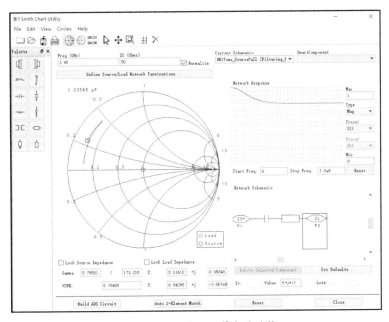

图 3.40   添加输入调节电路结构

调整完毕后，可得传输线的电长度约为 37°。注意：此处的电容为理想电容，仿真中为了贴近实际情况，会采用实际电容模型，因此后续还要调整传输线的参数。

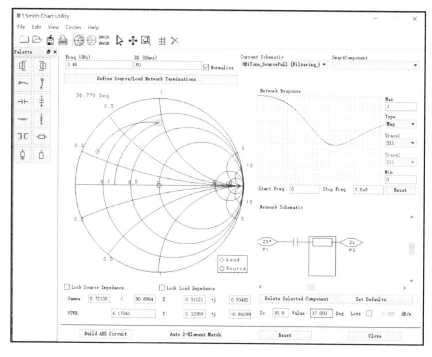

图 3.41 将复阻抗调节至实阻抗

记下传输线参数，返回源牵引电路原理图，将调节传输线和稳定电路添加至整体电路中，如图 3.42 所示。

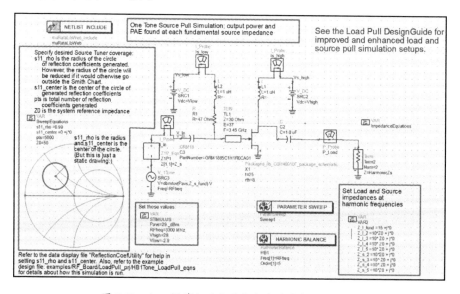

图 3.42 加入调节电路和稳定电路后的电路原理图

接下来仿真 3.3GHz 和 3.6GHz 下的源牵引结果，并根据仿真结果调整传输线参数，最终将传输线参数调整为 Z=30 Ohm、E=24，如图 3.43 所示。

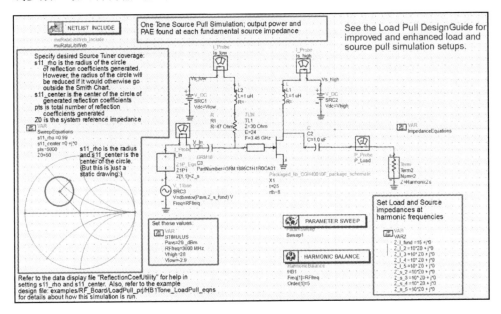

图 3.43　调节完毕后的源牵引电路原理图

得到的源牵引仿真结果如图 3.44 所示，其中粗线为 3.6GHz 下源牵引仿真结果（为了显示直观，将【PAE_step】参数改为 4）。

从仿真结果可以看出，加入调节电路后，目标频段上、下截止频率的最优阻抗区域交界处正好落在实阻抗附近。

为了简化后续调节步骤，此处将该调节电路版图化。

打开任意一个电路原理图，按图 3.45 所示执行菜单命令【Tools】→【LineCalc】→【Start LineCalc】，弹出【LineCalc/untitled】对话框，如图 3.45 所示。将本案例所用 RT5880 板材的参数输入计算器。将左侧【Substrate Parameters】区域的参数修

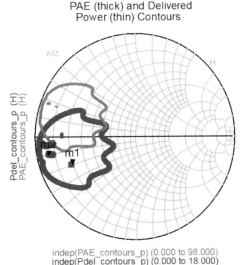

图 3.44　加入调节电路后的源牵引仿真结果

改为 Er=2.2、H=20 mil、T=35 um、TanD=0.0009，其他参数保持默认，将
【Components Parameters】区域的参数修改为 Freq=3.45 GHz，将【Physical】区域
的单位全部修改为【mm】，如图 3.46 所示。

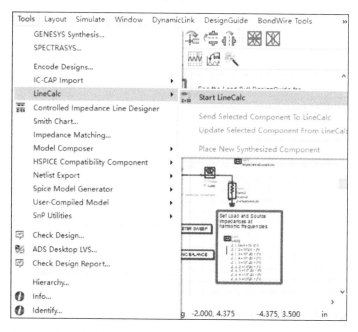

图 3.45　执行菜单命令【Tools】→【LineCalc】→【Start LineCalc】

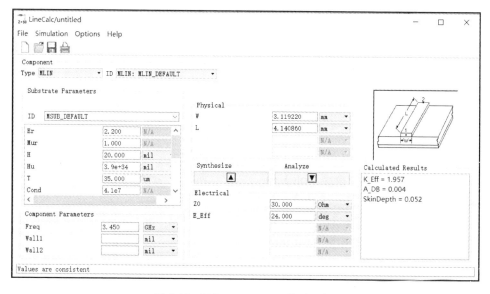

图 3.46　【LineCalc/untitled】对话框

在【Electrical】区域输入微带线参
数 Z0=30 Ohm、E_Eff=24 deg，单击
【Synthesize】按钮 中的三角箭头，
即可换算出相应的微带线长宽，如图 3.47
所示。

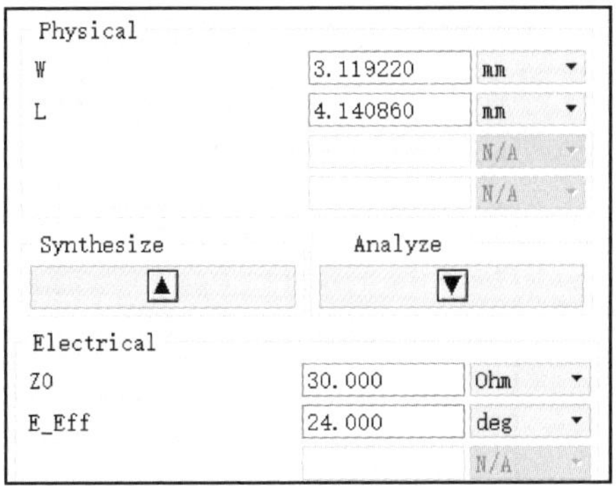

Physical			
W		3.119220	mm
L		4.140860	mm
		N/A	
		N/A	
Synthesize		Analyze	
▲		▼	
Electrical			
Z0		30.000	Ohm
E_Eff		24.000	deg
		N/A	

在 ADS 主界面选择【Folder View】选
项卡，执行菜单命令【File】→【New】→
【Layout...】，新建名为"InputPad"的
版图。

图 3.47   微带线长宽计算结果

打开版图窗口，单击工具栏上的方
形工具图标 ，在中间绘制长度为 4.1mm、宽度为 3.1mm 的一条微带线，并
在左侧和左上角绘制长度为 0.5mm、宽度为 0.8mm 的贴片元件焊盘，如图 3.48
所示。

> 此处的长度与宽度指的是所绘制微带线的线长与线宽。由于微带线朝向不
> 同，文中所列线长和线宽不一定与 ADS 版图绘制界面中长方形图形的宽度
> （Width）和高度（Height）对应，须注意甄别。最好在绘制完成后，通过测量
> 功能验证尺寸是否正确。

单击工具栏上的端口图标 ，在版图中用单击鼠标左键的方法添加端口
（使用【Ctrl+R】快捷键可以变换方向）。在所有焊盘处添加端口。由于后续会用
于整体版图内部，所以端口应向版图内部移动一定的距离，此处统一移动
0.2mm，如图 3.49 所示。

图 3.48   调节电路版图

图 3.49   添加端口后的调节电路版图

单击工具栏上的 EM 设置图标 ，弹出 EM 设置窗口，如图 3.50 所示。

在左侧列表框中选择【Substrate】，开始进行基板参数设置，如图 3.51 所示。单击【New...】按钮，弹出【New Substrate】对话框，在【File Name】栏中输入"RT5880"，如图 3.52 所示。

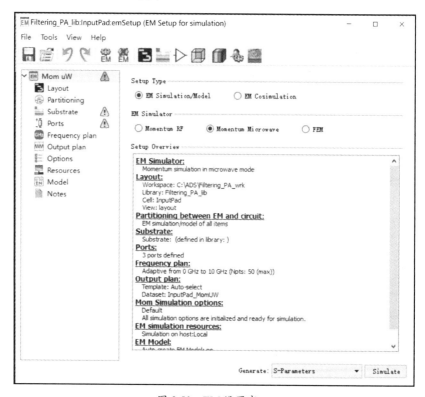

图 3.50　EM 设置窗口

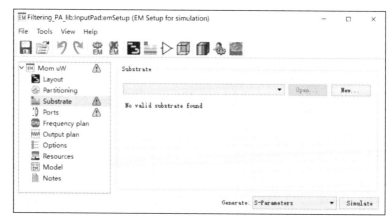

图 3.51　进行基板参数设置

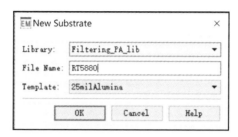

图 3.52 【New Substrate】对话框

单击【OK】按钮，进入基板设置窗口，如图 3.53 所示。单击中间的介质层
（底层与顶层之间），单击【Substrate Layer】区域的【Material】栏右侧的【…】
按钮，弹出【Material Definitions】窗口，如图 3.54 所示。

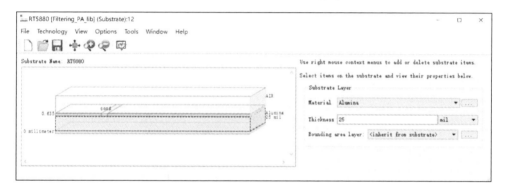

图 3.53 基板设置窗口

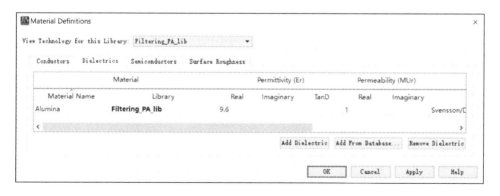

图 3.54 【Material Definitions】窗口

选择【Dielectrics】选项卡，单击【Add Dielectric】按钮，添加一个介质材
料，将其名称设置为 "RT5880"，将其【Permittivity】参数的 Real 部分修改为
2.2，TanD 部分修改为 0.0009，如图 3.55 所示。

图 3.55 【Material Definitions】窗口（【Dielectrics】选项卡）

选择【Conductors】选项卡，单击【Add Conductor】按钮，添加导体材料，将其名称设置为【Cu】，电导率设置为"57142857 Siemens/m"，磁导率保持默认设置，如图 3.56 所示。

图 3.56 【Material Definitions】窗口（【Conductors】选项卡）

完成参数修改后，单击【OK】按钮。在基板设置窗口中将【Material】栏设置为【RT5880】，将【Thickness】栏设置为"20mil"，如图 3.57 所示。

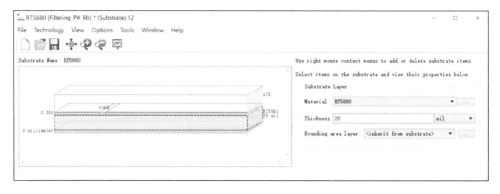

图 3.57 基板参数设置（1）

单击上层的【cond】黄色条，在【Conductor Layer】区域将【Material】栏设置为【Cu】，将【Thickness】栏设置为"35 micron"，如图 3.58 所示。

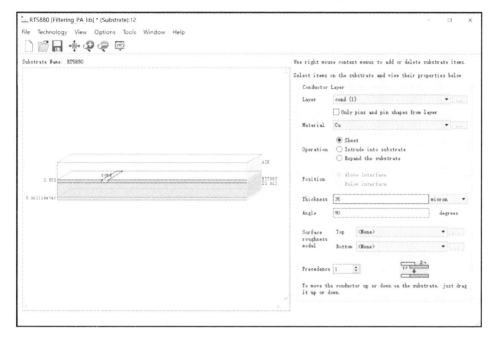

图 3.58　基板参数设置（2）

单击最底层，在【Interface】区域将【Material】栏设置为【Cu】，将【Thickness】栏设置为"35 micron"，如图 3.59 所示。

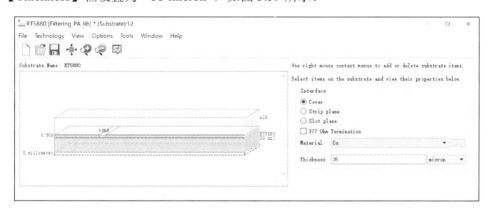

图 3.59　基板参数设置（3）

单击工具栏上的保存图标，然后关闭窗口。返回 EM 设置窗口，在左侧列表框中选择【Frequency plan】，将第一条 Adaptive 的参数修改为 Fstart=0GHz、

FStop=10.8GHz、Npts=1081(max)（此处截止频率通常选择为三次谐波，频率间隔为10MHz；为了节约仿真时间，选择自适应点数），如图 3.60 所示。

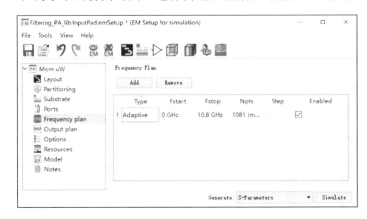

图 3.60　EM 仿真频率设置

在左侧列表框中选择【Options】，选择【Mesh】选项卡，将【Mesh density】区域中的【Cells/Wavelength】栏设置为 50（数字增大，仿真更精确，但是速度更慢，应根据实际情况调整），选中【Edge mesh】选项，其余选择保持默认设置，如图 3.61 所示。

图 3.61　EM 仿真 Mesh 设置

单击【Simulate】按钮，即可开始仿真。仿真完毕后，弹出仿真结果窗口。返回版图窗口，按图 3.62 所示执行菜单命令【EM】→【Component】→【Create EM Model and Symbol...】，弹出【EM Model】窗口，如图 3.63 所示。选中两个选项，单击【OK】按钮，即可创建版图元件。生成的版图元件如图 3.64 所示。

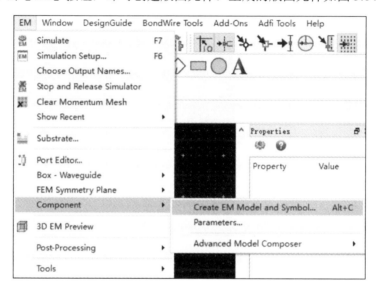

图 3.62　执行菜单命令【EM】→【Component】→【Create EM Model and Symbol...】

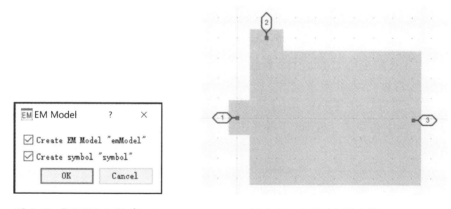

图 3.63　【EM Model】窗口　　　　　　图 3.64　生成的版图元件

生成版图元件后，将其加入源牵引电路原理图中，如图 3.65 所示。

选中版图模型，单击工具栏上的模型选择图标，弹出【Choose View for Simulation】窗口，如图 3.66 所示；选择【emModel】，单击【OK】按钮。

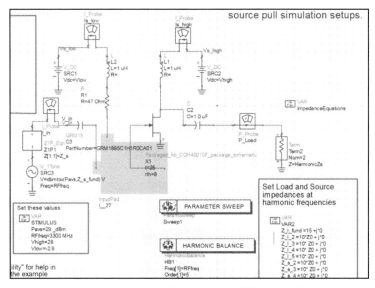

图 3.65　加入版图模型后的源牵引电路原理图

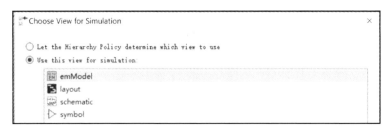

图 3.66　更改版图元件的数据源

接下来在两个频率下进行源牵引仿真，得到的仿真结果如图 3.67 所示（为了显示直观，将【PAE_step】参数改为 4），其中粗线为 3.6GHz 下源牵引仿真结果。

从仿真结果可以看出，修改版图模型后，交界区域发生了偏移，因此应对版图参数进行调整：进入【InputPad】的版图，修改参数进行多次尝试，最终将传输线长宽确定为长度为 3.3mm、宽度为 2.7mm（应注意此处的长宽和版图绘制界面的长宽不一定对应）。绘制好的版图如图 3.68 所示。

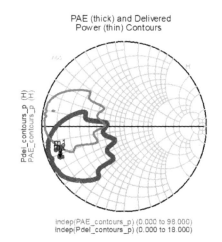

图 3.67　加入调节电路版图模型后的源牵引仿真结果

进行源牵引联合仿真，得到的仿真结果如图 3.69 所示。

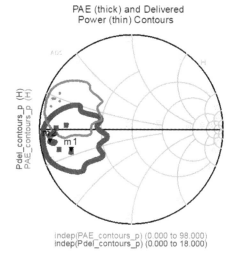

图 3.68　调整后的调节电路版图　　　　图 3.69　调整后的源牵引仿真结果

从仿真结果可以看出，频段上、下截止频率的最优输入阻抗重合区域包含了实阻抗轴且偏离较小。参考文献[11]的参数选择和实际匹配难度，选取 6Ω 作为输入匹配网络的目标匹配阻抗。

3. 输入匹配网络仿真

参考文献[11]通过计算给出了 3.1.2 节中滤波集成匹配网络的电路参数：$Z_{ie1}=58.24\Omega$，$Z_{ie2}=101.00\Omega$，$Z_{io1}=Z_{io2}=44.40\Omega$。接下来对该匹配网络进行仿真。

执行菜单命令【File】→【New】→【Schematic…】，新建名为"INMATCH"的电路原理图。进入电路原理图后，执行菜单命令【Insert】→【Template】，弹出【Insert Template】对话框，选择【ads_templates：S_Params】，单击【OK】按钮，将 S 参数扫描模板插入电路原理图中。

在元件面板列表【TLines-Ideal】中选择理想耦合线 CLIN 两条，理想传输线 TLIN 一条，将其添加至电路原理图中。按照 3.1.2 节中的网络结构连接匹配网络，如图 3.70 所示。

根据计算得到的电路参数设置相应元件的参数，其中加载的开路支节的电长度设置为 180°，阻抗保持 50Ω。找到【Term1】端口，双击控件或者单击参数，修改参数为 Z=6Ohm；双击 S 参数仿真器 S-PARAMETERS 或者单击电路原理图中的参数，将频率参数设置为 Start=0GHz、Stop=6.9GHz、Step=0.01GHz。完成参数设置的电路原理图如图 3.71 所示。

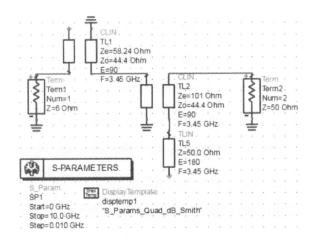

图 3.70 完成连接后的电路原理图

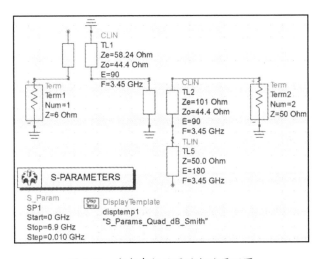

图 3.71 完成参数设置的电路原理图

单击工具栏上的图标 进行仿真，弹出仿真结果窗口，其中默认存在 4 个 S 参数的图标。在仿真结果窗口中找一处空白区域，单击左侧【Palette】控制板的 按钮，在空白区域单击鼠标左键放置图表，弹出【Plot Traces & Attributes】对话框，如图 3.72 所示。选择【Plot Type】选项卡，双击【Datasets and Equations】列表框中的【S（1,1）】，将目标参数加入【Traces】列表框（在弹出的【Complex Data】对话框中选择【dB】）；重复上述步骤，添加参数【S（2,1）】。选择【Plot Options】选项卡，在【Select Axis】列表框中选择【Y Axis】，取消【Auto Scale】选项的选中状态，将参数修改为 Min=-70、Max=0、

Step=10，如图 3.73 所示。单击【OK】按钮，添加 S 参数图表。

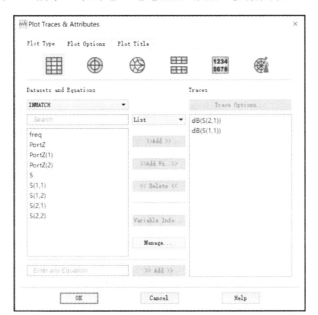

图 3.72　【Plot Traces & Attributes】对话框（【Plot Type】选项卡）

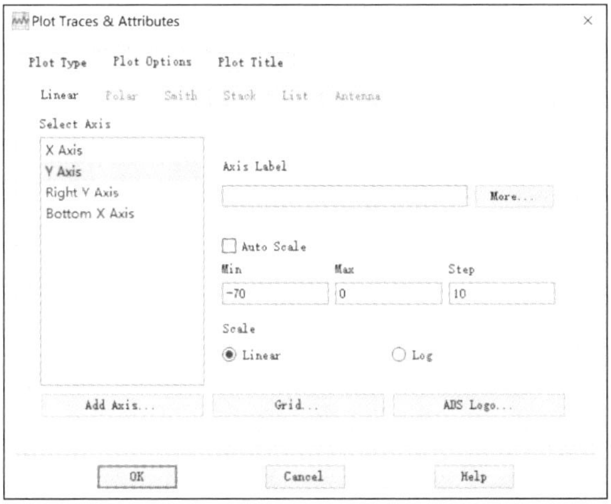

图 3.73　【Plot Traces & Attributes】对话框（【Plot Options】选项卡）

执行菜单命令【Marker】→【New...】，在 S（2,1）曲线图的目标频段两端添加曲线标记（如果直接添加无法精准定位，可在添加曲线标记后将频率改为目标截止频率），如图 3.74 所示。

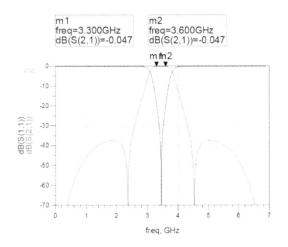

图 3.74   S 参数仿真结果

对于晶体管匹配网络，除了 S 参数曲线，还要重点关注输入阻抗的变化趋势。返回 INMATCH 电路原理图，找到【Term1】端口，双击控件或者单击参数，修改参数为 Z=50Ohm。双击 S 参数仿真器 S-PARAMETERS 或者单击电路原理图中的参数，将频率参数设置为 Start=0GHz、Stop=10GHz、Step=0.01GHz。完成参数设置的电路原理图如图 3.75 所示。

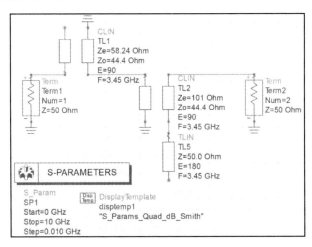

图 3.75   完成参数设置的电路原理图

单击工具栏上的图标进行仿真。在弹出的仿真结果窗口找到模板自带的 S（1,1）的史密斯圆图曲线[也可自行添加 S（1,1）的史密斯圆图曲线]，执行菜单命令【Marker】→【New...】，在 S（1,1）曲线图中添加曲线标记。双击曲线标记的数据显示框，弹出【Edit Marker Properties】对话框，选择【Format】选项

卡，在【Z₀】栏中选择 50Ω，如图 3.76 所示。单击【OK】按钮，得到输入匹配
网络阻抗仿真结果，如图 3.77 所示。

图 3.76　【Edit Marker Properties】对话框

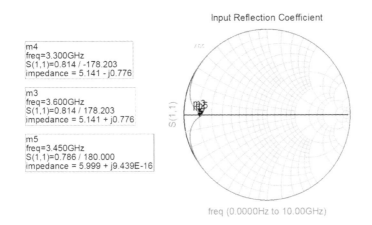

图 3.77　输入匹配网络阻抗仿真结果

　　从仿真结果可以看出，输入匹配网络的输入阻抗在目标频段内基本集中在
6Ω 附近。

　　在后续调节过程中，发现有一种调整方式对性能提升较大，故对原先设计进
行调整。进入 INMATCH 电路原理图，删去加载在耦合线上的开路支节，同时
将第一条耦合线的偶模阻抗修改为 70.8（即在电路原理图中将 TL1 参数修改为
Z_e=70.8Ohm），其余保持不变，如图 3.78 所示。

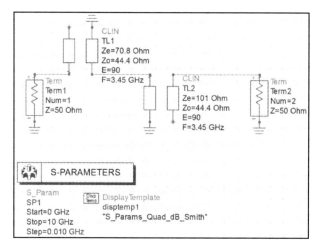

图 3.78　修改 TL1 参数后的电路原理图

单击工具栏上的图标 🔅 进行仿真，得到的仿真结果如图 3.79 所示。

从仿真结果可以看出，调整后阻抗在目标区域内旋转区域变大，在 3.3GHz 到 3.6GHz 之间形成了与源牵引基波最优阻抗区域旋转趋势相同的变化方向，相比之前有了更好的性能。

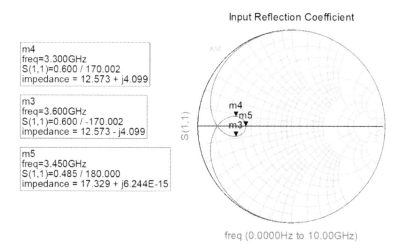

图 3.79　修改 TL1 参数后的输入匹配网络阻抗仿真结果

3.2.5　负载牵引和输出匹配

本节将在负载牵引中加入前文设计的调节电路，使负载牵引更接近实际情况。

1. 负载牵引仿真

任意打开一张电路原理图，按图 3.80 所示执行菜单命令【DesignGuide】→
【Load Pull】，弹出【Load Pull】窗口，如图 3.81 所示；选择【One-Tone Load Pull
Simulations】→【Constant Available Source Power】，单击【OK】按钮，生成负载
牵引模板，如图 3.82 所示。

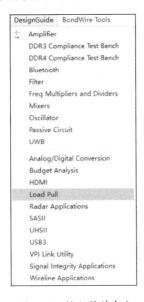

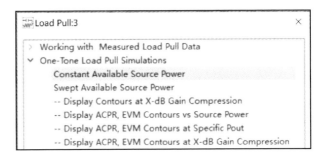

图 3.80　执行菜单命令
【DesignGuide】→【Load Pull】

图 3.81　【Load Pull】窗口

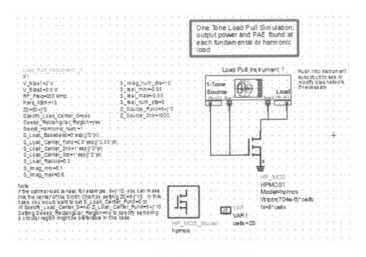

图 3.82　生成的负载牵引模板

将系统自带的元器件模型删除；在元件面板列表【CGH40010F_package】中选择【CGH40010F】模型，将其放置在原先自带的元器件模型处。

找到【Load_Pull_Instrument1_r1】变量控件，双击控件或者单击参数，将参数设置为 V_Bias1=-2.9V、V_Bias2=28V、RF_Freq=3300MHz、Pavs_dBm=29，该组参数为电路参数。将其余参数设为 S_imag_min=-0.9、S_imag_max=0.9、S_imag_num_pts=50、S_real_min=-0.9、S_real_max=0.9、S_real_num_pts=50，该组参数为负载网络 S 参数设置（用于设置负载阻抗的仿真范围，参见 2.2.5 节）。

将前文的输入调节电路加入晶体管输入部分（注意添加村田电容的库文件），并将输入阻抗参数改为 Z_Source_Fund=6+j*0。

其余参数保持默认设置，完成参数设置后的电路原理图如图 3.83 所示。

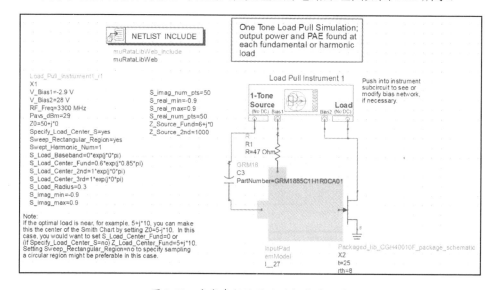

图 3.83　完成参数设置后的电路原理图

单击工具栏上的图标📛进行仿真，打开仿真结果窗口。因曲线过多会影响判断，所以要调节图片参数减少曲线数量。在仿真结果窗口内找到曲线参数设置框，将参数改为 PowerStep=1、NumPower_lines=1、NumPAE_lines=2，其余参数保持不变，如图 3.84 所示。修改参数后的仿真结果如图 3.85 所示。

接下来仿真 3.6GHz 下的最优阻抗，以寻找重合区域。在目前的曲线图上单击鼠标右键，在弹出的菜单中选择【History】→【On】，保留当前仿真结果，如图 3.86 所示。

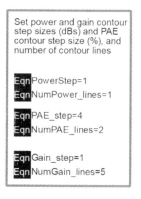

图 3.84　曲线参数设置

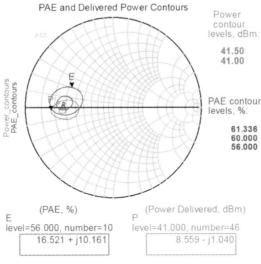

图 3.85　负载牵引仿真结果

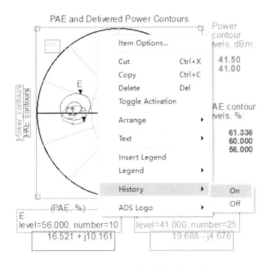

图 3.86　保留当前仿真结果

　　回到负载牵引电路原理图，将【Load_Pull_Instrument1_r1】变量控件参数修改为 RF_freq=3600MHz，单击工具栏上的图标⚙进行仿真，得到的 3.6GHz 下负载牵引基波仿真结果如图 3.87 所示。

　　从仿真结果可以看出，虽然两个频率下重合区域较大，且均接近实轴，但是效率并不高，主要原因是谐波阻抗尚未优化。对于之后采用的滤波集成阻抗匹配网络，二次谐波会因滤波功能而受到抑制，但因结构特性无法抑制三次谐波，所以在输出匹配网络前仍要调节电路优化阻抗重合区域和三次谐波阻抗。

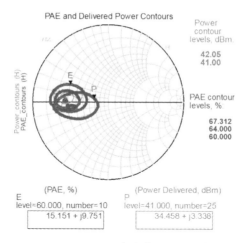

图 3.87　3.6 GHz 下负载牵引基波仿真结果

2．调节电路设计

本案例采用一段传输线加一段 $\lambda/12$（十二分之一波长）传输线的结构作为输出网络前的调节电路。经过计算和实验，确定传输线 TL1 的特征阻抗为 30Ω，电长度为 $25°$，$\lambda/12$ 传输线 TL2 特征阻抗为 140Ω。将该电路在负载牵引电路原理图中连接好并设置参数，如图 3.88 所示。

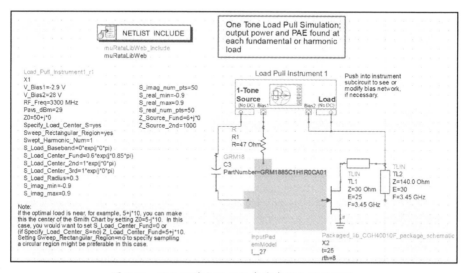

图 3.88　添加调节电路后的负载牵引电路原理图

对图 3.88 所示电路原理图进行 3.3GHz 和 3.6GHz 下的负载牵引仿真，得到的负载牵引仿真结果如图 3.89 所示。

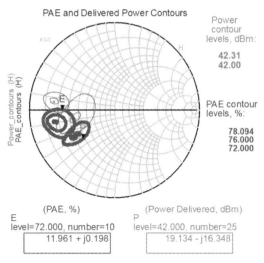

图 3.89　添加调节电路后的负载牵引仿真结果

从仿真结果可以看出，添加调节电路后负载牵引效率大幅度增加，并且目标频段两个截止频率的最优阻抗重合区域恰好落在实阻抗轴附近。

为了简化后续调节步骤，此处将该调节电路版图化。

任意打开一个电路原理图，执行菜单命令【Tools】→【LineCalc】→【Start LineCalc】，弹出【LineCalc/untitled】对话框，将本案例所用 RT5880 板材的参数输入微带线计算器。将【Substrate Parameters】区域参数修改为 Er=2.2、H=20mil、T=35um、TanD=0.0009，其他参数保持默认设置，将【Components Parameters】区域参数修改为 Freq=3.45GHz，将【Physical】区域的单位全部修改为【mm】。

将调节电路的理想传输线参数转化为微带线参数，得到的计算结果如图 3.90 和图 3.91 所示。

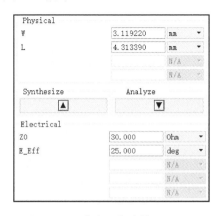

图 3.90　微带线长宽计算结果（1）

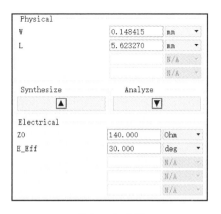

图 3.91　微带线长宽计算结果（2）

在 ADS 主界面选择【Folder View】选项卡，执行菜单命令【File】→【New】→【Layout...】，新建名为"OutputPad"的版图。

弹出版图窗口，单击工具栏上的方形工具图标 ▭，绘制一条长度为 4.3mm、宽度为 3.1mm 的微带线，如图 3.92 所示。

再绘制一条长度为 5.6mm、宽度为 0.15mm 的枝节，将其连接在微带线右下角，如图 3.93 所示。

图 3.92　绘制调节电路版图（1）

此处的长度与宽度指的是所绘制微带线的线长与线宽。由于微带线朝向不同，文中所列线长和线宽不一定与 ADS 版图绘制界面中长方形图形的宽度（Width）和高度（Height）对应，须注意甄别。最好在绘制完成后，通过测量功能验证尺寸是否正确。

单击工具栏上的端口图标 ○•，在版图中所有焊盘处加上端口，如图 3.94 所示。因后续会将其用于整体版图内部，所以端口应向版图内部稍微移动一些（考虑到支节宽度小于 0.2mm，此处统一移动 0.1mm）。

图 3.93　绘制调节电路版图（2）

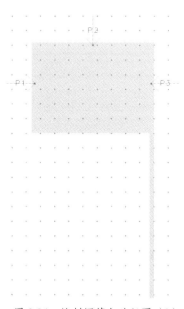

图 3.94　绘制调节电路版图（3）

完成端口添加后，须要进行版图仿真设置。单击工具栏上的 EM 设置图标
▣EM，弹出 EM 设置窗口。单击左侧栏中的【Substrate】，进入基板设置窗口，选
择之前设置好的 RT5880；单击左侧栏中的【Frequency】，将第一条 Adaptive 的
参数修改为 Fstart=0GHz、FStop=10.8GHz、Npts=1081(max)；单击左侧栏中的
【Options】，在【Simulation Options】区域选择【Mesh】选项卡，将【Mesh
density】区域的【Cells/Wavelength】栏设置为 50，选中【Edge mesh】选项，其
他保持默认设置；单击【Simulate】按钮，开始仿真。

仿真完毕后，弹出仿真结果窗口。返回版图窗口，执行菜单命令【EM】→
【Component】→【Create EM Model and Symbol...】，弹出【EM Model】窗口，
将两个选项全部选中，单击【OK】按钮，即可创建版图元件。

生成版图元件后，将其加入负载牵引电路原理图中，如图 3.95 所示。选中
版图模型，单击工具栏上的模型选择图标 ，在弹出的【Choose View for
Simulation】窗口中选择【emModel】，单击【OK】按钮。说明：此处为了防止仿
真出现不收敛现象，将输入信号功率【Pavs_dBm】略微下调（调至 28）。

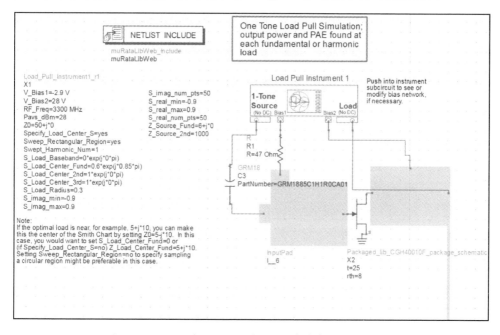

图 3.95　加入调节电路版图模型后的负载牵引电路原理图

为了让负载牵引仿真更贴近后续设计，须要改造负载牵引电路原理图。选中
【Load Pull Instrument 1】元件，单击工具栏上的"下一层"图标 ，打开负载牵
引模块内部电路原理图，如图 3.96 所示。

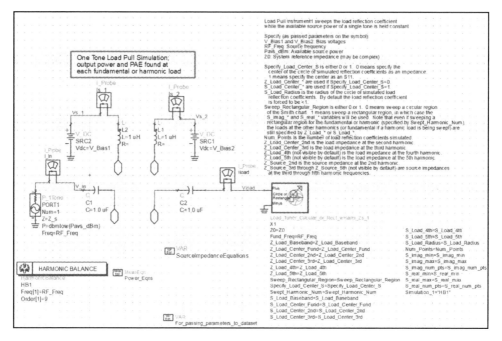

图 3.96　负载牵引模块内部电路原理图

删掉电源处的两个大电感，添加两条理想传输线，将栅极偏置传输线参数设置为 Z=60Ohm、E=90、F=3.6GHz，漏极偏置传输线参数设置为 Z=40Ohm、E=90、F=4.2GHz，如图 3.97 所示。如此设置阻抗参数的原因是漏极电压、电流较大，适当增加线宽可以减轻发热等损耗；而将频率适当增加的原因是，实验证明这样做可以在一定程度上提高效率。

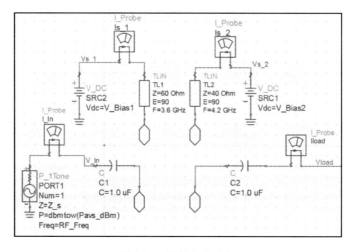

图 3.97　调整电路结构

如果仿真过程中出现不收敛的现象（表现为负载牵引仿真时间很长，仿真结果显示不出来），可将图 3.96 中左下角的【Harmonic Balance】仿真模块中的【Order】参数略微下调（下调至 7）。此外，采用其他手段（如降低输入功率等）也可以解决仿真不收敛的问题。

修改完毕后，单击工具栏上的"上一层"图标 ，返回负载牵引电路原理图。接下来要在两个频率下进行负载牵引仿真。为了显示更加直观，将曲线参数改为 PowerStep=5、PAE_step=2，得到的加入调节电路版图模型后的负载牵引仿真结果如图 3.98 所示。

由仿真结果可以看出，重叠区域有些偏离实阻抗轴，因此要修改版图参数进行调节。经过多次尝试，得到最终的参数。进入【OutputPad】版图，将传输线参数修改为长 3.1mm、宽 3.4mm，将支节参数修改为长 5mm、宽 0.16mm（注意：此处的长度与宽度指的是所绘制微带线的线长与线宽。由于微带线朝向不同，文中所列线长和线宽不一定与 ADS 版图绘制界面中长方形图形的宽度（Width）和高度（Height）对应，须注意甄别。最好在绘制完成后，通过测量功能验证尺寸是否正确。）。调整后的调节电路版图如图 3.99 所示。

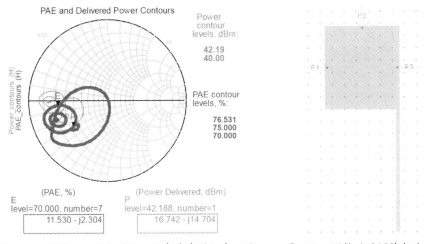

图 3.98　加入调节电路版图模型后的负载牵引仿真结果　图 3.99　调整后的调节电路版图

执行菜单命令【EM】→【Component】→【Create EM Model and Symbol...】，弹出【EM Model】窗口，将两个选项均选中，单击【OK】按钮，更新版图元件；返回负载牵引电路原理图，进行负载牵引联合仿真，得到的调整后的负载牵引仿真结果如图 3.100 所示。

从仿真结果可以看出，上下截止频率的最优输入阻抗重合区域包含了实阻抗轴。参考文献[11]中的参数选择和实际匹配难度，选取 12Ω 作为输出匹配网络的目标基波匹配阻抗。

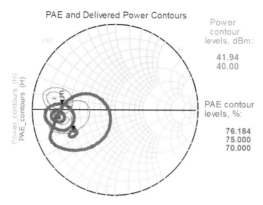

图 3.100　调整后的负载牵引仿真结果

3. 输出匹配网络仿真

参考文献[11]通过计算给出了 3.1.2 节中滤波集成匹配网络的电路参数：Z_{oe1}=106.61Ω，Z_{oe2}=140.67Ω，Z_{oo1}=Z_{oo2}=82.44Ω，Z_{S1}=74.40。接下来对该匹配网络进行仿真：执行菜单命令【File】→【New】→【Schematic...】，新建名为"OUTMATCH"的电路原理图。进入电路原理图后，执行菜单命令【Insert】→【Template】，弹出【Insert Template】对话框，在【Schematic Design Templates】列表框中选择【ads_templates：S_Params】，插入 S 参数扫描模板。

在元件面板列表【TLines-Ideal】中选择两条理想耦合线 CLIN 🔲 和一条理想传输线 TLIN 🔲 ，将其添加至电路原理图中，并参照 3.1.2 节中的网络结构连接匹配网络，如图 3.101 所示。

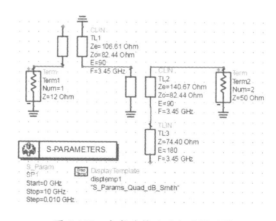

图 3.101　完成连接后的电路原理图

找到【Term1】端口，双击控件或单击参数，修改参数为 Z=12Ohm。双击 S 参数仿真器🔲 S-PARAMETERS 或单击电路原理图中的参数，将频率参数设置为 Start=0GHz、

Stop=6.9GHz、Step=0.01GHz。完成参数设置后的电路原理图如图 3.102 所示。

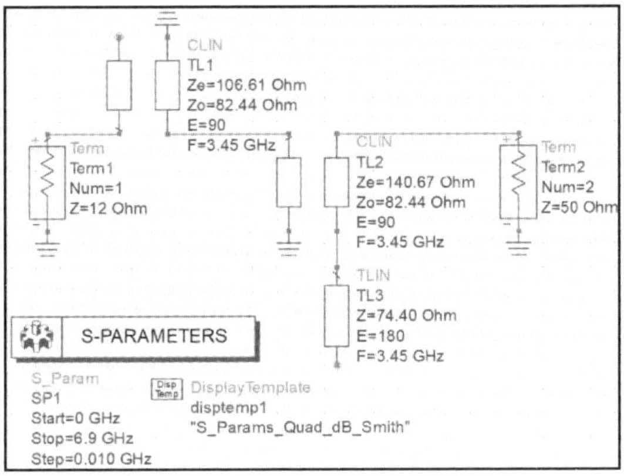

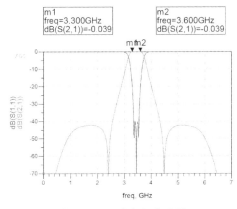

图 3.102   完成参数设置后的电路原理图

单击工具栏上的图标 进行仿真，弹出仿真结果窗口。在仿真结果窗口中找一处空白区域，单击左侧【Palette】控制板的 按钮，在空白区域单击鼠标左键放置图表，弹出【Plot Traces & Attributes】对话框；选择【Plot Type】选项卡，双击【Datasets and Equations】列表框中的【S（2,1）】，将目标参数加入【Traces】列表框（在弹出的【Complex Data】对话框中选择【dB】）；重复上述步骤，添加参数 S（1,1）；选择【Plot Options】选项卡，在【Select Axis】列表框中选择【Y Axis】，取消【Auto Scale】选项的选中状态，将参数修改为 Min=-70、Max=0、Step=10；单击【OK】按钮，生成 S 参数图表。

执行菜单命令【Marker】→【New…】，在 S（2,1）曲线图的目标频段两端添加曲线标记（若直接添加，无法精准定位；可以先添加曲线标记，然后将频率改为目标截止频率）。得到的 S 参数仿真结果如图 3.103 所示。

图 3.103   S 参数仿真结果

返回 OUTMATCH 电路原理图，找到【Term1】端口，双击控件或单击参数，修改参数为 Z=50Ohm。双击 S 参数仿真器 S-PARAMETERS 或单击电路原理图中的参数，将频率参数设置为 Start=0GHz、Stop=10GHz、Step=0.01GHz，如图 3.104 所示。

单击工具栏上的图标 进行仿真，在弹出的仿真结果窗口找到 S（1,1）的史密斯圆图曲线。执行菜单命令【Marker】→【New…】，在 S（1,1）曲线图中添加曲线标记。双击曲线标记的数据显示框，弹出【Edit Marker Properties】对话框，选择【Format】选项卡，将归一化阻抗 Z_0 设置为 50Ω。最终得到的输入匹配网络阻抗仿真结果如图 3.105 所示。

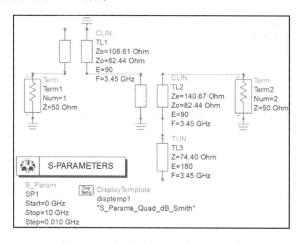

图 3.104　调整参数后的电路原理图

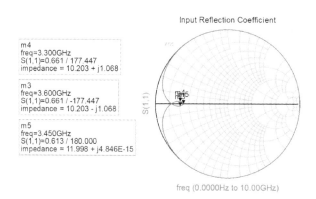

图 3.105　输入匹配网络阻抗仿真结果

从仿真结果可以看出，输入匹配网络的输入阻抗在目标频段内基本集中于 12Ω 附近。至此，功率放大器各部分设计已经初步完成，接下来进行 ADS 原理图仿真。

3.3　滤波集成功率放大器的 ADS 原理图仿真

3.3.1　理想模型仿真

执行菜单命令【File】→【New】→【Schematic...】，新建名为"SCH1"的电路原理图。进入电路原理图后，执行菜单命令【Insert】→【Template】，弹出【Insert Template】对话框，在【Schematic Design Templates】列表框中选择【ads_templates：S_Params】，插入 S 参数扫描模板。

在元件面板列表【CGH40010F_Package】中选择【CGH40010F】模型，将其放置在电路原理图中间；在元件面板列表【Sources-Freq Domain】中选择两个直流电源 V_DC 🔋 ，将其添加到电路原理图中。

将电路原理图 Stability、INMATCH、OUTMATCH 中设计好的理想模型复制到 SCH1 电路原理图中（注意：匹配网络的源端口应与晶体管 I/O 端口对应），将负载牵引电路原理图中设计好的调节电路复制到 SCH1 电路原理图中（注意：负载牵引模板内部的两条供电传输线和村田电容的库文件也要一起复制过来）。单击工具栏上的器件库图标 🏛 ，将【InputPad】元件和【OutputPad】元件放置在空白处，连接各个部件。完成连接后的电路原理图如图 3.106 所示。

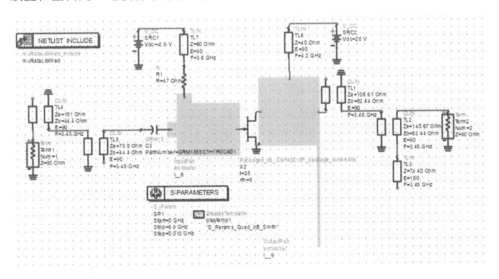

图 3.106　完成连接后的电路原理图

双击 S 参数仿真器 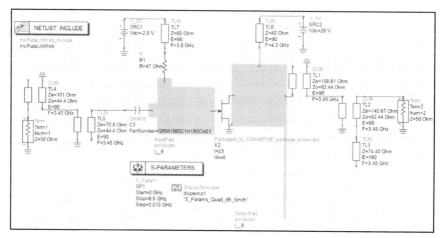 或单击电路原理图中的参数，将频率参数设置为 Start=0GHz、Stop=6.9GHz、Step=0.01GHz；双击栅极电源（图中为 SRC1）或单击其参数 Vdc，将电压参数设置为 Vdc=-2.9V；双击漏极电源（图中为 SRC2）或单击其参数 Vdc，将电压参数设置为 Vdc=28V。完成参数设置后的电路原理图如图 3.107 所示。

图 3.107　完成参数设置后的电路原理图

单击工具栏上的图标 进行仿真，弹出仿真结果窗口。在仿真结果窗口中找一处空白区域，单击左侧【Palette】控制板的 按钮，在空白区域单击鼠标左键放置图表，弹出【Plot Traces & Attributes】对话框；选择【Plot Type】选项卡，双击【Datasets and Equations】列表框中的【S（1,1）】，将目标参数加入【Traces】列表框中（在弹出的【Complex Data】对话框中选择【dB】）；重复上述步骤，添加参数【S（2,1）】。

在【Plot Traces & Attributes】对话框中选择【Plot Options】选项卡，在左部【Select Axis】列表框中选择【Y Axis】，取消【Auto Scale】选项的选中状态，将参数修改为 Min=-80、Max=20、Step=20，单击【OK】按钮生成图表。执行菜单命令【Marker】→【New...】，在 S（2,1）曲线图的目标频段两端添加曲线标记，如图 3.108 所示。

从仿真结果可以看出，功率放大器整体在目标频段内有良好的增益，同时具备较强的滤波性能，带外有高于 50dB 的抑制作用。

接下来进行大信号仿真。首先将 SCH1 电路原理图元件化，单击工具栏上的端口图标 ，给 SCH1 电路原理图中的输入、输出、供电处添加端口，如图 3.109 所示（注意端口的方向，如果与图中的不一致，生成的元件可能会不一样，但对仿真结果没有影响）。

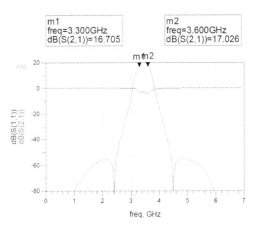

图 3.108　S 参数仿真结果

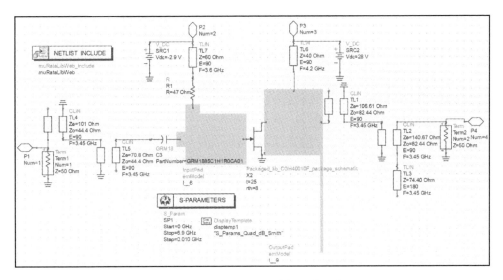

图 3.109　添加端口后的电路原理图

如图 3.110 所示，在主界面【Folder View】选项卡用鼠标右键单击【SCH1】的 Cell，在弹出的快捷菜单中选择【New Symbol】，弹出【New Symbol】对话框，如图 3.111 所示；单击【OK】按钮，弹出【Symbol Generator】对话框，如图 3.112 所示；在【Symbol Type】区域选中【Quad】选项，在【Order Pins by】区域选中【Orientation/Angle】选项；单击【OK】按钮，生成电路原理图元件符号，如图 3.113 所示。说明：生成的元件可能与图 3.113 中所示的不一致，但对仿真结果没有影响。

图 3.110　在弹出的快捷菜单中选择【New Symbol】　　图 3.111　【New Symbol】对话框

图 3.112　【Symbol Generator】对话框　　图 3.113　生成的电路原理图元件符号

　　任意打开一张电路原理图，按图 3.114 所示执行菜单命令【DesignGuide】→【Amplifier】，打开【Amplifier】窗口，如图 3.115 所示。选择【1-Tone Nonlinear Simulations】→【Spectrum，Gain，Harmonic Distortion vs. Frequency & Power（w/PAE）】模板，然后单击【OK】按钮，生成大信号功率扫描模板，如图 3.116 所示。

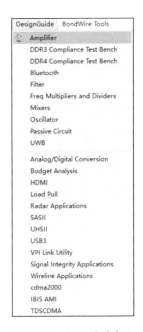

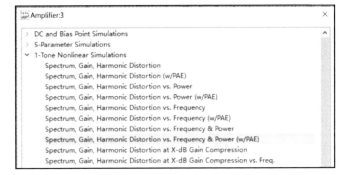

图 3.114　执行菜单命令　　　　　　　　图 3.115　【Amplifier】窗口
【DesignGuide】→【Amplifier】

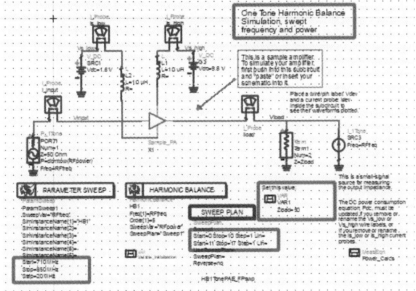

图 3.116　生成的大信号功率扫描模板

将默认模板中间的晶体管删除，选中供电处的两个电感，利用工具栏上的短路图标✕将其短路。单击工具栏上的器件库图标📚，弹出【Component Library】

窗口，如图 3.117 所示。

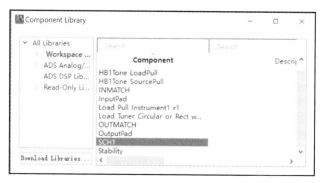

图 3.117 【Component Library】窗口

在左侧列表框中选择【All Libraries】→【Workspace Library】，在右侧的元件栏中选择【SCH1】（说明：若未出现，可重启 ADS 再次尝试），双击后可在电路原理图中选择添加。添加后，将相应端口连接至相应位置。

找到【Parameter Sweep】变量控件 ，双击控件或单击其参数，将参数设置为 Start=3300MHz、Stop=3600MHz、Step=50MHz；双击【SWEEP PLAN】控件，将两端扫描段的参数修改为 Start=0、Stop=20、Step=1 和 Start=21、Stop=33、Step=0.5；找到漏极和栅极的两个电源，分别将其电压参数修改为-2.9V 和 28V。完成参数设置的电路原理图如图 3.118 所示。

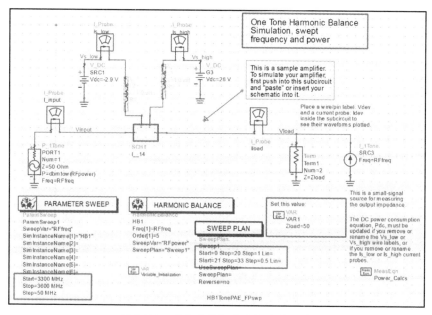

图 3.118 完成参数设置的电路原理图

单击中间的【SCH1】，然后单击工具栏上的"下一层"图标，打开该元件的电路原理图，利用工具栏上的禁用图标 分别将电源元件【SRC1】和【SRC2】、端口元件【Term1】和【Term2】、S 参数仿真控件【SP1】禁用，如图 3.119 所示。

> **说明**
>
> 某些版本 ADS 的【Display Template】控件可能导致仿真结果显示异常，建议一并禁用。

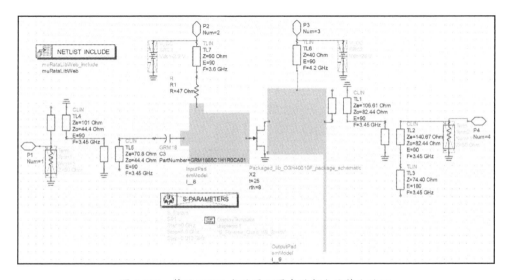

图 3.119　禁用 SCH1 电路原理图中的部分元件和端口

单击工具栏上的"上一层"图标，返回功率扫描电路原理图。单击工具栏上的图标 进行仿真，弹出仿真结果窗口。在仿真结果窗口下方选择【X-dB Gain Compression Data】，即可查看大信号仿真结果，如图 3.120 所示。

由图可见，在频率扫描仿真结果上方有一个选择条，这是用于选择频率扫描仿真结果对应的增益压缩值的（此处设置为 3.0）。

接下来查看不同频率下功率扫描仿真结果。在仿真结果窗口中找一处空白区域，单击左侧【Palette】控制板的 按钮，在空白区域单击鼠标左键放置图表，弹出【Plot Traces & Attributes】对话框，选中【HB.PAE】，单击【>>Add Vs..>>】按钮，弹出【Select Independent Variable】窗口，选中【HB.Pdel_dBm】，如图 3.121 所示。单击【OK】按钮，即可生成图表。

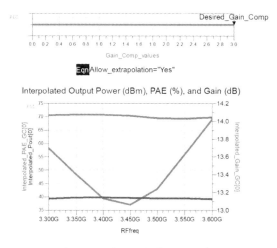

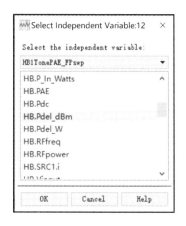

图 3.120   大信号频率扫描仿真结果   图 3.121   【Select Independent Variable】窗口

执行菜单命令【Marker】→【New...】，在生成的曲线图中添加曲线标记。最终得到的多个频率下 PAE 的功率扫描仿真结果如图 3.122 所示。按照同样的步骤，添加【HB.Gain_Transducer】相对于【Pdel_dBm】的曲线图，得到的多个频率下增益的功率扫描仿真结果如图 3.123 所示。

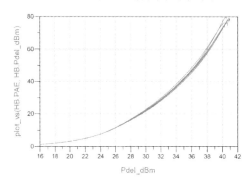

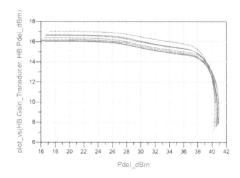

图 3.122   多个频率下 PAE 的功率扫描仿真结果   图 3.123   多个频率下增益的功率扫描仿真结果

从以上仿真结果可以看出，功率放大器理想模型在整体频段内都有较为良好的输出功率和增益。

3.3.2   微带线模型仿真

理想模型采用的是理想传输线模型，这与现实中的各种形式传输线有一定的差别。因此，在完成理想模型仿真后，应进行微带线模型电路原理图仿真。ADS提供了丰富的微带线元件，并可以将其轻松转化为版图。

执行菜单命令【File】→【New】→【Schematic...】，新建名为"SCH2"的电路原理图。将 SCH1 电路原理图中的元件复制到 SCH2 电路原理图中，并删去所有理想传输线模型。接下来将理想传输线模型转化为实际微带线模型。

打开 SCH2 电路原理图，执行菜单命令【Tools】→【LineCalc】→【Start LineCalc】，弹出【LineCalc/untitled】对话框，如图 3.124 所示。

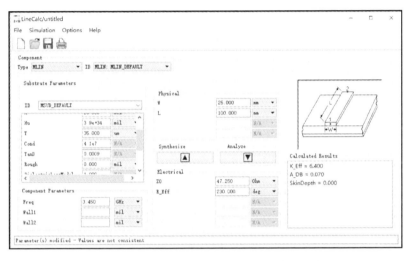

图 3.124　【LineCalc/untitled】对话框（微带线计算器）

将本案例所用 RT5880 板材的参数输入【LineCalc/untitled】对话框的【Substrate Parameter】区域：Er=2.2、H=20mil、T=35um、TanD=0.0009，其他保持默认设置；将【Components Parameters】区域参数修改为理想模型中设置的频率，将【Physical】区域的单位全部设置为【mm】。

模型中除了有普通微带线，还有微带耦合线。微带线计算器中提供了耦合线计算功能，即在【Type】栏中选择【MCLIN】，如图 3.125 所示（若弹出窗口询问是否存储当前元件，可自行选择是否存储）。之后微带线计算器就切换到微带耦合线计算器，如图 3.126 所示。

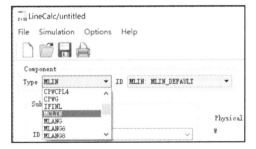

图 3.125　选择微带耦合线模式

再次检查参数是否正确，并将【Physical】区域的单位重新设置为【mm】，然后就可以计算微带耦合线的物理参数，其计算方法与普通微带线的相同，但要注意：在【Electrical】区域中，第 1 行为偶模阻抗，第 2 行为奇模阻抗，第 3 行为特征阻抗，第 4 行为耦合系数

C_DB：特征阻抗和耦合系数的值由奇模阻抗和偶模阻抗共同决定，程序会自动计算，无须填写。

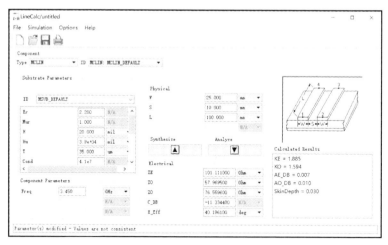

图 3.126 【LineCalc/untitled】对话框（微带耦合线计算器）

打开 SCH2 电路原理图，在元件面板列表【TLines-Microstrip】中选择板材基板控件 MSUB ，将其添加至空白处，并将参数修改为 Er=2.2、H=20 mil、T=35 um、TanD=0.0009，其他参数保持默认设置。将理想模型中的理想传输线参数换算成微带线参数，并在 SCH2 电路原理图中用元件面板列表【TLines-Microstrip】中的 MLIN 和 Mclin 替换原先的理想传输线，如图 3.127 所示。

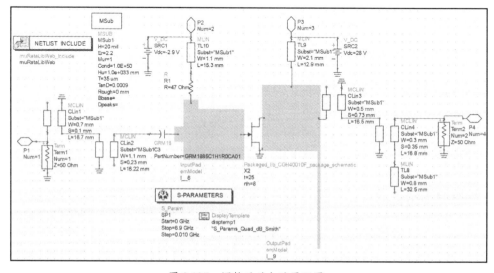

图 3.127 调整后的电路原理图

进行小信号仿真、元件化与大信号仿真，得到的仿真结果如图 3.128 所示。

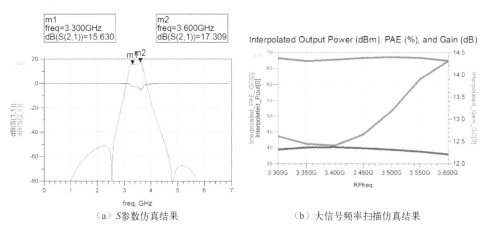

（a）S 参数仿真结果　　　　　　　　（b）大信号频率扫描仿真结果

图 3.128　S 参数和大信号频率扫描仿真结果

从仿真结果可以看出，相较于理想模型，指标有些许下降，同时上/下截止频率的指标出现了些许偏离的现象，在约 3.6GHz 处输出功率明显下降，须要通过调节优化指标。同时，为了将微带线模型变化为更加接近实际的连接方式，应在某些地方进行微调。

首先对 SCH2 电路原理图进行变量化处理，以方便调节。单击工具栏上的变量图标 【VAR】，在电路原理图空白处添加变量控件，双击控件打开【Edit Instance Parameters】对话框，如图 3.129 所示。

在【Name】栏中输入变量名称，在【Variable Value】栏中输入变量值，单击【Add】按钮即可添加变量。在【Edit Instance Parameters】对话框的【Select Parameter】列表框中选中变量后，单击【Tune/Opt/Stat/DOE Setup...】按钮，弹出【Setup】对话框，如图 3.130 所示；在【Tuning】选项卡中将【Tuning Status】栏设置为【Enabled】，即可设置变量调节参数。除了上述方法，还可以直接把调节代码添加到参数中，格式为【tune{起始数值 单位 to 终止数值 单位 by 变动数值 单位}】，详见 1.3.1 节。

由于电路结构的复杂度不高，要修改的地方仅有输入电容的焊盘和输出网络的加载支节。由于支节长度过长，应将其弯曲放置，以节省 PCB 面积。修改完毕并变量化后的微带线电路原理图如图 3.131 和图 3.132 所示。

打开 HB1TonePAE_FPswp 电路原理图，将原有的电路原理图元件符号替换为 SCH2 电路原理图元件符号。单击工具栏上的参数调节图标 ，弹出【Tune Parameters】对话框，如图 3.133 所示。

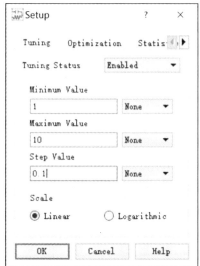

图 3.129 【Edit Instance Parameters】对话框   图 3.130 【Setup】对话框

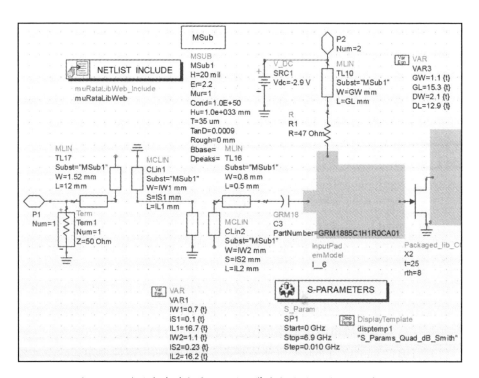

图 3.131 修改完毕并变量化后的微带线电路原理图（输入部分）

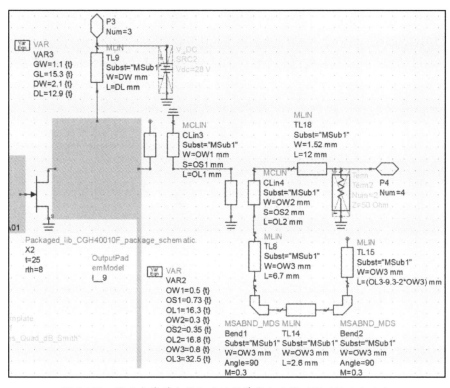

图 3.132　修改完毕并变量化后的微带线电路原理图（输出部分）

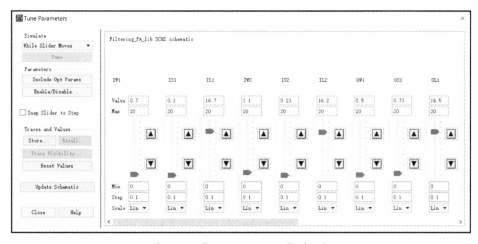

图 3.133　【Tune Parameters】对话框

在【Tune Parameters】对话框中单击上/下箭头，可按设定的 Step 值增/减参数；
也可以直接输入数值更改调节参数的最大值、最小值和当前值。每次调整参数，仿真
结果也会随之变化。由于 HB1TonePAE_FPswp 电路原理图中的仿真参数较多，可能

出现调节速度慢的情况。为了提升仿真速度，可以先创建固定功率的频率扫描仿真模板【HB1TonePAE_Fswp】，调节完成后再带入功率频率扫描模板进行仿真。

通过调节工具调整参数到一个良好的结果，单击【Update Schematic】按钮，将调节结果存入电路原理图中，然后关闭【Tune Parameters】对话框。初步调节得到的结果参数如图 3.134 所示，得到的仿真结果如图 3.135 至图 3.137 所示。

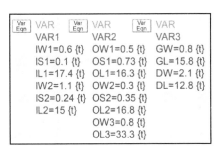

图 3.134　初步调节得到的结果参数

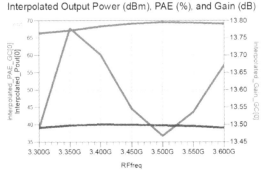

图 3.135　调节后大信号频率扫描仿真结果

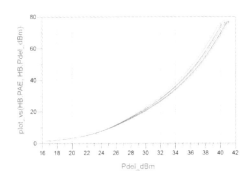

图 3.136　调节后 PAE 的功率扫描仿真结果

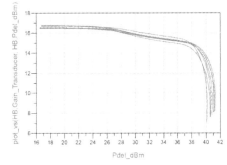

图 3.137　调节后增益的功率扫描仿真结果

从仿真结果可以看出，调节后的功率放大器的增益和输出功率相较之前更加均匀，但效率提升有限。由于微带线模型并不是最终的仿真结果，在后续仿真中仍有可能变化，因此在版图联合仿真中应继续调节优化。

3.4　滤波集成功率放大器的 ADS 版图联合仿真

版图仿真是基于 ADS 的仿真中最接近实际情况的仿真，也是最消耗计算资源、速度最慢的仿真步骤。版图仿真只能仿真微带线的无源版图，对于功率放大器整体系统，应在版图仿真后生成模型再导入原理图中进行联合仿真。

3.4.1　版图仿真

执行菜单命令【File】→【New】→【Schematic...】，建立名为"SCH3_Layout"的电路原理图。将 SCH2 电路原理图中的所有元件复制到 SCH3_Layout 电路原理图中，如图 3.138 所示。

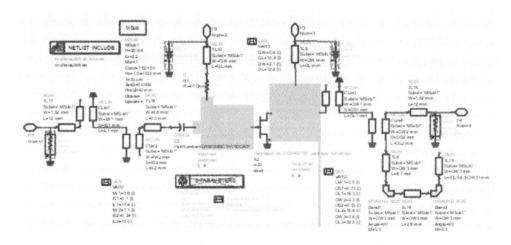

图 3.138　将 SCH2 电路原理图的所有元件复制到 SCH3_Layout 电路原理图中

利用工具栏上的禁用图标 ，将除微带线和端口外的所有元件禁用，仅保留微带线、变量参数和基板参数控件，如图 3.139 所示。

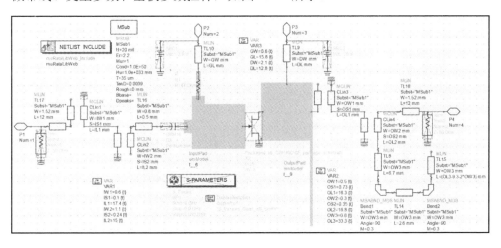

图 3.139　禁用所有非微带线元件

执行菜单命令【Layout】→【Generate/Update Layout】，弹出【Generate/Update Layout】对话框，如图 3.140 所示；保持默认参数不变，单击【OK】按钮，弹出版图界面。初步生成的版图如图 3.141 所示。

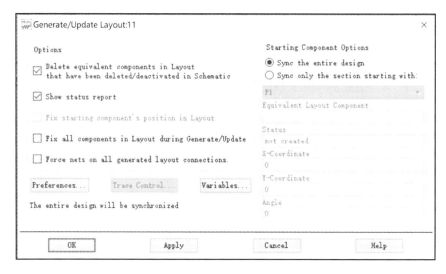

图 3.140 【Generate/Update Layout】对话框

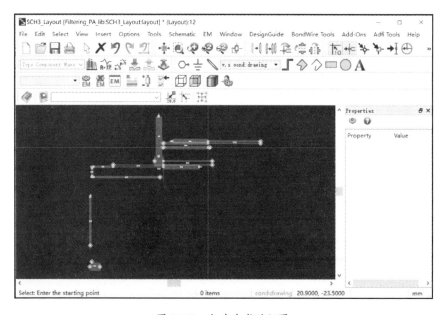

图 3.141 初步生成的版图

说明

生成版图后，可使用【Ctrl+M】快捷键或鼠标右键菜单中的【Measure】
选项调出测量工具，验证版图的尺寸是否正确。如果测量结果的单位是 mil，
则可能是创建工作空间时设置错误，可以参考 1.4.1 节进行改正。

初步生成的版图有些杂乱，应按照设计方案将各个元件布置好。

耦合线的排布相较于前面的案例稍显复杂。为了避免耦合线与电路中的其他
微带线发生耦合，应将部分耦合线偏转一定角度。下面以输出调节电路连接的第
一组耦合线 Clin5 的连接为例，展示耦合线布置方式。

选中该耦合线后，按图 3.142 所示执行菜单命令【Edit】→【Rotate】→
【Rotate Relative...】，弹出【Rotate Relative】对话框，如图 3.143 所示；在
【Rotation Angle（degrees）】栏中输入 20（表示旋转 20°），单击【OK】按钮，
耦合线即逆时针旋转 20°，如图 3.144 所示（说明：由于随机生成的版图布局方
式不同，旋转角度可能有所变化，此处应调整到该耦合线向外偏转 20° 为止）。

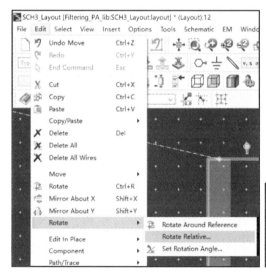

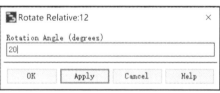

图 3.142　执行菜单命令　　　　　　　图 3.143　【Rotate Relative】对话框

【Edit】→【Rotate】→【Rotate Relative...】

单击工具栏上的长方形工具图标▭，在输出调节电路右侧绘制一个长度为
0.1mm、宽度为 0.5mm 的延长线，将其置于调节电路右侧中间位置，然后将旋转
后的耦合线的一角与该延长线的一角对齐，如图 3.145 所示。

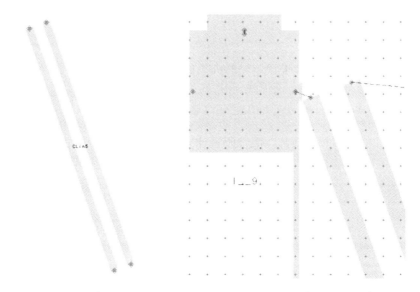

图 3.144　旋转后的耦合线　　　　　图 3.145　连接耦合线和调节电路

移动过程中，如果发现最小移动幅度太大，无法让版图精准连接，可以在版图中单击鼠标右键，从弹出的快捷菜单中选择【Preference】，弹出【Preferences for Layout】对话框，如图 3.146 所示；选择【Grid/Snap】选项卡，在【Snap to】区域取消【Grid】选项的选中状态，这样就可以实现精细移动。

图 3.146　【Preferences for Layout】对话框

接着，单击工具栏上的多边形绘制图标 ，绘制填充空隙的三角形，如图 3.147 所示。

将输出网络的第 2 组耦合线放置在第 1 组耦合线相应端口处，顶点重合（注意加载的微带线弯曲方向应向外），再利用多边形绘制图标 绘制三角形填充连接部分，如图 3.148 所示。

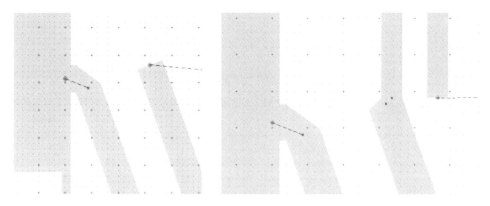

图 3.147　绘制填充空隙的三角形　　　　　图 3.148　耦合线之间的连接

将输出微带线连接至第 2 组耦合线处，其中点与耦合线末端重合，然后利用多边形绘制图标 绘制三角形（填充空隙），如图 3.149 和图 3.150 所示。

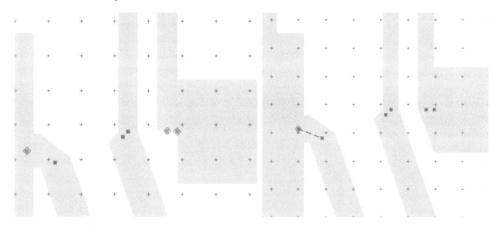

图 3.149　连接耦合线与输出传输线（1）　　　图 3.150　连接耦合线与输出传输线（2）

将加载的半波长传输线移动至一边对齐，如图 3.151 所示。

至此，输出部分连接完毕，如图 3.152 所示。按照同样方法布置输入部分版图（注意焊盘间距为 0.7mm），最终结果如图 3.153 所示。

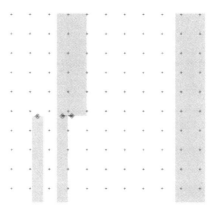

图 3.151　对齐传输线

图 3.152　输出部分版图布置　　　　图 3.153　输入部分版图布置

将输入部分和输出部分的版图按照 4.4mm 的间距布置好，得到总体版图布置，如图 3.154 所示。

图 3.154　总体版图布置

在实际电路实现中，电路接地主要是通过接地孔实现的，因此要在仿真版图中加入接地孔。首先要在基板设置中定义过孔：单击工具栏上的基板设置图标，弹出基板设置窗口，用鼠标右键单击中间的 RT5880 介质层，在弹出的快捷菜单中选择【Map Conductor Via】，如图 3.155 所示。

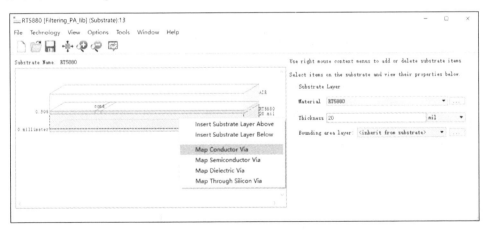

图 3.155　在弹出的快捷菜单中选择【Map Conductor Via】

然后在窗口右侧的参数设置中，将【Layer】栏设置为【hole（5）】，将【Material】栏设置为【Cu】，如图 3.156 所示。

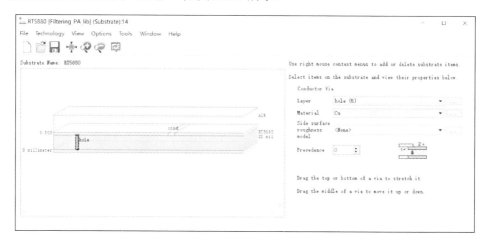

图 3.156　基板过孔设置

保存并退出设置，返回版图界面，为接地的耦合线端口添加接地孔。在工具栏上的【Layer】栏中选择 hole 层，如图 3.157 所示。

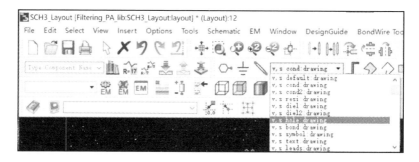

图 3.157　选择挖孔层绘制过孔

单击工具栏上的圆形工具图标○，绘制过孔，过孔半径为 0.15mm，置于耦合线末端，过孔圆心与耦合性末端中心重合；绘制好过孔后，在工具栏上的【Layer】栏中选择 cond 层，单击工具栏上的长方形工具图标▭，为另一半过孔添加导体层，过孔与微带线末端之间预留 0.1mm 的长度。绘制好的接地孔如图 3.158 所示。

添加过孔后，为贴片元件和晶体管添加端口。按照惯例，向内移动一小段距离，其中贴片元件向内移动 0.2mm，晶体管向内移动 0.1mm。添加完端口的版图如图 3.159 所示。

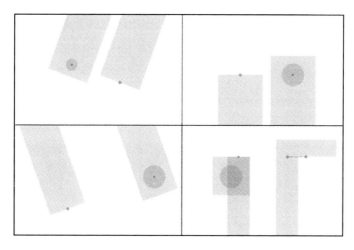

图 3.158　版图中接地孔细节

图 3.159　添加端口处的版图细节

添加完毕后，进行版图仿真设置。单击工具栏上的 EM 设置图标，弹出
EM 设置窗口。单击左侧列表框中的【Substrate】，进入基板设置窗口，在此选择
RT5880 板材。单击左侧列表框中的【Frequency】，将第一条 Adaptive 的参数修
改为 Fstart=0GHz、FStop=10.8GHz、Npts=1081(max)；单击左侧列表框中的
【Options】，在【Simulation Options】区域选择【Mesh】选项卡，将【Mesh
density】区域的【Cells/Wavelength】栏设置为 50，选中【Edge mesh】选项；其
他保持默认设置。单击【Simulate】按钮，即可开始仿真。

仿真完毕后，弹出仿真结果窗口。返回版图窗口，执行菜单命令【EM】→
【Component】→【Create EM Model and Symbol...】，弹出【EM Model】窗口，
将两个选项均选中，单击【OK】按钮，即可创建版图元件。生成的版图元件如
图 3.160 所示。

图 3.160　生成的版图元件

3.4.2　版图联合仿真

返回主界面的【Folder View】选项卡，执行菜单命令【File】→【New】→【Schematic...】，新建名为"SCH4"的电路原理图。

将 SCH1 电路原理图中的元件复制到 SCH4 电路原理图中，并删掉所有理想传输线模型。单击工具栏的器件库图标，将【SCH3_Layout】元件放置在空白处。然后将所有元件连接到版图中相应的位置，如图 3.161 所示。

仿真前，须要将版图元件的数据源更改到 EM 模型中。选中版图模型，单击工具栏上的模型选择图标，在弹出的【Choose View for Simulation】窗口中选择【emModel】，如图 3.162 所示。单击【OK】按钮，关闭【Choose View for Simulation】窗口。

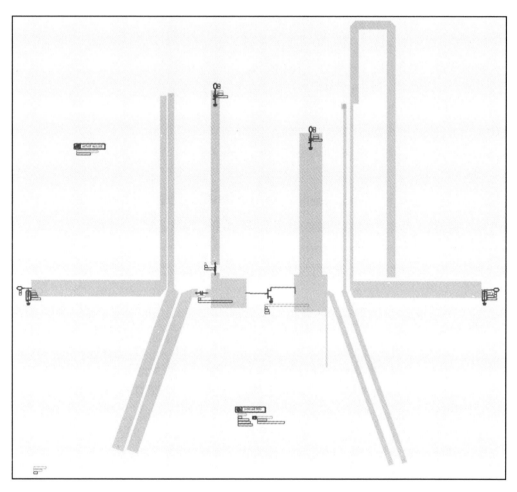

图 3.161　连接好的原理图

Choose View for Simulation　×

○ Let the Hierarchy Policy determine which view to use

◉ Use this view for simulation:

　emModel
　layout
　schematic
　symbol

图 3.162　更改版图元件的数据源

单击工具栏上的图标 进行仿真，弹出仿真结果窗口。

进行小信号仿真，并创建 SCH4 电路原理图元件，然后进行大信号仿真。得到的仿真结果如图 3.163 和图 3.164 所示。

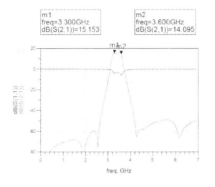
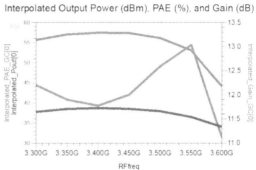

图 3.163　版图模型 S 参数仿真结果　　　图 3.164　版图模型大信号频率扫描仿真结果

从仿真结果可以发现，转换为版图模型后，频率发生了一定的偏移，同时指标也有较大幅度劣化（尤其是输出功率），应进一步调节参数。在 SCH3_Layout 电路原理图中修改相应微带线参数后，执行菜单命令【Layout】→【Generate/Update Layout】，弹出【Generate/Update Layout】对话框，如图 3.165 所示。选中【Fix all components in Layout during Generate/Update】选项，单击【OK】按钮。

转换至版图模型后，原来绘制的连接部分可能有变动，须要进行调整，并重新绘制填充部分，此处不再赘述。经过多次调试后，最终得到的版图参数如图 3.166 所示。

图 3.165　【Generate/Update Layout】对话框　　　图 3.166　最终得到的版图参数

由此得到的模型仿真结果如图 3.167 至图 3.170 所示。

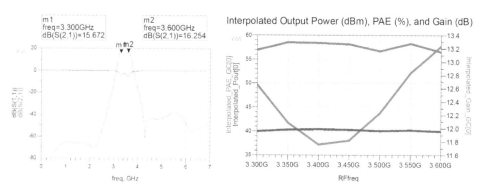

图 3.167 调节后版图模型 S 参数仿真结果   图 3.168 调节后版图模型大信号频率扫描结果

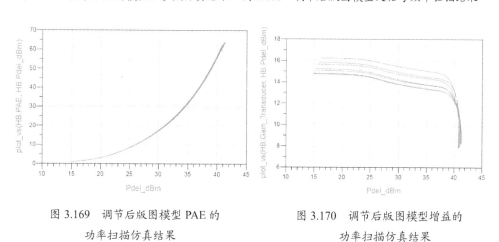

图 3.169 调节后版图模型 PAE 的
功率扫描仿真结果

图 3.170 调节后版图模型增益的
功率扫描仿真结果

从仿真结果可以看出，调节后各项指标均取到了较为良好的效果。

3.5 PCB 制板及实物测试

3.5.1 生成 PCB 设计文件

复制【SCH3_Layout】单元，在【Folder View】处用鼠标右键单击【SCH3_Layout】单元，在弹出的菜单中选择【Copy】；再单击鼠标右键，在弹出的菜单中选择【Paste】，弹出【Copy Files】对话框，如图 3.171 所示；将【New Name】栏设置为 "PCB"，单击【OK】按钮。

图 3.171 【Copy Files】对话框

打开 PCB 单元的版图，单击工具栏上的长方形工具图标 ▭，在版图的电源输入部分绘制焊盘，并在其周围绘制接地区块。然后切换到 hole 层，单击工具栏上的圆形工具图标 ◯，在地层上绘制出均匀排列的小圆孔，将其作为接地孔。绘制好电源处焊盘与接地焊盘的版图如图 3.172 所示。

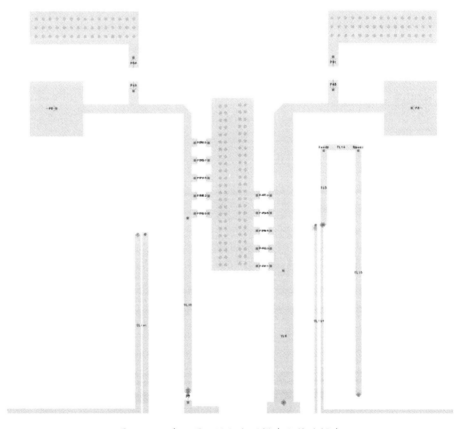

图 3.172 在版图上添加电源焊盘和接地焊盘

输出部分的供电线长度对仿真结果影响较大，而当接地方式从理想接地改为实际接地后，实际接地的长度还应加上从电容焊盘到接地孔的距离，所以此处将供电线到第一个电容焊盘处的长度适当缩短到 11.8mm，如图 3.173 所示。

图 3.173　缩短供电线到第一个电容焊盘处的长度

其余部分保持之前设置好的仿真参数不变。单击工具栏上的仿真图标，开始仿真。仿真完成后，弹出仿真结果窗口。返回版图窗口，执行菜单命令【EM】→【Component】→【Create EM Model and Symbol...】，弹出【EM Model】窗口，将两个选项均选中，单击【OK】按钮，生成模型元件。

返回主界面【Folder View】选项卡，执行菜单命令【File】→【New】→【Schematic...】，新建名为"SCH5"的电路原理图。

将 SCH4 电路原理图中的元件复制到 SCH5 电路原理图中，删掉原有的版图元件；单击工具栏上的器件库图标，添加【PCB】元件。

重新连接元件，在栅极和漏极电源处的贴片电容焊盘处添加村田电容，注意漏极部分的第一个电容对于仿真结果有一定的影响，此处选择的具体规格为 486：GRM1885C1H7R8DA01，其余电容选择不同数量级的贴片电容，自下往上依次为 23：GRM1885C1H1R0CA01、770：GRM188R71H102MA01、850：GRM188R61H103KA01、897：GRM188R71H104MA93。添加完漏极电容后，将同样的电容复制到栅极连接处。添加完电容的电路原理图如图 3.174 所示。

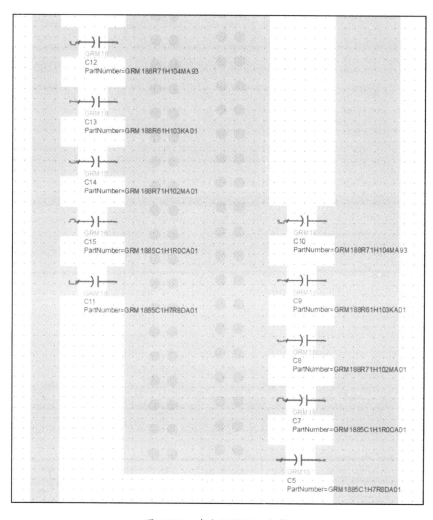

图 3.174　在电源处添加电容

在元件面板列表【Simulation-S_Param】中选择测量稳定因子的控件 Stabfact 👑 和 Stabmeas 👑，将其添加至电路原理图中。

选中版图模型，单击工具栏上的模型选择图标 ⚡，在弹出的【Choose View for Simulation】窗口中选择【emModel】，单击【OK】按钮。设置完毕的电路原理图概览如图 3.175 所示。

接下来进行稳定性和 S 参数仿真，随后将电路原理图元件导入 【HB1TonePAE_FPswp】扫描模板中进行仿真，最终得到的仿真结果如图 3.176 至图 3.180 所示。

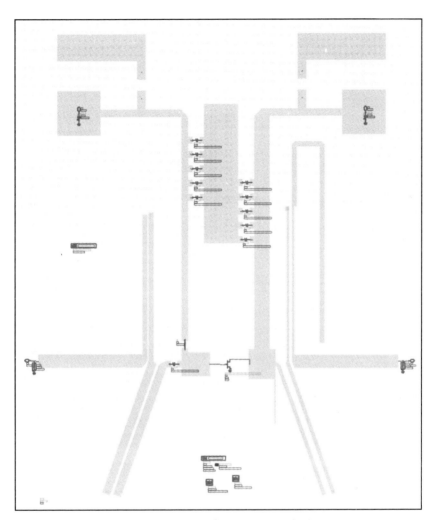

图 3.175　设置完毕的电路原理图概览

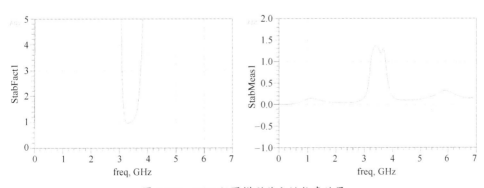

图 3.176　PCB 版图模型稳定性仿真结果

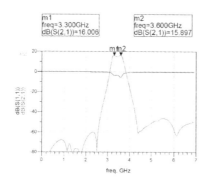
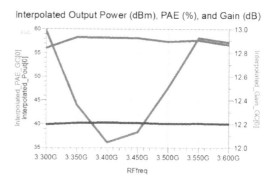

图 3.177　PCB 版图模型 S 参数仿真结果　　图 3.178　PCB 版图模型大信号频率扫描结果

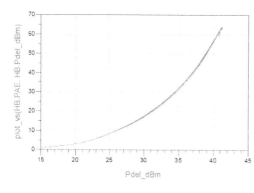
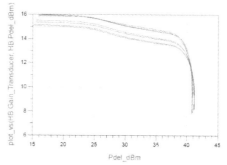

图 3.179　PCB 版图模型 PAE 的　　　　图 3.180　PCB 版图模型增益的
功率扫描仿真结果　　　　　　　　　功率扫描仿真结果

从仿真结果可以看出，添加接地孔和电源焊盘对功率放大器整体指标影响较小。同时，目标频段外基本都处于无条件稳定状态，一部分目标频段的 k 因子略小于 1，但实验证明，通过微调电容可以达到无条件状态，因此版图可不做改动。

接下来生成 PCB 加工文件。首先进入 PCB 的版图界面，选择 hole 层，在中间功率管位置绘制一个宽度为 4.4mm、长度为 16mm 的矩形方孔。

由于 PCB 面积较大，除了晶体管的开孔，还要加入将 PCB 固定在散热片上的螺钉孔。此处应根据散热片规格添加螺钉孔，也可以在合适的地方打孔后再定制专用的散热片。

本案例采用本研究团队定制的通用散热片，按照散热片设计图纸添加螺钉孔。同时，在输入/输出微带线两侧添加 SMA 接头焊盘，如图 3.181 所示。

添加螺钉孔后，在工具栏上的【Layer】栏中选择 cond2 层，绘制一个覆盖整个版图的方形，将其作为地层；在工具栏上的【Layer】栏中选择 default 层，绘制一个与地层同样大小位置的框（作为切割层），如图 3.182 所示。

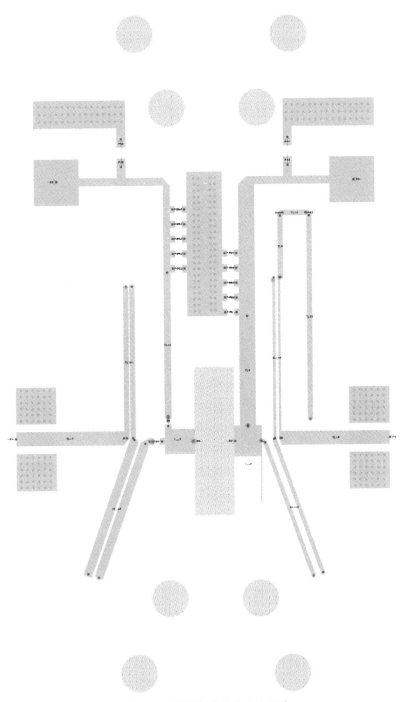

图 3.181　绘制各种通孔后的版图

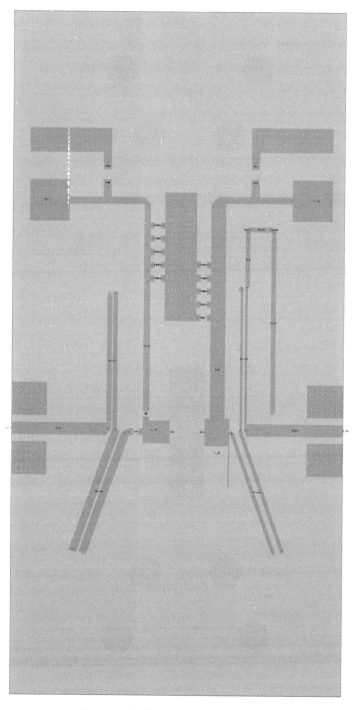

图 3.182　绘制地层、切割层后的版图

至此，PCB 设计完成。读者可根据自己的设计要求更改焊盘设计。

接下来导出 PCB 文件。按图 3.183 所示执行菜单命令【File】→【Export...】，弹出【Export】对话框，如图 3.184 所示。

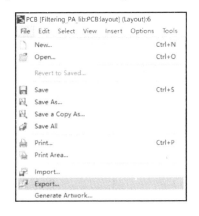

图 3.183　执行菜单命令【File】→【Export...】

图 3.184　【Export】对话框

在【Export】对话框的【File Type】栏中选择【Gerber/Drill】，在【Destination directory】栏中设置合适的输出目录，然后单击【OK】按钮。在设置的目录会找到 4 个层的 Gerber 文件，如图 3.185 所示。将这 4 个文件交给加工厂，即可加工 PCB。

cond.gbr
cond2.gbr
default.gbr
hole.gbr

图 3.185　生成的 PCB 多层文件

3.5.2　实物测试

收到 PCB 成品后，将相应的元件焊接好，并安装到散热片上，如图 3.186 所示。

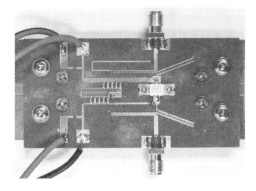

图 3.186　3.3～3.6GHz 滤波集成功率放大器实物图[11]

　　将制作好的功率放大器放入功率放大器测试系统中进行测试，得到的测试结果如图 3.187 至图 3.189 所示[11]。

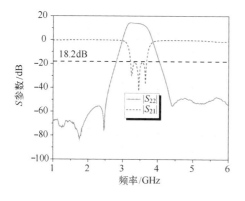

图 3.187　功率放大器 S 参数测试结果

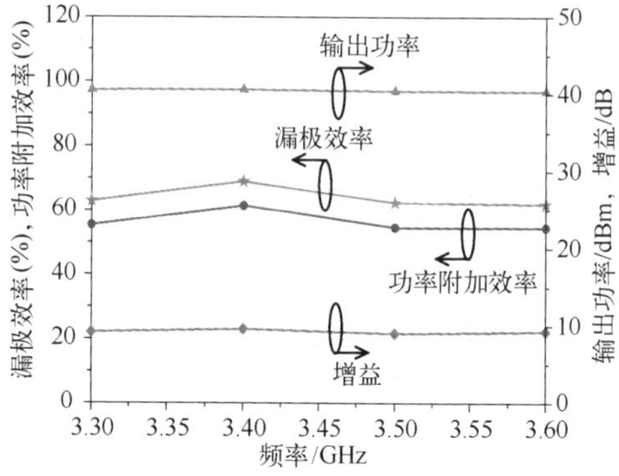

图 3.188　功率放大器频率扫描测试结果

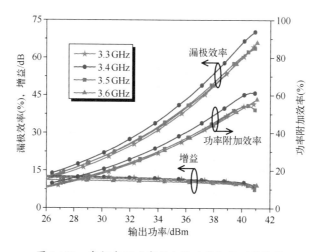

图 3.189　多频率下功率放大器功率扫描测试结果

　　从测试结果可以看出，该功率放大器在 3.3～3.6GHz 频段内具有良好的指标表现，并具有较高的带外抑制作用，测试结果基本符合仿真趋势和预期。

第4章

3.5/5.0GHz 双频双端口功率放大器

随着 5G 时代到来，通信标准不断更新，指标要求也越来越高。为了应对更加严苛的传输标准，作为无线通信系统中重要一环的射频系统也在不断创新，以适应发展的需要。本章将介绍如何使用 ADS 设计一款基于三端口分频网络的双频双端口功率放大器。实验结果表明，该功率放大器可以在单管基础上放大两个频率的输入信号，并由两个不同的端口输出这两个频率的信号。

4.1 双频双端口功率放大器介绍

4.1.1 多频多端口功率放大器

现代通信系统为了提升峰值传输速率，往往会增加传输带宽。然而在通信标准中，对于单个载波的带宽是有严格限制的。正因如此，载波聚合技术应运而生，它将多个载波聚合在一起，从而实现了比单载波更大的带宽，大大提升了峰值上/下行传输速率。载波聚合可以支持连续或非连续的载波，也就是说，两个不同频段下的载波也可以被聚合在一起用于提升带宽。若想通过单个功率放大器输出这样的功率信号，这个功率放大器就应满足多频工作条件要求。

多入多出（Multiple Input Multiple Output，MIMO）技术采用增加信道数量的方式来提高信道容量。MIMO 技术在发送端和接收端均使用多根天线，构成一个多信道的天线系统，以此来成倍提升信道容量。5G 时代，大规模 MIMO 成为一项关键技术。与传统 MIMO 相比，大规模 MIMO 可以通过波束赋形等技术来改善无线系统的能源利用效率。

最新的无线通信系统往往将载波聚合与 MIMO 等技术融合，以提升性能指标。但对天线阵列来说，不同的工作频率意味着不同的天线间距，与频率不匹配的间距会使工作指标产生不同程度的劣化。将载波聚合和 MIMO 技术融合后，往往需要不同的信号源对不同载波频率下的天线单元和阵列进行馈电，这就意味着每个频率都要有一个功率放大器来为天线提供功率信号，因此会增加不小的成本。从另一方面看，如果只用一个功率放大器馈电，单个功率放大器就要带多个不同的负载。

在这个背景下，作为一种新型功率放大器，多频多端口功率放大器被提出。多频多端口功率放大器，除了可以同时放大多个频率的信号，还可以将不同频率的信号分别传送至不同的端口输出。具体来说，在输出匹配网络中，要让每个输出端口的支路在抑制其他频段信号的同时，针对目标频段的信号进行良好匹配。

4.1.2 基于开路支节抑制网络的双端口分频输出匹配网络

参考文献[12]采用一种通用的设计方法实现了一款双频双端口功率放大器。该放大器可以在放大双频输入信号的同时，从两个端口将两个频率信号分别输出。该方案已取得国家发明专利[13]，其拓扑结构如图 4.1 所示。

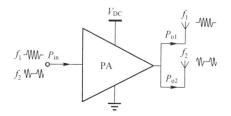

图 4.1　双频双端口功率放大器工作原理示意图[12]

为了实现单个输出支路的选择性，本案例提出了一种基于开路支节的谐波抑制网络，该网络可以针对特定频率进行抑制，使得加入该网络的支路针对特定的抑制频率呈现开路性质，但在其他频率可以匹配。抑制网络的拓扑结构如图 4.2 所示，它由一个特征阻抗为 Z_2、电长度为 θ_2 的开路支节和一个特征阻抗为 Z_1、电长度为 θ_1 的传输线组成。

在图 4.2 中，整个网络的输入阻抗可以用下式表示：

$$Z_{in} = Z_1 \frac{Z_{in2} + jZ_1 \tan \theta_1}{Z_1 + jZ_{in2} \tan \theta_1} \tag{4-1}$$

式中，

$$Z_{in2} = \frac{Z_{ino} Z_{in1}}{Z_{ino} + Z_{in1}} \tag{4-2}$$

开路支节的输出阻抗为

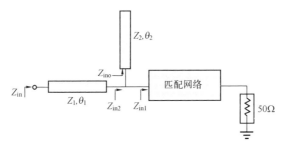

图 4.2   抑制网络的拓扑结构[12]

$$Z_{\text{ino}} = \frac{-jZ_2}{\tan \theta_2} \tag{4-3}$$

结合式（4-1）至式（4-3），可得网络输入阻抗计算公式：

$$Z_{\text{in}} = Z_1 \frac{-jZ_2 Z_{\text{in1}} + jZ_1 Z_{\text{in1}} \tan \theta_1 \tan \theta_2 + Z_1 Z_2 \tan \theta_1}{Z_2 Z_{\text{in1}} \tan \theta_1 + Z_1 Z_{\text{in1}} \tan \theta_2 - jZ_1 Z_2} \tag{4-4}$$

当 $\theta_2 = 90°$ 时，式（4-4）中 Z_{in1} 对于 Z_{in} 的影响消失；进一步，当 $\theta_1 = 90°$ 时，抑制网络会使整个支路呈现开路特性：

$$Z_{\text{in}}(\theta_2 = 90°) = jZ_1 \tan \theta_1 \tag{4-5}$$

$$Z_{\text{in}}(\theta_2 = 90°, \theta_1 = 90°) = \infty \tag{4-6}$$

如果支路在 f_2 频率下使用 $\theta_1 = \theta_2 = 90°$ 条件实现开路，那么该支路在另一个频率 f_1 下的输入阻抗 Z_{in} 将是：

$$
\begin{aligned}
&Z_{\text{in}}\Big|_{f=f_1, \theta_1 = \theta_2 = 90° @ f_2} \\
&= Z_1 \frac{-jZ_2 Z_{\text{in1}} + jZ_1 Z_{\text{in1}} \tan^2\left(\dfrac{\pi f_1}{2f_2}\right) + Z_1 Z_2 \tan\left(\dfrac{\pi f_1}{2f_2}\right)}{Z_2 Z_{\text{in1}} \tan\left(\dfrac{\pi f_1}{2f_2}\right) + Z_1 Z_{\text{in1}} \tan\left(\dfrac{\pi f_1}{2f_2}\right) - jZ_1 Z_2}
\end{aligned} \tag{4-7}
$$

这时只要设置合适的匹配网络阻抗 Z_{in1}，就可以使这个支路在 f_1 频率下实现良好的匹配。

利用这个抑制网络，就可以设计出既能匹配一个频率信号又能抑制另一个频率信号的输出支路，将两个这样的支路"连接"在一起，即可实现双频双端口功率放大器。本案例所实现的双频双端口功率放大器的整体电路结构如图 4.3 所示。

在图 4.3 中，功率放大器的输入匹配部分是正常的双频匹配网络，输出匹配部分是经过特殊设计的三端口分频匹配网络。其中，每个支路的第一部分为抑制网络，第二部分为二次谐波调节网络，第三部分为基波匹配网络。

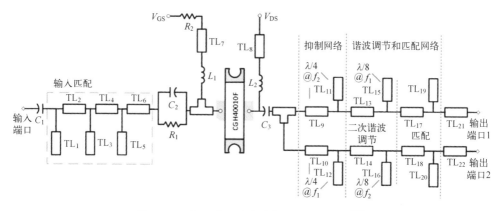

图 4.3　双频双端口功率放大器电路原理图[12]

4.1.3　功率放大器设计参数

本章目标为设计一个工作在 3.5GHz 和 5.0GHz 频率的双频双端口功率放大器，设计参数如下所述。

☺　频率：3.5/5.0GHz

☺　输出功率：10W

☺　增益：>10dB

☺　效率：>40%

☺　邻频抑制：>20dB

根据设计要求，本案例选择了来自 CREE 公司的 CGH40010F 氮化镓 HEMT，其相关手册和模型可以从 CREE 公司官方网站获取。由于功率放大器仿真的准确度受晶体管模型影响较大，所以推荐从官方网站获取最新的器件模型并时常更新。

4.2　双频双端口功率放大器的 ADS 设计

本章将进一步尝试更加复杂且灵活的设计和仿真流程。面对复杂系统，分而治之是经典的设计思路。功率放大器的部件较多，各个部件也容易相互影响。除了一次性设计所有部件再总体调试，也可以单独设计每个部件，然后分别调试至最佳状态。

4.2.1　新建工程和 DesignKit 安装

由于功率放大器整体电路包含功率晶体管和电阻、电容等分立元件，须要加载第三方提供的 DesignKit，本案例要加载的 DesignKit 有 CREE 提供的 GaN HEMT 模型和 Murata 提供的贴片电容模型。

1. 运行 ADS 并新建工程

启动 ADS 软件，进入【Advanced Design System 2015.01(Main)】主界面，如图 4.4 所示。

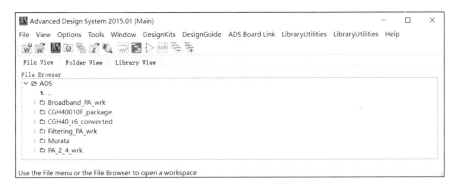

图 4.4　ADS 主界面

执行菜单命令【File】→【New】→【Workspace】，打开创建工作空间向导对话框。单击【Next】按钮，然后对工作空间名称（Workspace name）和工作空间路径（Create in）进行设置。此处将工作空间名称设置为 DBDO_PA_wrk（DBDO 意为 Dual-Band Dual-Output），工作空间路径保留默认设置，如图 4.5 所示。

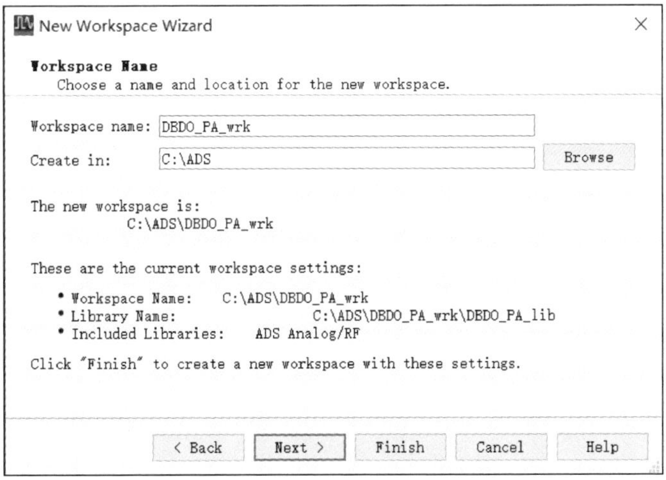

图 4.5　设置工作空间名称和工作空间路径

说明

在原本的步骤中，添加 DesignKit 是创建完工作空间后执行的步骤，但对于先前已经使用过的 DesignKit，可以在创建工作空间的步骤中直接添加。

完成工作空间名称和路径设置后，单击【Next】按钮，打开选择库文件对话框，如图 4.6 所示。对话框中的前两部分保持不变，在第三部分【User Favorite Libraries and PDKs】中，选中【CGH40010_package】和【muRataLibWeb】两个库。如果没有想要的库，可以单击下面的【Add User Favorite Libraries/PDK...】添加所需要库的 lib.def 文件。

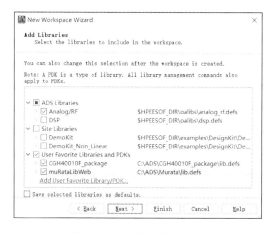

图 4.6 选择库文件对话框

接着单击两次【Next】按钮，直到出现设置精度对话框，选择精度为 0.0001mm，如图 4.7 所示。

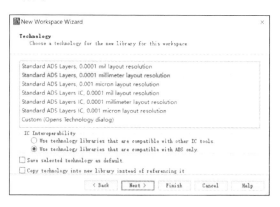

图 4.7 设置精度对话框

创建完毕后，在 ADS 主界面的【Folder View】选项卡中会显示所建立工作空间名称和相应路径，如图 4.8 所示。

图 4.8   新建工作空间名称和相应路径

2．DesignKit 的安装

DesignKit 的安装已经在上一个步骤中一并完成，此处不再赘述。如果不确定库文件是否添加成功，可按图 4.9 所示执行菜单命令【DesignKits】→【Manage Libraries...】，进入库管理窗口进行查看，如图 4.10 所示。

图 4.9   执行菜单命令【DesignKits】→【Manage Libraries...】

图 4.10   库管理窗口

4.2.2   晶体管直流扫描和直流偏置设计

执行菜单命令【File】→【New】→【Schematic...】，弹出【New Schematic】对话框，如图 4.11 所示。在【Cell】栏中输入"BIAS"，单击【OK】按钮，创建新的电路原理图。

说明

【Options】区域的【Enable the Schematic Wizard】选项为电路原理图向导开关，【Schematic Design Templates (Optional)】栏用于选择常用模板（此处不使用模板）。

按图 4.12 所示执行菜单命令【Insert】→【Template...】，弹出【Insert Template】对话框，如图 4.13 所示。选择【DC_FET_T】模板，单击【OK】按钮，将其添加至电路原理图中，如图 4.14 所示。

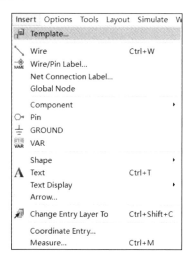

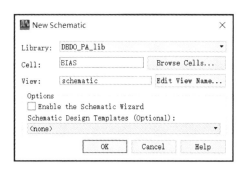

图 4.11 【New Schematic】对话框　图 4.12 执行菜单命令【Insert】→【Template...】

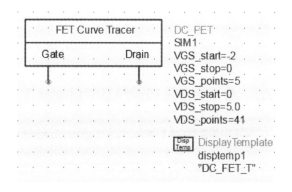

图 4.13 【Insert Template】对话框　图 4.14 将直流扫描模板添加到电路原理图中

在电路原理图左侧元件面板中选择【CGH40010F_Package】或其他晶体管选项卡，在元器件列表中选择【CGH40010F】模型，将其添加到电路原理图中，如图 4.15 所示。

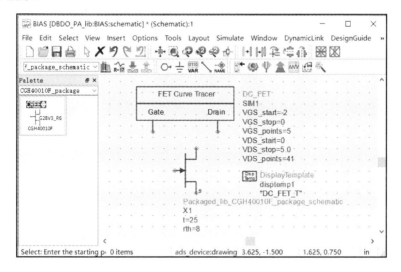

图 4.15　添加晶体管模型

单击工具栏上的图标 ，依照电路原理图连接各个元器件，然后双击【FET Curve Tracer】或直接单击电路原理图中的参数值，将参数设置为 VGS_start=-3.5、 VGS_stop=-2.5、 VGS_points=21、 VDS_start=0、 VDS_stop=56、 VDS_points=57，如图 4.16 所示。

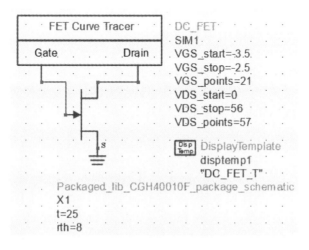

图 4.16　连线并设置仿真参数

单击工具栏上的图标 进行仿真，弹出仿真结果窗口，模板已经预设好仿真结果图，如图 4.17 所示。执行菜单命令【Marker】→【New...】，在须要添加标记的曲线上放置一个曲线标记。

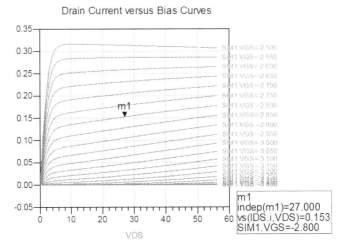

图 4.17　直流扫描仿真结果

综合考虑后，选取 AB 类偏置点-2.8V 作为本案例栅极偏置电压，漏极静态电流为 153mA，漏极偏置电压为 28V。

由于每个实物元器件的物理性质都有一定差异，不同的晶体管之间会有指标波动，仿真结果的偏置电压通常会与实际情况有一定差距，测试时应以漏极电流为准。

4.2.3　稳定性分析和稳定电路设计

作为有源器件，放大器在增益较大时可能发生不稳定现象，导致其自激振荡，使其无法正常工作。因此，通常在设计放大器时，尽量使其处于无条件稳定状态。关于稳定性的判断方法参见 1.2.3 节。

1．晶体管稳定性仿真

执行菜单命令【File】→【New】→【Schematic...】，新建名为"Stability"的电路原理图。进入电路原理图后，执行命令【Insert】→【Template...】，弹出【Insert Template】对话框，如图 4.18 所示。选择【ads_templates：S_Params】，单击【OK】按钮，将 S 参数扫描模板插入到电路原理图中。在元件面板中选择【CGH40010F】，并将其添加到电路原理图中。

然后，在元件面板列表【Lumped-Components】中选择扼流电感（DC_Feed）和隔直电容（DC_Block）各两个，将其添加到电路原理图中；在元件面板列表【Sources-Freq Domain】中选择直流电源 V_DC 两个，将其添加到电路原理图中；在元件面板列表【Simulation-S_Param】中选择测量稳定因子的控件 Stabfact 和 Stabmeas，将其添加到电路原理图中。

单击工具栏上的连线图标，将各个元器件连接好，并添加合适的接地符号，如图 4.19 所示。

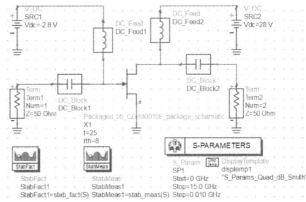

图 4.18　【Insert Template】对话框　　　图 4.19　完成连接后的电路原理图

双击栅极电源（图中为 SRC1）或单击其参数 Vdc，将电压参数设置为 Vdc=-2.8V；双击漏极电源（图中为 SRC2）或单击其参数 Vdc，将电压参数设置为 Vdc=28V；双击 S 参数仿真器或单击电路原理图中的参数，将频率参数设置为 Start=0GHz、Stop=15GHz、Step=0.01GHz。完成设置后的电路原理图如图 4.20 所示。

单击工具栏上的图标进行仿真，弹出仿真结果窗口，窗口中默认存在 4 个 S 参数的图标。在仿真结果窗口中找一处空白区域，单击左侧【Palette】控制板的按钮，在空白区域单击鼠标左键放置图表，弹出【Plot Traces & Attributes】对话框，如图 4.21 所示。选择【Plot Type】选项卡，双击【Datasets and Equations】列表框中的【StabFact1】，将目标参数加入【Traces】列表框；选择【Plot Options】选项卡，在【Select Axis】列表框中选择【Y Axis】，取消【Auto Scale】选项的选中状态，将参数修改为 Min=0、Max=5、Step=1，如图 4.22 所示。

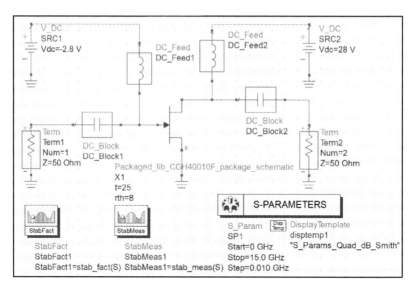

图 4.20　稳定性扫描电路原理图

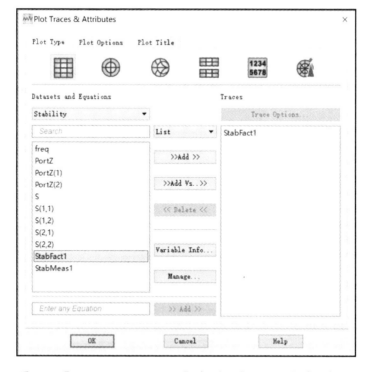

图 4.21　【Plot Traces & Attributes】对话框（【Plot Type】选项卡）

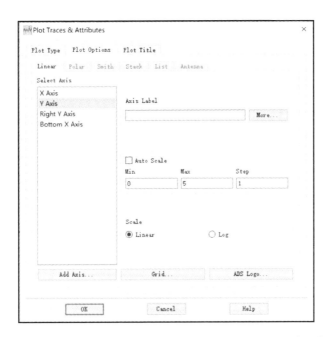

图 4.22　【Plot Traces & Attributes】对话框（【Plot Options】选项卡）

单击【OK】按钮，生成【StabFact1】仿真图表。采用同样的操作步骤，生成【StabMeas1】仿真图表，最终得到的晶体管稳定性仿真结果如图 4.23 所示。

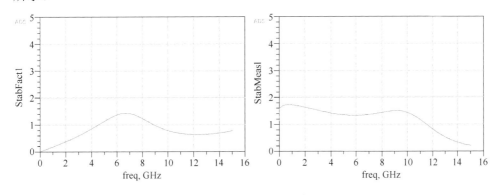

图 4.23　晶体管稳定性仿真结果

从仿真结果可以看出，在-2.8V 的偏置条件下，晶体管在 4.5GHz 以下频段的 k 因子均小于 1，无法达到无条件稳定，须要增加稳定电路来提高功率放大器稳定性。

2. 添加稳定电路

为了保证良好的全频段稳定效果，本案例采用在直流电源处并联电阻和输入网络前增加串联阻容网络的方法来增加晶体管的稳定性。另外，为了保证偏置电路在两个工作频段内都有良好的开路特性，使用电感作为偏置电路主体。

打开之前创建的 Stability 电路原理图，在元件面板列表【muRataLibWeb Set Up】中选择库文件控件 muRataLibWeb_include，将其添加到电路原理图中；在元件面板列表【 muRata Components 】中选择 GRM18 系列电容和 LQW18AN_00 系列电感，将其添加到电路原理图中；在元件面板列表【Lumped-Components】中选择两个电阻，将其添加到电路原理图中；在元件面板列表【TLines-Ideal】中选择理想传输线（TLIN），将其添加到电路原理图中。

> 说明
>
> 此处采用的村田电容、电感模型，应在添加 DesignKit 阶段添加村田公司提供的模型文件。此处添加的 GRM18 系列电容和 LQW18AN_00 系列电感为本案例最终实现时使用的电容、电感型号，若用其他型号来实现，可将其更换为相应的模型。

将添加的元件和控件移入电路中，删掉栅极电源处的 DC_Feed 扼流电感。使用工具栏上的连线图标连接各个部分，完成连接后的电路原理图如图 4.24 所示。

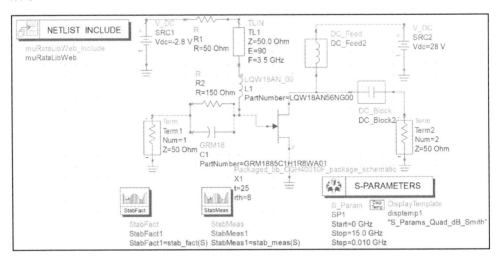

图 4.24　加入稳定电路后的电路原理图

双击元件或单击参数，将 RC 网络中的电阻参数修改为 R=150Ohm，将偏置电路中的电阻参数修改为 R=50Ohm，将四分之一波长传输线参数修改为 E=90、

F=3.5GHz。双击图中 GRM18 村田电容模型，弹出【Edit Instance Parameters】对话框，将【PartNumber】修改为 69：GRM1885C1H1R8WA01 的 1.8pF 贴片电容模型；双击 LQW18AN_00 电感模型，弹出【Edit Instance Parameters】对话框，将【PartNumber】修改为 60：LQW18AN56NG00 的 56nH 贴片电感模型。其他参数保持默认设置。

单击工具栏上的图标 进行仿真，弹出仿真结果窗口。查看原先已经设置好的仿真结果图表，得到加入稳定电路后的稳定性仿真结果，如图 4.25 所示。

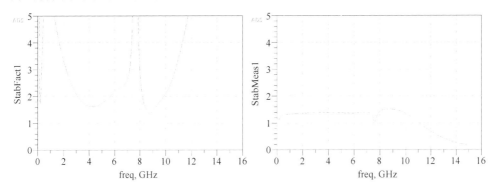

图 4.25　加入稳定电路后的稳定性仿真结果

从仿真结果可以看出，k 因子和 b 因子在全频段均达到了无条件稳定的状态。当然，这只是初步设计的结果，后续加入输入匹配电路后情况会有所变化。因此，在输入匹配完成后，仍要进行稳定性检查，并在权衡性能和稳定性指标后作出适当调整。

4.2.4　源牵引和输入匹配

本案例中的输入匹配电路为普通双频匹配网络，通过计算和调试可以得到电路参数，具体可参考文献[12]。本节将直接用计算得到的参数进行仿真。

1．源牵引仿真

源牵引和负载牵引是通过可变阻抗的变化尝试出功率放大器最佳性能阻抗的测试实验，是功率放大器在匹配前寻找匹配目标阻抗的重要手段。在 ADS 软件中，可通过预设的模板较为方便地进行牵引实验仿真。

任意打开一张电路原理图，按图 4.26 所示执行菜单命令【DesignGuide】→【Amplifier】，弹出【Amplifier】窗口，如图 4.27 所示；选择【1-Tone Nonlinear Simulations】→【Source-Pull-PAE，Output Power Contours】，单击【OK】按钮，生成源牵引模板，如图 4.28 所示。

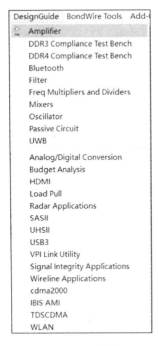

图 4.26　执行菜单命令
【DesignGuide】→【Amplifier】

图 4.27　【Amplifier】窗口

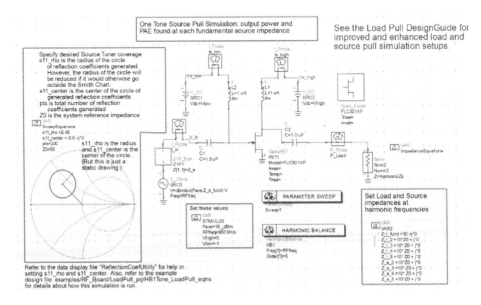

图 4.28　生成的源牵引模板

将系统自带的元器件模型删除，在电路原理图右侧元件面板列表【CGH40010F_package】中选择【CGH40010F】模型，将其放置在原先自带的元器件模型处。

找到【STIMULUS】变量控件，双击控件或单击参数，将参数设置为 Pavs=29_dBm、RFfreq=3500MHz、Vhigh=28、Vlow=−2.8，该组参数为电路参数。将变量控件【SweepEquations】的参数设置为 s11_rho=0.99、s11_center=0+j*0、pts=5000、Z0=50，该组参数为阻抗扫描参数。其余参数保持默认设置。完成参数设置后的电路原理图如图 4.29 所示。

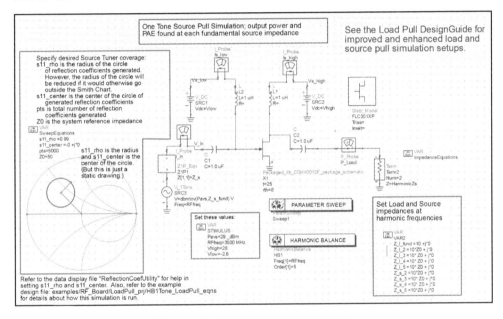

图 4.29 完成参数设置后的电路原理图

说明

扫描参数 s11_center 和 s11_rho 决定了仿真阻抗的范围，即仿真会尝试以 s11_center 为圆心、s11_rho 为半径的区域内的阻抗值。如果该区域设置得过小，可能造成仿真结果不完整，如果设置得太大，有可能不收敛，导致没有仿真结果。所以，前文设置为初步设置，若仿真发生问题，要进行调整。pts 参数为仿真点数，过少会导致仿真结果曲线不连续，过多会拖慢仿真速度，应根据实际情况进行调整。

参数修改完毕后，执行菜单命令【Simulate】→【Simulate Settings...】，在弹出

的窗口中选择【Output Setup】选项卡，选中【Open Data Display when simulation completes】选项，单击【Apply】按钮，再单击【Cancel】按钮。单击工具栏上的图标🌐进行仿真，弹出仿真结果窗口。在仿真结果窗口中双击标记 m1 的数据窗，弹出【Edit Maker Properties】对话框，如图 4.30 所示；选择【Format】选项卡，在归一化阻抗【Z_0】栏中选择 50Ω，单击【OK】按钮得到仿真结果，如图 4.31 所示。

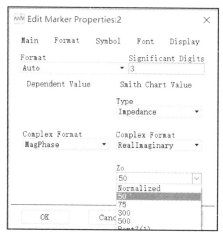

图 4.30　【Edit Maker Properties】对话框

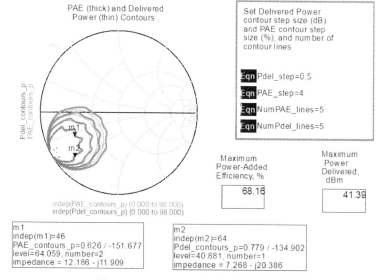

图 4.31　3.5GHz 下的源牵引仿真结果

返回源牵引电路原理图，将【STIMULUS】变量控件中的频率参数更改为 RFfreq=5000MHz，其他参数维持不变，单击工具栏上的图标🌐进行仿真，得到

5.0GHz 下的源牵引仿真结果，如图 4.32 所示。

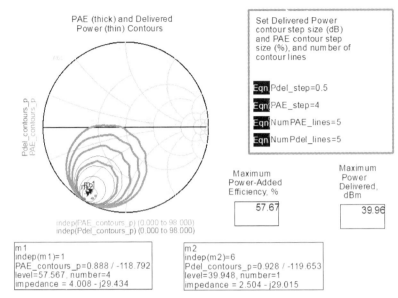

图 4.32   5.0GHz 下的源牵引仿真结果

此处进行仿真时，没有改动输出网络阻抗参数，这是因为晶体管的最佳输入匹配阻抗主要取决于晶体管输入部分的寄生参数，与其他因素关系较小，所以无论是否采用最佳输出阻抗参数，仿真得到的最佳输入阻抗区域差别不大。但应注意：如此仿真出来的最大效率和输出功率，并不是晶体管可以达到的最大效率和输出功率，该仿真结果仅供参考。

2．加入匹配网络之外的其他电路

由于输入部分除了匹配网络本身，还有稳定电路和偏置电路，这会对匹配阻抗产生较大影响，因此在设计输入匹配网络前，应将稳定电路和偏置电路加入源牵引原理图中再进行一次仿真。

将 Stability 电路原理图中的稳定电路和偏置电路复制到源牵引电路原理图中（注意：应将库文件控件 muRataLibWeb_include 一同复制）。在源牵引电路原理图中删掉原有的重复部分，然后连接电路。同时，删掉原有的输入隔直电容，在电路原理图中的可调阻抗网络和输入源之间添加一个 GRM18 系列村田电容，双击电容模型，弹出【Edit Instance Parameters】对话框，将【PartNumber】改为680：GRM1885C2A220JA01。

添加完偏置和稳定电路后，还要在晶体管输入端添加晶体管以及其他贴片元件的焊盘。由于焊盘尺寸已知，这里直接采用版图模型进行仿真。

选择【Folder View】选项卡，执行菜单命令
【File】→【New】→【Layout...】，新建名为
"InputPad"的版图。

在版图窗口中单击工具栏上的长方形工具图
标 ▭，在中间绘制出一条长度为 4.1mm（其中
2.5mm 用作晶体管焊盘，1.6mm 用作贴片元件焊
盘）、宽度为 1.6mm 的微带线，如图 4.33 所示。

图 4.33　输入端焊盘版图

> **说明**
>
> 　　此处的长度与宽度指的是所绘制微带线的线长与线宽。由于微带线朝向不同，文中所列线长和线宽不一定与 ADS 版图绘制界面中长方形图形的宽度（Width）和高度（Height）对应，须注意甄别。最好在绘制完成后，通过测量功能验证尺寸是否正确。

单击工具栏上的端口图标 ⌀• ，
在版图中添加端口。由于后续会将其
用于整体版图内部，所以端口应向版
图内部稍微移一些（此处统一内移
0.2mm）。在微带线左右两侧居中位
置向内 0.2mm 处添加两个端口，并
在上方距离左端 0.8mm 向内 0.2mm
处添加一个端口，如图 4.34 所示。

图 4.34　添加端口后的输入端焊盘版图

单击工具栏上的 EM 设置图标 🅔🅜，弹出 EM 设置窗口，如图 4.35 所示。

图 4.35　EM 设置窗口

单击左侧栏中的【Substrate】，进行基板参数设置，如图 4.36 所示。单击【New...】按钮，弹出【New Substrate】对话框，如图 4.37 所示。在【File Name】栏中输入"RO4350B"，即本案例将采用 30mil 规格的 RO4350B 基板。

图 4.36　进行基板参数设置　　　　　图 4.37　【New Substrate】对话框

单击【OK】按钮后，打开基板设置窗口，如图 4.38 所示。单击中间（底层与顶层之间）的介质层，在【Substrate Layer】区域单击【Material】栏右侧的【...】按钮，弹出【Material Definitions】窗口，如图 4.39 所示。

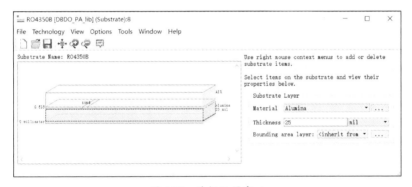

图 4.38　基板设置窗口

图 4.39　【Material Definitions】窗口

选择【Dielectrics】选项卡，单击【Add Dielectric】按钮，添加一个介质材料，将其名称设置为"RO4350B"，将其【Permittivity】参数的 Real 部分修改为3.66，TanD 部分修改为 0.0035，如图 4.40 所示。

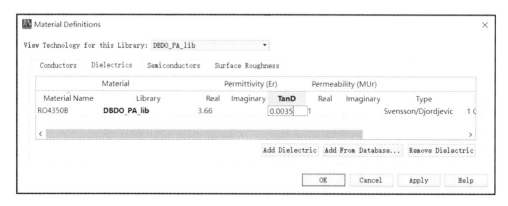

图 4.40 【Material Definitions】窗口（【Dielectrics】选项卡）

选择【Conductors】选项卡，单击【Add Conductor】按钮，添加导体材料，将其名称设置为【Cu】，电导率设置为"57142857 Siemens/m"，磁导率保持默认设置，如图 4.41 所示。

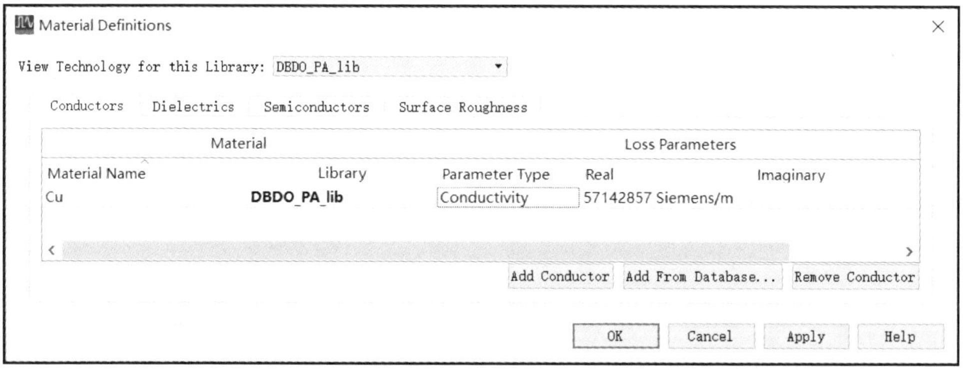

图 4.41 【Material Definitions】窗口（【Conductors】选项卡）

完成参数修改后，单击【OK】按钮。在基板设置窗口中将【Material】栏设置为【RO4350B】，将【Thickness】栏设置为"30mil"，如图 4.42 所示。

单击上层的【cond】黄色条，在【Conductor Layer】区域将【Material】栏设置为【Cu】，将【Thickness】栏设置为"35micron"，如图 4.43 所示。

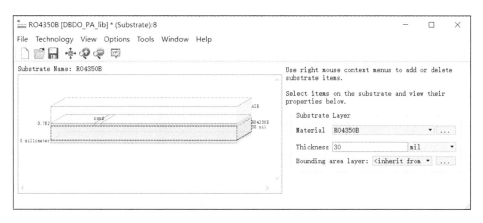

图 4.42　基板参数设置（1）

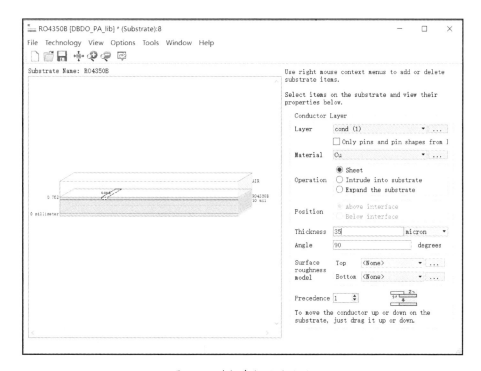

图 4.43　基板参数设置（2）

单击最底层，在【Interface】区域将【Material】栏设置为【Cu】，将【Thickness】栏设置为"35micron"，如图 4.44 所示。

为了便于后续打孔，用鼠标右键单击中间的 RO4350B 介质层，在弹出的菜单中选择【Map Conductor Via】，如图 4.45 所示。

277

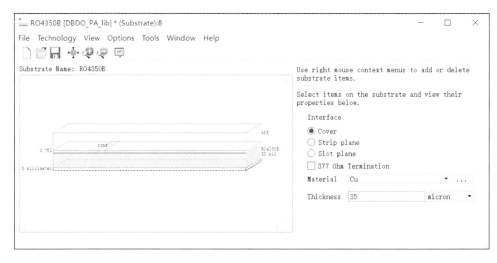

图 4.44　基板参数设置（3）

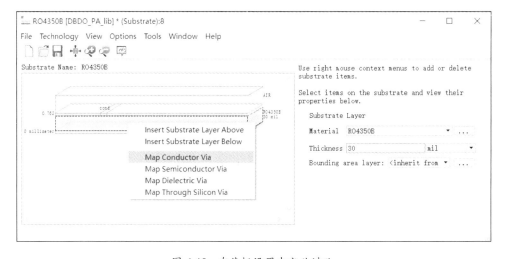

图 4.45　在基板设置中定义过孔

在【Conductor Via】区域的【Layer】栏中选择【hole（5）】，在【Material】栏中选择【Cu】，如图 4.46 所示。修改完毕后，单击工具栏上的保存图标，将基板设置保存，然后关闭窗口。

返回 EM 设置窗口，在左侧列表框中选择【Frequency】，将第一条 Adaptive 的参数修改为 Fstart=0GHz、FStop=15GHz、Npts=1501(max)（此处截止频率通常设置为三次谐波，频率间隔为 10MHz；为了节约仿真时间，选择自适应点数），如图 4.47 所示。

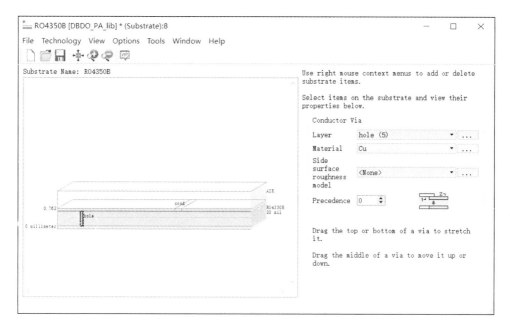

图 4.46　基板过孔设置

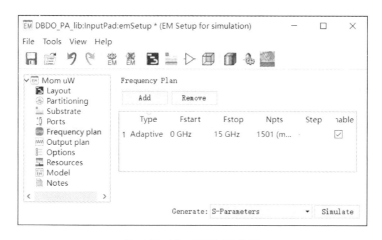

图 4.47　EM 仿真频率设置

在左侧列表框中选择【Options】，选择【Mesh】选项卡，如图 4.48 所示。将【Mesh density】区域的【Cells/Wavelength】栏设置为 50（数字增大仿真更精确，但是速度更慢，应根据实际情况进行调整），选中【Edge mesh】选项，其余保持默认设置。

单击【Simulate】按钮开始仿真，仿真完毕后弹出仿真结果窗口。返回版图窗口，按图 4.49 所示执行菜单命令【EM】→【Component】→【Create EM

Model and Symbol...】，弹出【EM Model】窗口，如图 4.50 所示；将两个选项全部选中，单击【OK】按钮，即可创建版图元件。生成的版图元件如图 4.51 所示。

图 4.48　EM 仿真 Mesh 设置

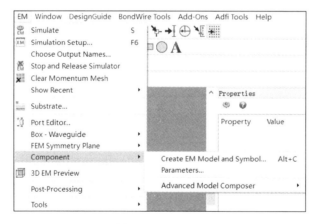

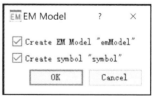

图 4.49　执行菜单命令【EM】→【Component】→　　图 4.50　【EM Model】窗口
　　　　　【Create EM Model and Symbol...】

　　生成版图元件后，返回源牵引电路原理图，单击工具栏上的器件库图标 ，将【InputPad】元件添加到相应位置。

　　选中版图模型，单击工具栏上的模型选择图标 ，弹出【Choose View for Simulation】窗口，如图 4.52 所示；选择【emModel】，单击【OK】按钮。完成设置后的电路原理图如图 4.53 所示。

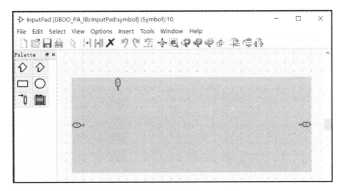

图 4.51　生成的版图元件

图 4.52　【Choose View for Simulation】窗口

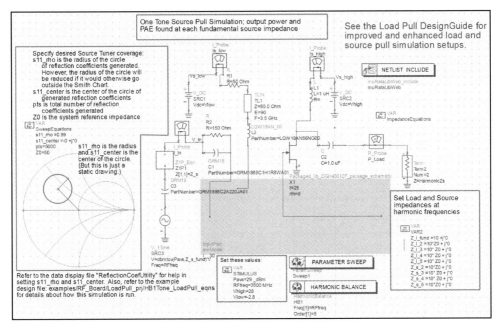

图 4.53　加入输入部分其他电路后的电路原理图

接下来在两个频率下进行源牵引仿真，得到的仿真结果如图 4.54 和图 4.55 所示。

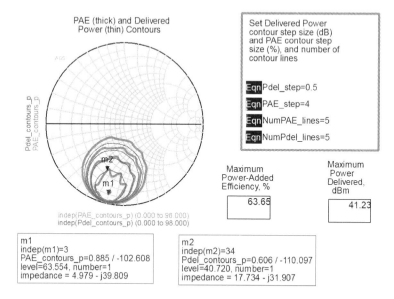

图 4.54　加入输入部分其他电路后 3.5GHz 下的源牵引仿真结果

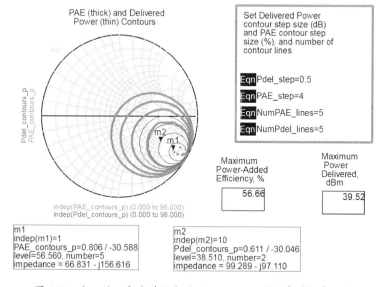

图 4.55　加入输入部分其他电路后 5.0GHz 下的源牵引仿真结果

从上述仿真结果中可以确定两个频率下匹配网络须要匹配的阻抗区域，根据这个区域进行下一部分的输入匹配网络设计。

3．输入匹配网络仿真

通过计算和调试得到如图 4.56 所示的双频输入匹配网络参数。

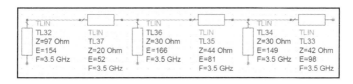

图 4.56　双频输入匹配网络参数

接下来对图 4.56 所示的匹配网络进行仿真。执行菜单命令【File】→
【New】→【Schematic…】，新建名为"INMATCH"的电路原理图。进入电路原
理图后，执行菜单命令【Insert】→【Template…】，弹出【Insert Template】对话
框，在【Schematic Design Templates】列表框中选择【ads_templates：
S_Params"，插入 S 参数扫描模板。

将图 4.56 所示的匹配网络加入 S 参数扫描模板，单击工具栏上的连线图标
，连接电路原理图，如图 4.57 所示。

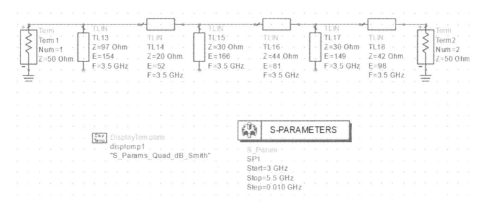

图 4.57　完成连接后的电路原理图

由于两个目标频率的最优阻抗并不一致，因此这里不修改端口阻抗，直接在
史密斯圆图上查看该网络的匹配阻抗。双击 S 参数仿真器 或者单击电
路原理图中的参数，将频率参数设置为 Start=3GHz、Stop=5.5GHz、
Step=0.01GHz。完成参数设置后的电路原理图如图 4.58 所示。

单击工具栏上的图标 进行仿真，弹出仿真结果窗口。在仿真结果窗口中
找到 S（2,2）参数的史密斯圆图，执行菜单命令【Marker】→【New…】，在
S（2,2）曲线图中添加曲线标记，如图 4.59 所示。

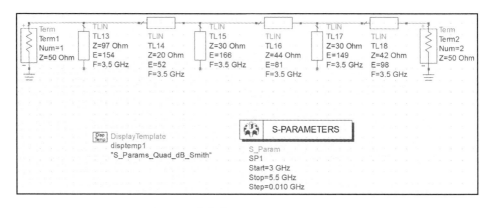

图 4.58　完成参数设置后的电路原理图

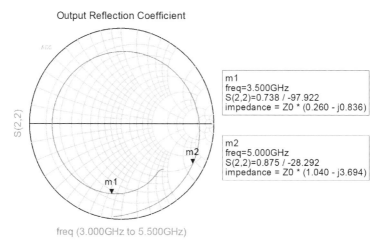

图 4.59　输入匹配网络阻抗仿真结果

从仿真结果可以看出，匹配网络在两个目标频率都实现了在最优阻抗区域内的良好匹配。如果单从阻抗结果中不易看出是否匹配，可将该曲线添加至源牵引仿真结果中。

打开先前的源牵引仿真结果图，双击仿真结果，弹出【Plot Traces & Attributes】对话框，如图 4.60 所示。在【Plot Type】选项卡的【Datasets and Equations】栏中选择【INMATCH】，在左侧列表框中便出现 INMATCH 电路原理图的仿真结果，双击【S（2,2）】，将目标参数加入【Traces】列表框中，然后单击【OK】按钮，即可添加相关曲线。

输入匹配网络在 3.5GHz 和 5.0GHz 下的阻抗在源牵引仿真结果中的位置如图 4.61 和图 4.62 所示。

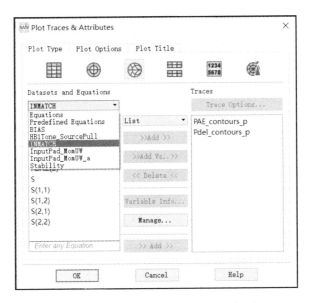

图 4.60　【Plot Traces & Attributes】对话框

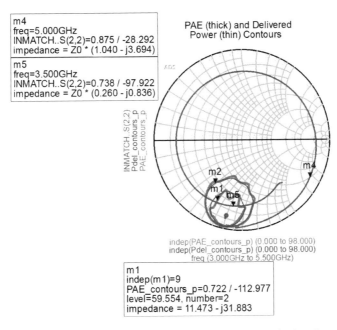

图 4.61　输入匹配网络阻抗曲线对比 3.5GHz 下源牵引结果

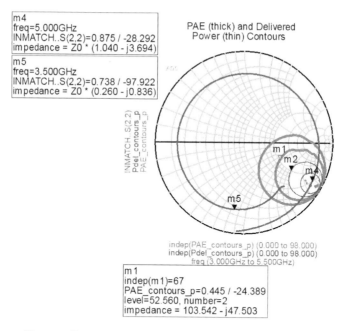

m4
freq=5.000GHz
INMATCH..S(2,2)=0.875 / -28.292
impedance = Z0 * (1.040 - j3.694)

m5
freq=3.500GHz
INMATCH..S(2,2)=0.738 / -97.922
impedance = Z0 * (0.260 - j0.836)

PAE (thick) and Delivered
Power (thin) Contours

indep(PAE_contours_p) (0.000 to 98.000)
indep(Pdel_contours_p) (0.000 to 98.000)
freq (3.000GHz to 5.500GHz)

m1
indep(m1)=67
PAE_contours_p=0.445 / -24.389
level=52.560, number=2
impedance = 103.542 - j47.503

图 4.62   输入匹配网络阻抗曲线对比 5.0GHz 下源牵引结果

接下来，可进一步组合输入部分所有电路，仿真其阻抗曲线。返回 INMATCH 电路原理图，加入稳定电路、偏置电路和隔直电容等其他部分，并将偏置电路的直流供电口接地，如图 4.63 所示。

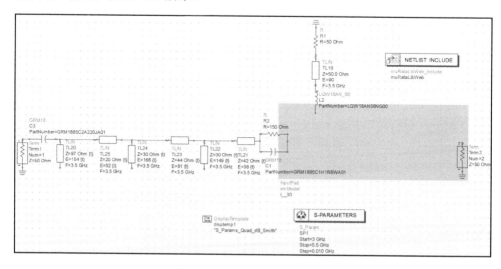

图 4.63   输入部分总体电路图

单击工具栏上的图标 🔧 进行仿真，得到的仿真结果如图 4.64 所示。

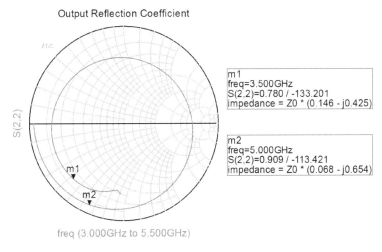

图 4.64　输入部分总体电路阻抗仿真结果

与之前直接对晶体管进行源牵引仿真的结果对比可以发现，此处总体电路阻抗较为接近最优阻抗区域（或许仍有些许偏差，可留至后续整体仿真时观察实际效果后再进行调整）。

4.2.5　负载牵引和输出匹配

本节将在负载牵引中加入更多预设电路，灵活运用负载牵引，实现更加准确的设计。

1．负载牵引仿真

任意打开一张电路原理图，按图 4.65 所示执行菜单命令【DesignGuide】→【Load Pull】，弹出【Load Pull】窗口，如图 4.66 所示；选择【One-Tone Load Pull Simulations】→【Constant Available Source Power】，单击【OK】按钮，生成负载牵引模板，如图 4.67 所示。

将系统自带的元器件模型删除，在元件面板列表【CGH40010F_package】中选择【CGH40010F】模型，将其放置在原先自带的元器件模型处。

找到【Load_Pull_Instrument1_r1】变量控件，双击控件或者单击参数，将参数设置为 V_Bias1=-2.8V、V_Bias2=28V、RF_Freq=3500MHz、Pavs_dBm=29，该组参数为电路参数。将其余参数设为 S_imag_min=-0.9、S_imag_max=0.9、S_imag_num_pts=50、S_real_min=-0.9、S_real_max=0.9、S_real_num_pts=50，该组参数为负载网络 S 参数，用于设置负载阻抗的仿真范围（参见 2.2.5 节）。

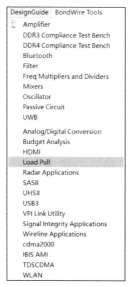

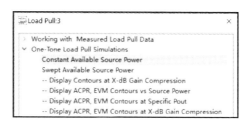

图 4.65　执行菜单命令

【DesignGuide】→【Load Pull】

图 4.66　【Load Pull】窗口

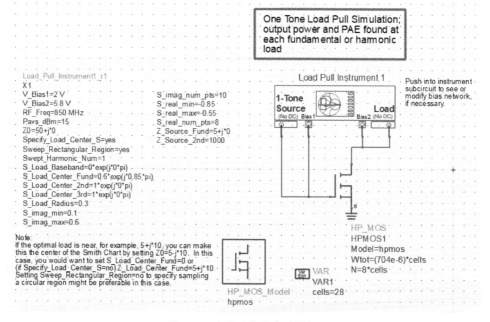

图 4.67　生成的负载牵引模板

　　将前文设计的输入部分电路加入晶体管输入部分（注意添加村田电容的库文件），并将输入阻抗参数改为 Z_Source_Fund=50+j*0；其余参数保持默认设置。

完成参数设置后的负载牵引仿真电路原理图如图 4.68 所示。

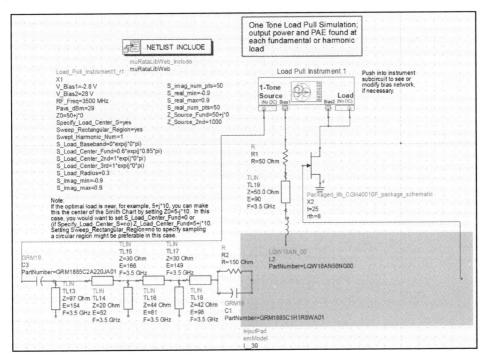

图 4.68　完成参数设置后的负载牵引仿真电路原理图

　　进行基波负载牵引前，应将负载牵引仪器中自带的输入隔直电容和偏置电感短路，单击【Load Pull Instrument1】仪器部分，单击工具栏上的的"下一层"图标，进入负载牵引模块内部设计，选中栅极处的隔直电容和电源电感，利用工具栏上的短路图标将其短路，如图 4.69 所示。

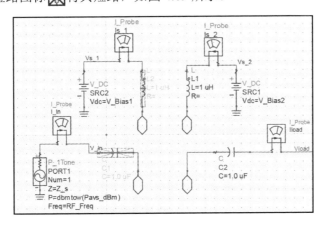

图 4.69　修改负载牵引模块内部电路结构

修改完毕后，单击工具栏上的"上一层"图标 ，返回负载牵引电路原理图。单击工具栏上的图标 进行仿真，得到的仿真结果如图 4.70 所示。

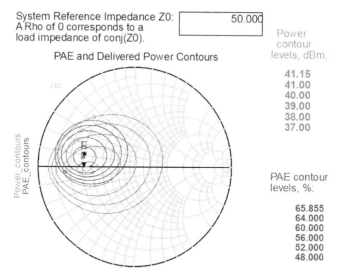

图 4.70　3.5GHz 下的负载牵引基波仿真结果

接下来，将在输出部分加入调节电路和晶体管焊盘，然后进行负载牵引仿真，以方便下一步的匹配网络设计。

2. 加入匹配网络之外的其他电路

选择【Folder View】选项卡，执行菜单命令【File】→【New】→【Layout...】，新建名为"OutputPad"的版图。

弹出版图窗口，单击工具栏上的长方形工具图标 ，绘制一条长度为 3.5mm、宽度为 1.6mm 的微带线，如图 4.71 所示。

图 4.71　输出端焊盘版图

　　此处的长度与宽度指的是所绘制微带线的线长与线宽。由于微带线朝向不同，文中所列线长和线宽不一定与 ADS 版图绘制界面中长方形图形的宽度（Width）和高度（Height）对应，须注意甄别。最好在绘制完成后，通过测量功能验证尺寸是否正确。

单击工具栏上的端口图标 ○⁻，在版图中添加端口。由于后续会将其用于整体版图内部，所以端口应向版图内部稍微移一些（此处统一内移 0.2mm）。在微带线左右两侧居中位置向内 0.2mm 添加两个端口，并在上方距离右端 0.5mm 向内 0.2mm 处添加一个端口，如图 4.72 所示。

图 4.72 添加端口后的输出端焊盘版图

单击工具栏上的 EM 设置图标 ⊞，弹出 EM 设置窗口，如图 4.73 所示。单击左侧栏中的【Substrate】，开始设置基板参数，确认基板为 RO4350B，

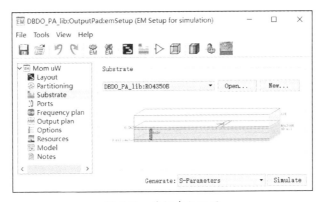

图 4.73 基板参数设置

返回 EM 设置窗口，在左侧列表框中选择【Frequency plan】，将第一条 Adaptive 的参数修改为 Fstart=0GHz、FStop=15GHz、Npts=1501(max)（此处截止频率通常设置为三次谐波，频率间隔为 10MHz；为了节约仿真时间，选择自适应点数），如图 4.74 所示。在左侧列表框中选择【Options】，选择【Mesh】选项卡，将【Mesh density】区域的【Cells/Wavelength】栏设置为 50（数字增大仿真更精确，但是速度更慢，应根据实际情况调整），选中【Edge mesh】选项，其余保持默认设置，如图 4.75 所示。

单击【Simulate】按钮开始仿真，仿真完毕后弹出仿真结果窗口。返回版图窗口，执行菜单命令【EM】→【Component】→【Create EM Model and Symbol...】，弹出【EM Model】窗口，将两个选项全部选中，单击【OK】按钮，即可创建版图元件。生成的版图元件如图 4.76 所示。

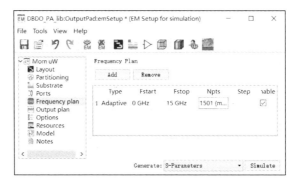

图 4.74　EM 仿真频率设置

图 4.75　EM 仿真 Mesh 设置

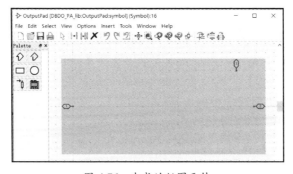

图 4.76　生成的版图元件

生成版图元件后，返回负载牵引电路原理图，单击工具栏上的器件库图标 🏛，将【OutputPad】元件添加到相应位置。

选中版图模型，单击工具栏上的模型选择图标 ⏚，弹出【Choose View for Simulation】窗口，选择【emModel】，单击【OK】按钮。

在元件面板列表【muRata Components】中选择 GRM18 系列电容，将其添加到焊盘后面，双击此电容，弹出【Edit Instance Parameters】对话框，将【PartNumber】修改为 756：GRM1885C2A681JA01。在元件面板列表【TLines-Ideal】中选择 4 条理想传输线（TLIN）⏚，将其添加到电路原理图中，按照抑制网络的连接方法组成两个支路，电长度设置为本频率下另一个频率 90°的换算值（3.5GHz 下的为 63°，5GHz 下的为 128.5°），并将仪器输入端口连接至 3.5GHz 支路。连接好的负载牵引仿真电路原理图如图 4.77 所示。

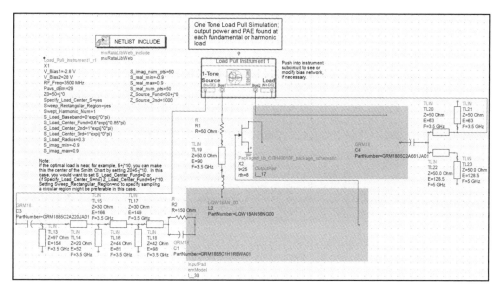

图 4.77　加入输出部分其他电路后的负载牵引仿真电路原理图

通常情况下，另一个支路接不同的负载会对负载牵引仿真结果产生影响，但在理想模型下，另一个支路不论接何种负载都可以等效于开路，故此处不作其他连接。同时，这种连接方法可以测试出每个支路抑制网络外的其他网络呈现出何种阻抗时，功率放大器的性能指标最佳。

由于此处已经添加了隔直电容，为了准确仿真，应将负载牵引仪器中的输出电容短路。单击【Load Pull Instrument1】仪器部分，单击工具栏上的的"下一层"图标 🖳，进入负载牵引模块内部设计，选中输出隔直电容，利用工具栏上的短路图标 ⊠ 将其短路，如图 4.78 所示。

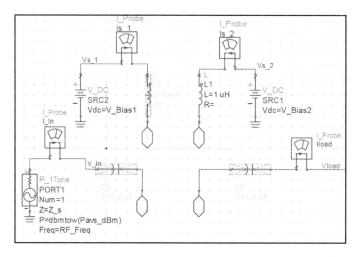

图 4.78　将模板中输出隔直电容短路

单击工具栏上的"上一层"图标 🔝 ，返回负载牵引电路原理图。单击工具栏上的图标 🌐 进行仿真，得到的仿真结果如图 4.79 所示。

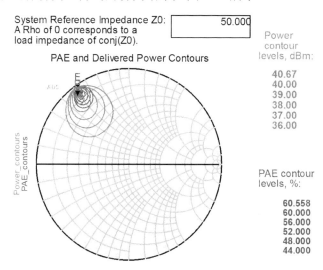

图 4.79　加入抑制网络后的 3.5GHz 支路负载牵引仿真结果

从仿真结果可以看出，虽然最优效率较高，但是最优效率的阻抗区域很小，这会导致匹配难度增高，很难取得较好的效果，因此应调整抑制网络参数。为了保持其特性，不能调整电长度；通过实验发现，将开路支节的特征阻抗增加，会使最优区域变大。因此，将 3.5GHz 支路抑制网络开路支节的特征阻抗调整为 Z=100Ohm，如图 4.80 所示。

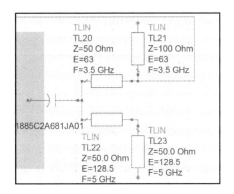

图 4.80 调整开路支节特征阻抗

再次仿真，得到的仿真结果如图 4.81 所示。

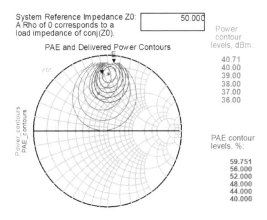

图 4.81 调整后 3.5GHz 支路负载牵引仿真结果

接下来进行二次谐波仿真，首先在基波仿真结果中找到最优效率点所在位置，它位于仿真结果窗口的左侧，如图 4.82 所示。

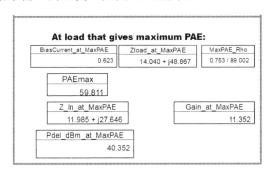

图 4.82 3.5GHz 基波阻抗负载牵引仿真结果 PAE 最优值

在图中找到【MaxPAE_Rho】，记住其幅值为 0.753，角度约为 89°，阻抗值（Zload_at_MaxPAE）约为 14+j49。返回负载牵引电路原理图，将参数修改为 Swept_Harmonic_Num=2、S_Load_Center_Fund = 0.753*exp(j*89*pi/180)。完成参数设置的电路原理图如图 4.83 所示。

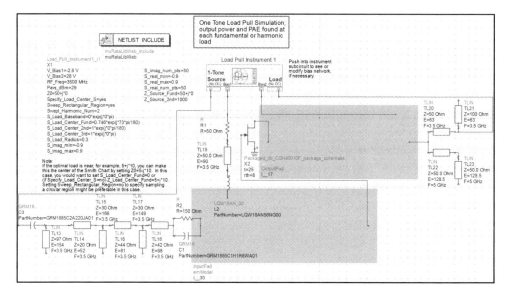

图 4.83　完成参数设置的电路原理图

单击工具栏上的图标 进行仿真，得到的仿真结果如图 4.84 所示。

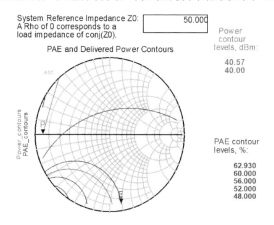

图 4.84　3.5GHz 下二次谐波阻抗负载牵引仿真结果

在与图 4.82 中同样的位置找到【MaxPAE_Rho】，记住其幅值为 1（由于设定最大值为 0.99，显示只有 0.99，但实际上谐波最优阻抗幅值应为 1），角度为

154°。返回负载牵引电路原理图，将参数修改为 Swept_Harmonic_Num=3、S_Load_Center_2nd = 1*exp(j*154*pi/180)。单击工具栏上的图标 ❖ 进行仿真，得到的仿真结果如图 4.85 所示。

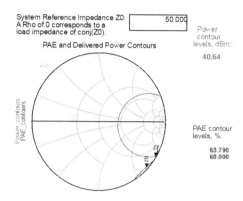

图 4.85　3.5GHz 下三次谐波阻抗负载牵引仿真结果

从仿真结果可以看出，三次谐波阻抗全区域都具有较高的效率和输出功率，且在 5GHz 的情况下也是如此，因此后续不再对三次谐波阻抗进行负载牵引仿真和电路层面的调节。

接下来对 5GHz 下的支路进行负载牵引仿真。进入负载牵引电路原理图，将输入端连接至 5GHz 支路，并将参数改为 Swept_Harmonic_Num=1、RF_Freq=5000MHz、S_Load_Center_2nd = 1*exp(j*0*pi/180)，如图 4.86 所示。

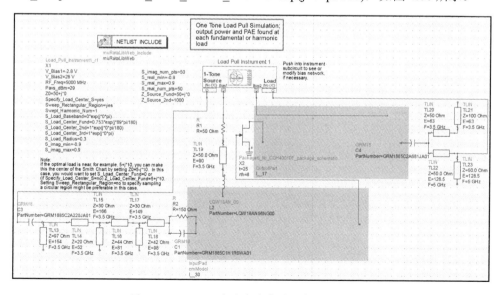

图 4.86　5GHz 下支路负载牵引仿真电路原理图

单击工具栏上的图标 ⊛ 进行仿真，得到的仿真结果如图 4.87 所示。

为了降低匹配难度，同另一支路一样，调整抑制网络的特征阻抗，将 5.0GHz 支路抑制网络传输线特征阻抗调整为 70Ω，支节特征阻抗调整为 40Ω，如图 4.88 所示。

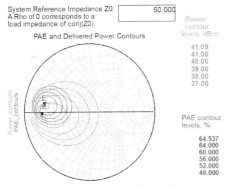

图 4.87　5.0GHz 支路负载牵引仿真结果

图 4.88　调整抑制网络特征阻抗

再次进行仿真，得到的仿真结果如图 4.89 所示。

在仿真结果中找到最优效率点，记住其幅值为 0.189，角度为 119°，阻抗值约为 39+j13。返回负载牵引仿真电路原理图，将参数修改为 Swept_Harmonic_Num=2、S_Load_Center_Fund = 0.189*exp(j*119*pi/180)。单击工具栏上的图标 ⊛ 进行仿真，得到的仿真结果如图 4.90 所示。

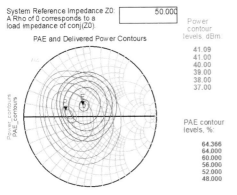

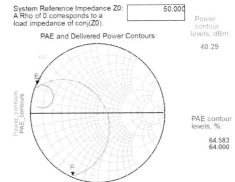

图 4.89　调整后 5.0GHz 支路负载牵引
仿真结果

图 4.90　5.0GHz 下二次谐波阻抗负载
牵引仿真结果

从仿真结果可以看出，5GHz 下二次谐波在大部分区域都处于高效率区，因此谐波调节主要关注如何避开低效率区域，这可以根据匹配需要进行更加灵活的调整。接下来，开始设计谐波调节电路。

3. 输出匹配网络仿真

接下来基于前文得到的最优谐波阻抗，进行谐波阻抗调节电路的设计。执行菜单命令【File】→【New】→【Schematic...】，新建名为"OUTMATCH"的电路原理图。打开电路原理图后，执行菜单命令【Insert】→【Template...】，弹出【Insert Template】对话框，选择【ads_templates：S_Params】，单击【OK】按钮，插入 S 参数扫描模板。

执行菜单命令【Tools】→【Smith Chart...】，调出史密斯圆图工具。在【Smith Chart Utility】对话框中，将【Freq（GHz）】改为 3.5，将 Zs^* 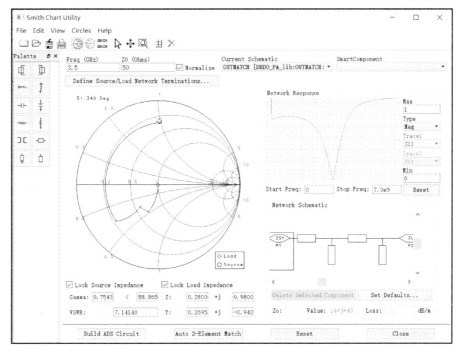（*代表共轭）设置为 14+j*49Ω，源阻抗点便会移至相应位置。负载阻抗 Z_L 可保持 50Ω 不变。后续进行匹配时，若想防止误操作移动源阻抗点或负载阻抗点，可选中【Lock Source Impedance】选项和【Lock Load Impedance】选项。

接下来添加匹配结构。单击左侧【Palette】中的开路支节图标，在史密斯圆图中调节，添加任意长度的支节；然后单击传输线图标，在史密斯圆图中调节，添加任意长度的传输线；重复上述操作，最终添加由两个支节和两条传输线交替出现的匹配结构，如图 4.91 所示。

图 4.91　使用史密斯圆图工具设计匹配网络

在右侧【Network Schematic】区域中选择靠近源阻抗的枝节，将【Value】栏设置为 45，如图 4.92 所示。

调整其他传输线和支节的电长度和特征阻抗，使整个网络达到匹配。注意：靠近源阻抗的传输线和支节具有调节二次谐波阻抗的作用，其电长度和阻抗的调整也应考虑网络所需的二次谐波阻抗值。具体参数下的二次谐波阻抗值可通过单独的仿真确定，此处不再赘述。

经过调整，使网络达成匹配，最终得出的 3.5GHz 下支路调节匹配网络参数如图 4.93 所示。

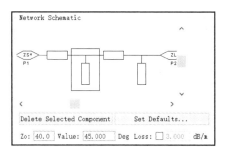

图 4.92 设定调节支节电长度

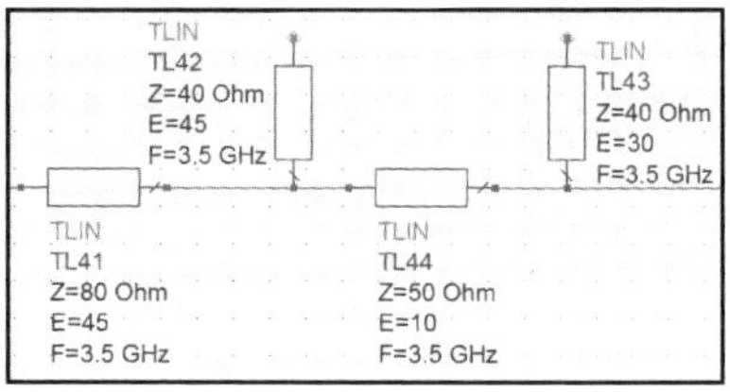

图 4.93 3.5GHz 下支路调节匹配网络参数

返回 OUTMATCH 电路原理图，将该结构加入 S 参数扫描模板中，双击 S 参数仿真器 S-PARAMETERS 或单击电路原理图中的参数，将频率参数设置为 Start=3GHz、Stop=10GHz、Step=0.01GHz。完成参数设置后的电路原理图如图 4.94 所示。

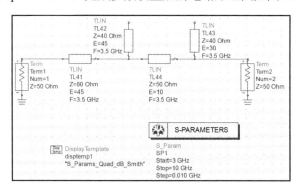

图 4.94 完成参数设置后的电路原理图

单击工具栏上的图标 进行仿真，弹出仿真结果窗口。找到 S（1,1）的史密斯圆图，执行菜单命令【Marker】→【New…】，在图中添加 3.5GHz 和 7.0GHz 两个曲线标记，双击两个曲线标记的数据显示框，弹出【Edit Marker Properties】窗口，选择【Format】选项卡，在右下角的归一化阻抗【Z_0】栏中选择 50Ω。得到的 3.5GHz 支路调节匹配网络阻抗仿真结果如图 4.95 所示。

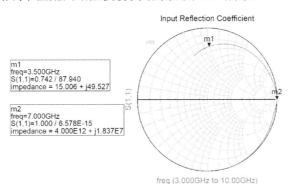

图 4.95　3.5GHz 支路调节匹配网络阻抗仿真结果

　　将这个仿真结果与前面的负载牵引仿真结果进行对比。由于基波和二次谐波最优阻抗区域的相对位置与无源网络随频率增长阻抗变化的自然趋势相反，受限于网络特性，在实现匹配的同时，谐波阻抗达到最优值的实现难度较大，且带宽牺牲多，因此，将二次谐波阻抗调节至远离低效率区域的中间值。同时，该网络在基波实现了较好的匹配。

　　按照同样的方法可以设计 5.0GHz 支路的调节匹配网络，最终得出的 5.0GHz 支路调节匹配网络参数如图 4.96 所示，得到的 5.0GHz 支路调节匹配网络阻抗仿真结果如图 4.97 所示。

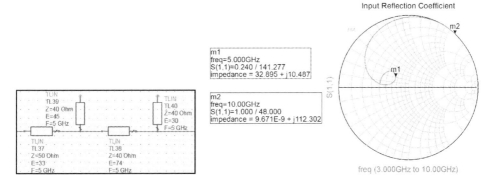

图 4.96　最终得出的 5.0GHz
支路调节匹配网络参数

图 4.97　5.0GHz 支路调节匹配网络
阻抗仿真结果

　　至此，输出匹配网络设计完成，功率放大器的各部分设计也已经初步完成，接下来进行电路原理图仿真。

4.3　双频双端口功率放大器的电路原理图仿真

电路原理图仿真是功率放大器总体仿真的第一步，它又分为两步，首先用前文设计的理想模型进行仿真，然后转化为实际参数微带线模型再进行仿真。转化为实际参数微带线模型时，应注意连接方式要贴近实际电路，并尽可能使用多种不同形状微带线元件。

4.3.1　理想模型仿真

执行菜单命令【File】→【New】→【Schematic...】，新建名为"SCH1"的电路原理图，然后执行菜单命令【Insert】→【Template...】，弹出【Insert Template】对话框，选择【ads_templates：S_Params】，单击【OK】按钮，插入 S 参数扫描模板。

将前文设计的电路全部复制到电路原理图中并进行连接，并复制端口 2（Term2），将其粘贴至另一个支路的输出处。在元件面板列表【Sources-Freq Domain】中选择直流电源（V_DC），添加两个直流电源到电路原理图中。输出部分的偏置电路采用大电感，由于偏差较小，可直接使用集总模型，在元件面板列表【Lumped-Components】中选择电感，添加一个电感到输出部分的偏置电路中，将其电感值设置为 L=1.3 uH。

双击 S 参数仿真器 或者单击电路原理图中的参数，将频率参数设置为 Start=3GHz、Stop=5.5GHz、Step=0.01GHz；双击栅极电源（图中为 SRC1）或单击其参数 Vdc，将电压参数设置为 Vdc=-2.8V；双击漏极电源（图中为 SRC2）或单击其参数 Vdc，将电压参数设置为 Vdc=28V。完成参数设置的电路原理图如图 4.98 所示。

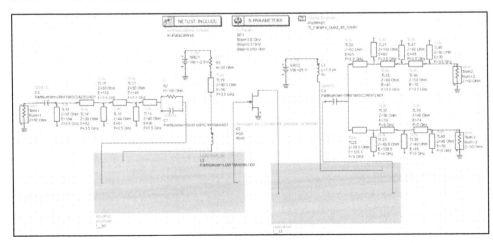

图 4.98　完成参数设置的电路原理图

　　单击工具栏上的图标 进行仿真，弹出仿真结果窗口。在结果窗口中找一处空白区域，单击左侧【Palette】控制板的 按钮，在空白区域单击鼠标左键放置图表，弹出【Plot Traces & Attributes】对话框，选择【Plot Type】选项卡，双击【Datasets and Equations】列表框中的【S（1,1）】，将目标参数加入【Traces】列表框（在弹出的【Complex Data】对话框中选择【dB】）；重复上述步骤，添加参数【S（2,1）】和【S（3,1）】。

　　在【Plot Traces & Attributes】对话框中选择【Plot Options】选项卡，在【Select Axis】列表框中选择【Y Axis】，取消【Auto Scale】选项的选中状态，将参数修改为 Min=−50、Max=20、Step=10，单击【OK】按钮。执行菜单命令【Marker】→【New…】，在 S（2,1）和 S（3,1）曲线图的目标频段添加曲线标记，得到的仿真结果如图 4.99 所示。

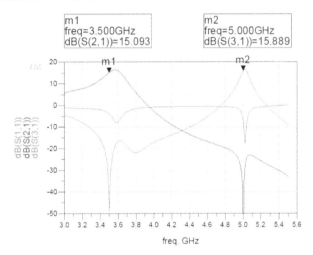

図 4.99　电路原理图 S 参数仿真结果

　　从仿真结果可以看出，功率放大器的 S 参数曲线出现了一定的频偏，根据 S（1,1）和 S（2,1）、S（3,1）频偏一致的现象，可以初步判断其产生的原因是输入匹配的误差。

　　接下来对输入匹配网络进行调节。首先设置输入匹配网络的调节参数，双击输入匹配网络中任意一条传输线，打开【Edit Instance Parameters】对话框，如图 4.100 所示。选中想要调节的参数，单击【Tune/Opt/Stat/DOE Setup…】按钮，弹出【Setup】对话框，如图 4.101 所示。在【Tuning】选项卡的【Tuning Status】栏中选择【Enabled】，将参数的【Minimum Value】、【Maximum Value】、【Step Value】按照调节所需设置到合适的值。

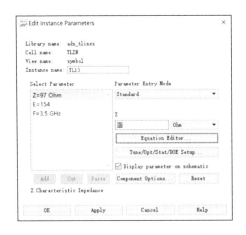

图 4.100 【Edit Instance Parameters】对话框

图 4.101 【Setup】对话框

说明

2015 版本 ADS 存在 BUG，默认状态下添加电长度的调节选项会出问题，因此在添加后，应将参数中的单位 "deg" 删除，如图 4.102 和图 4.103 所示。

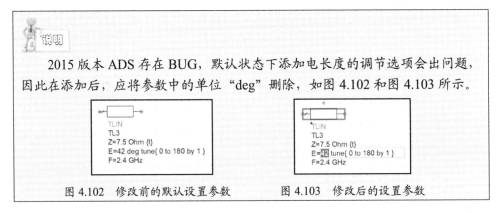

图 4.102 修改前的默认设置参数　　图 4.103 修改后的设置参数

采用类似方法，为输入匹配网络所有传输线添加调节参数。除了上述方法，也可以直接把调节代码添加进参数（参见 1.3.1 节）；也可在设置完一条传输线的调节参数后，将调节代码复制到其他传输线中，这样效率会大为提升。

完成参数设置后的输入匹配网络如图 4.104 所示。

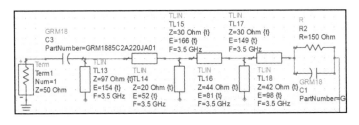

图 4.104 完成参数设置的输入匹配网络

单击工具栏上的参数调节图标 🔧，弹出【Tune Parameters】对话框，如图 4.105 所示。

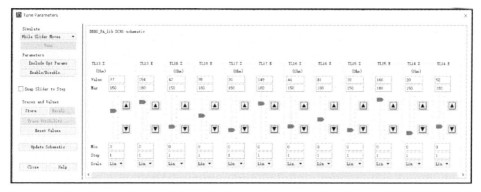

图 4.105 【Tune Parameters】对话框

同时打开 SCH1 的仿真结果图和【Tune Parameters】对话框，可以发现调节对话框中的参数，仿真结果曲线也会随之改变。调节各项参数（本案例调节了 TL16.Z、TL17.E 和 TL18.E，读者可根据实际设计模型自行调节），使仿真结果达到预期效果。完成调节后的输入匹配网络参数如图 4.106 所示，完成调节后的电路原理图 S 参数仿真结果如图 4.107 所示。

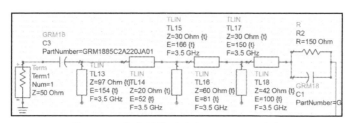

图 4.106 完成调节后的输入匹配网络参数

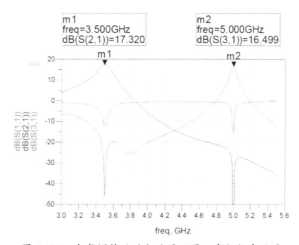

图 4.107 完成调节后的电路原理图 S 参数仿真结果

接下来进行大信号仿真。由于是双频功率放大器，因此不宜采用功率与频率同时扫描的方法，而应对两个频点分别进行功率扫描和频率扫描。

首先将 SCH1 电路原理图元件化。单击工具栏上的端口图标 ⊶，给 SCH1 电路原理图中的 I/O 端和供电端添加端口，如图 4.108 所示（说明：如果端口的方向与图中的不同，生成的元件可能与书中的不一样，但对仿真结果没有影响）。

如图 4.109 所示，在主界面【Folder View】选项卡处用鼠标右键单击【SCH1】的 Cell，在弹出的菜单中选择【New Symbol】，弹出【New Symbol】对话框，如图 4.110 所示；单击【OK】按钮，弹出【Symbol Generator】对话框，如图 4.111 所示；选择【Auto-Generate】选项卡，在【Symbol Type】区域选中【Quad】选项，在【Order Pins by】区域选中【Orientation/Angle】选项，单击【OK】按钮，生成电路原理图元件，如图 4.112 所示。

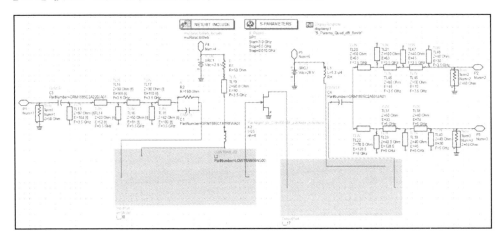

图 4.108　添加端口后的电路原理图

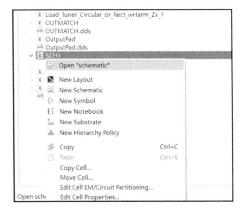

图 4.109　用鼠标右键单击【SCH1】的 Cell

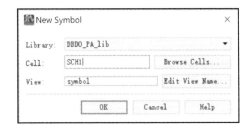

图 4.110　【New Symbol】对话框

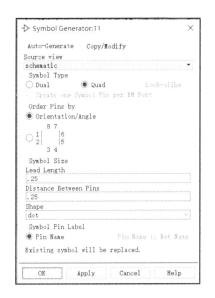

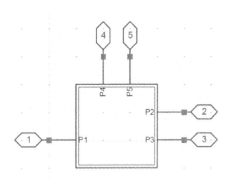

图 4.111　【Symbol Generator】对话框　　　图 4.112　创建好的电路原理图元件

电路原理图元件创建完毕后，生成大信号仿真电路原理图。

任意打开一张电路原理图，按图 4.113 所示执行菜单命令【DesignGuide】→【Amplifier】，打开【Amplifier】窗口，如图 4.114 所示；选择【1-Tone Nonlinear Simulations】→【Spectrum，Gain，Harmonic Distortion vs. Power （w/PAE）】模板，然后单击【OK】按钮生成大信号功率扫描模板，如图 4.115 所示。

图 4.113　执行菜单命令
【DesignGuide】→【Amplifier】

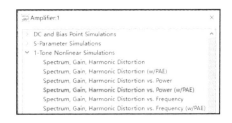

图 4.114　【Amplifier】窗口

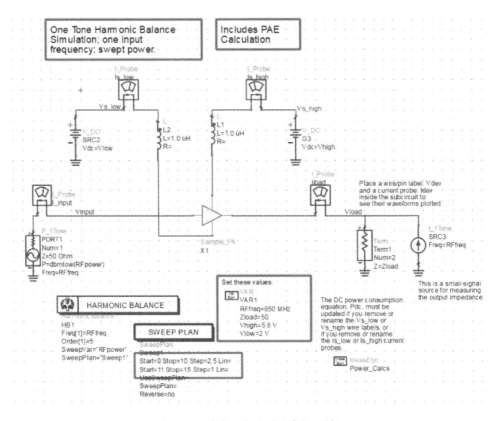

图 4.115　生成的大信号功率扫描模板

将默认模板中间的晶体管删除，选中供电处的两个电感，单击工具栏中的短路图标 将其短路。单击左上方工具栏中的器件库图标 ，弹出器件库窗口，将【SCH1】添加至电路原理图中。添加后将相应端口连接至相应位置。其中，模板输出端连接 3.5GHz 支路的端口，并且在另一个端口外添加 50Ω 电阻并接地。

找到【VAR1】变量控件，双击控件或单击参数，将参数设置为 RFfreq=3500MHz、Vhigh=28、Vlow=−2.8，该组参数为电路参数；双击【SWEEP PLAN】控件，弹出【Edit Instance Parameters】对话框，单击【Add】按钮，添加新的扫描段，将新增段的参数修改为 Start=15、Stop=32、Stepsize=0.5，单击【OK】按钮。完成参数修改后的电路原理图如图 4.116 所示。

单击中间的【SCH1】，然后单击工具栏上的"下一层"图标 ，进入该元件的电路原理图，利用工具栏上的禁用图标 ，将电源元件【SRC1】和【SRC2】，端口元件【Term1】、【Term2】和【Term3】，以及 S 参数仿真控件【SP1】禁用，如图 4.117 所示。

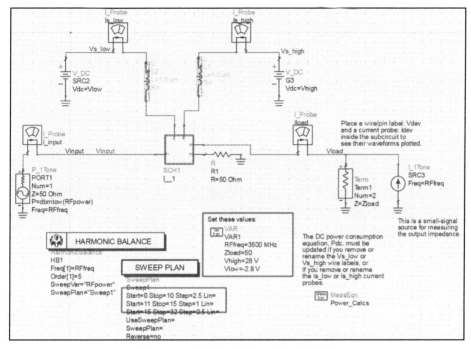

图 4.116　完成参数修改后的电路原理图

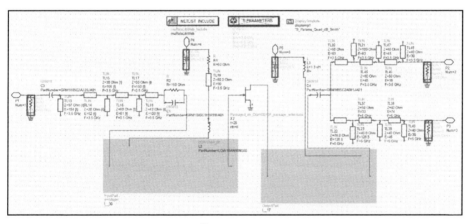

图 4.117　禁用 SCH1 的端口和电源

禁用端口后，单击工具栏上的"上一层"图标 ，返回功率扫描电路原理图。

单击工具栏上的图标 进行仿真，弹出仿真结果窗口。在仿真结果窗口下方，选择【Spectrum, Gain, Harmonics】选项卡，即可查看大信号仿真结果。得到的 3.5GHz 支路大信号功率扫描仿真结果如图 4.118 所示。

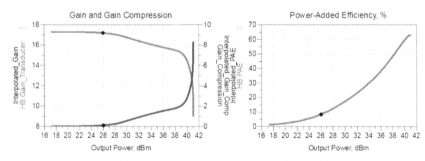

图 4.118　3.5GHz 支路大信号功率扫描仿真结果

接下来仿真 5.0GHz 支路。在功率扫描模板中，将两个支路的端口所连接的电路对调，将 5.0GHz 支路连接到模板输出端，3.5GHz 支路通过 50Ω 电阻接地；将频率参数修改为 RFfreq=5000MHz，如图 4.119 所示。

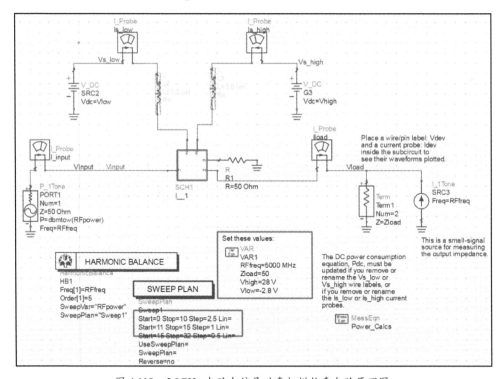

图 4.119　5.0GHz 支路大信号功率扫描仿真电路原理图

单击工具栏上的图标🖲进行仿真，得到的 5.0GHz 支路大信号功率扫描仿真结果如图 4.120 所示。

下面进行频率扫描仿真。任意打开一张电路原理图，执行菜单命令【DesignGuide】→【Amplifier】，打开【Amplifier】窗口，选择【1-Tone Nonlinear

Simulations】→【Spectrum，Gain，Harmonic Distortion vs. Frequency（w/PAE）】
模板，然后单击【OK】按钮，生成大信号频率扫描模板。

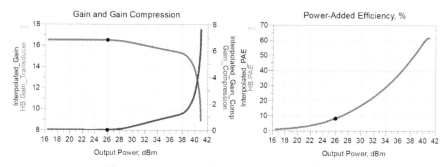

图 4.120　5.0GHz 支路大信号功率扫描仿真结果

将默认模板中间的晶体管删除，选中供电电源处的两个电感，利用工具栏上
的短路图标▩将其短路。单击工具栏上的器件库图标▦，打开器件库窗口，将
【SCH1】添加至电路原理图中，将模板输出端连接 3.5GHz 支路的端口，并在另
一个端口处添加 50Ω 电阻并接地。找到【VAR1】变量控件，将参数设置为
RFpower=29_dBm、Vhigh=28、Vlow=-2.8；找到【HARMONIC BALANCE】控
件，将参数修改为 Start=3300MHz、Stop=3700MHz、Step-size=10MHz。完成参
数设置的电路原理图如图 4.121 所示。

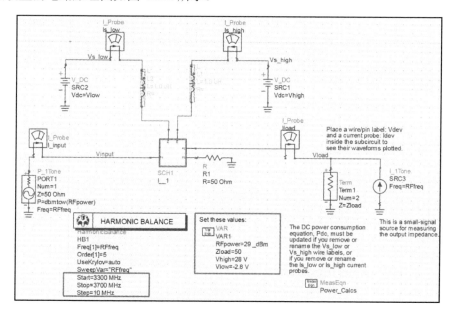

图 4.121　完成参数设置的电路原理图

311

单击工具栏上的图标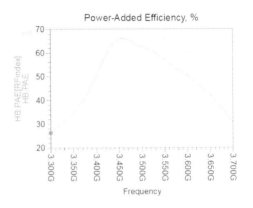进行仿真，打开仿真结果窗口，找到表【Power-Added Efficiency, %】，得到的3.5GHz支路大信号频率扫描仿真结果如图4.122所示。

从仿真结果可以看出，最佳效率点发生了一定的偏移，但幅度不大，这可以在后续其他模型中再进行调节。

接着仿真 5.0GHz 支路。返回频率扫描电路原理图，将两个支路的端口所连接的电路对调：将 5.0GHz 支路连接到模板输出端，3.5GHz 支路连接到 50Ω 接地电阻。为了方便后续更换频率进行仿真，找到【HARMONIC BALANCE】控件，将其复制一份到空白处，并将复制的控件参数修改为

图 4.122　3.5GHz 支路大信号频率扫描仿真结果

Start=4800MHz、Stop=5200MHz、Step=10MHz。选中原来的【HARMONIC BALANCE】控件，利用工具栏上的禁用图标 （注意：禁用图标与短路图标是不同的图标）将其禁用。完成修改的电路原理图如图 4.123 所示。后续若要换频率仿真，只须将相应支路的端口对调，再禁用除目标频率外的其他控件即可。

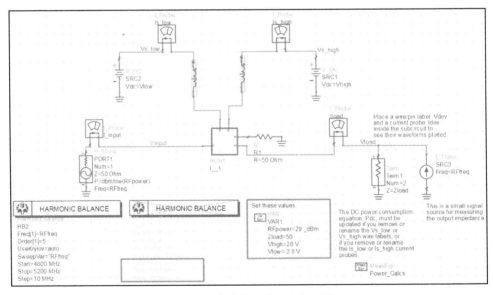

图 4.123　完成修改的电路原理图

单击工具栏上的图标 进行仿真，得到的 5.0GHz 支路大信号频率扫描仿真

结果如图 4.124 所示。

4.3.2　微带线模型仿真

理想模型采用的是理想的传输线模型，这与现实中各种形式的传输线有一定的差别。因此，在理想模型仿真完毕后，应进行微带线模型的电路原理图仿真。ADS 提供丰富的微带线元件，并可以轻松转化为版图。

执行菜单命令【File】→【New】→【Schematic…】，新建名为"SCH2"的电路原理图。将 SCH1 电路原理图中的元件复制到

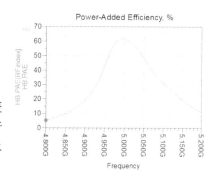

图 4.124　5.0GHz 支路大信号频率扫描仿真结果

SCH2 电路原理图中，删掉所有理想传输线模型。接下来将理想的传输线模型转化为实际的微带线模型。

打开 SCH2 电路原理图，执行菜单命令【Tools】→【LineCalc】→【Start LineCalc】，弹出【LineCalc/untitled】对话框，如图 4.125 所示。

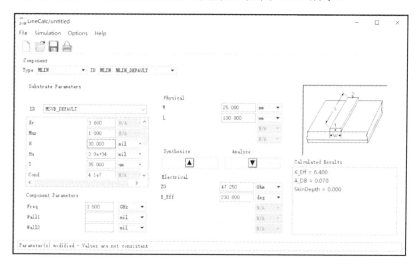

图 4.125　【LineCalc/untitled】对话框

将本案例所用 RO4350B 板材的参数输入【LineCalc/untitled】对话框。将【Substrate Parameters】区域的参数修改为 Er=3.66、H=30mil、T=35um、TanD=0.0035，其他参数保持默认设置（注意：3.66 为 RO4350B 的设计推荐值，与生产实际值有所不同）；将【Components Parameters】区域的参数修改为 Freq=3.5GHz，将【Physical】区域的单位全部修改为【mm】。

至此，参数设置完毕，之后只须将阻抗和电长度参数输入【Electrical】区域，单击【Synthesize】按钮 中的三角箭头，即可换算出相应的微带线长宽，如图 4.126 所示。

将 SCH1 电路原理图中的理想传输线参数换算成微带线参数，并将相应模型加入SCH2 电路原理图中。注意：换算 5.0GHz 支路时，应将【LineCalc/untitled】对话框中的频率改为 Freq=5.0GHz。

打开 SCH2 电路原理图，在元件面板列

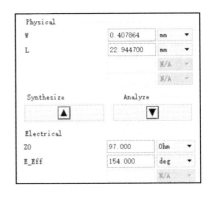

图 4.126 微带线长宽计算

表【TLines-Microstrip】中选择板材基板控件 MSUB ，将其添加至空白处，并将其参数修改为 Er=3.66、H=30mil、T=35um、TanD=0.0035，其他参数保持默认设置；在元件面板列表【TLines-Microstrip】中选择微带线模型 MLIN 和开路支节 MLOC 若干，将其添加至电路原理图中，按照 SCH1 电路原理图中的结构进行连接。

将电路原理图中所有微带线参数设置为用【LineCalc/untitled】对话框计算出的参数。完成参数设置的电路原理图如图 4.127 所示。

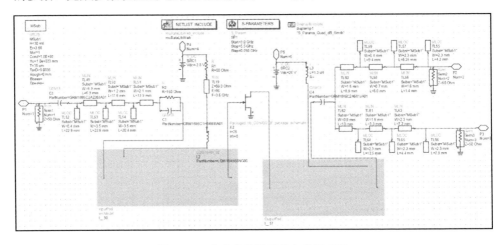

图 4.127 完成参数设置的电路原理图

由于理想传输线模型为理想连接，在转化为微带线模型后，应将其变更为实际的连接方式，以贴近实际情况，也更便于将其转换为版图。另外，将微带线模型变量化，可以使参数更加直观，调节起来更加方便，并且增加工程规范程度。

将抽象连接转化为实际连接的主要步骤是加入各个连接模块。在本案例中，

3 条微带线之间的连接应使用"T"形支节（MTee）　，遇到宽度变化的地方应插入渐变传输线（MTAPER）　。对于输出网络，两个支路应从"T"形支节处向外圆角弯曲，因此要添加圆角微带线（Mcurve）　；在输入部分和输出部分，还要分别添加一个 50Ω 的微带线作为 SMA 接头焊盘。

由于转化后参数数量变多，并且部分参数之间有较强的关联性，因此要将微带线模型部分参数变量化，并添加调节参数。

> 连接模块本身具有长度，因此在接入连接模块后，应根据情况调整微带线长度，同时加入的弯曲部分也会拆散一条完整的微带线，在变量化的情况下，应准确使用公式来表示每段微带线的长度。

修改完毕并变量化后的微带线电路原理图如图 4.128 和图 4.129 所示。

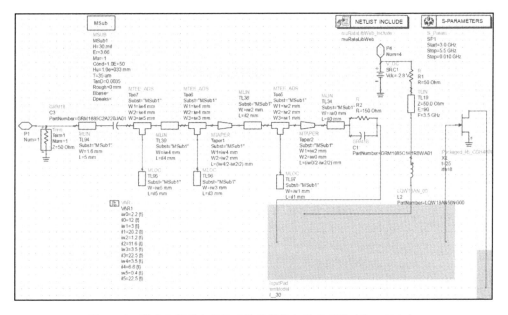

图 4.128　修改完毕并变量化后的微带线电路原理图（输入部分）

由于转化后的结构变化较大，仿真结果会有一定的偏差，因此要进行参数调节。由于所有变量均已设置好调节参数，因此进入 SCH2 电路原理图后，可以直接单击工具栏上的参数调节图标　，进入调节模式，弹出【Tune Parameters】对话框，如图 4.130 所示。

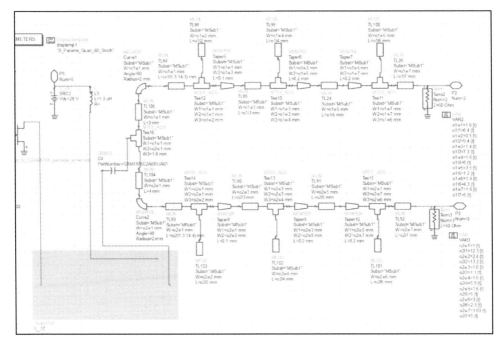

图 4.129　修改完毕并变量化后的微带线电路原理图（输出部分）

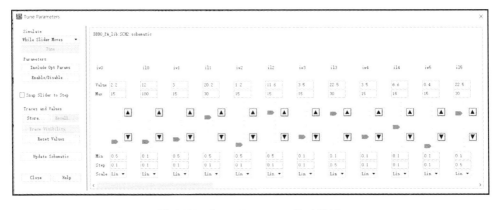

图 4.130　【Tune Parameters】对话框

根据仿真结果调整电路参数，直至指标达到要求为止。调整好小信号电路原理图的指标后，接着进行大信号指标调节。

进入 SCH2 电路原理图，利用工具栏上的禁用图标⊠将电源元件【SRC1】和【SRC2】、端口元件【Term1】和【Term2】、S 参数仿真控件【SP1】、结果模板【Display Template】禁用。

在主界面【Folder　View】选项卡处用鼠标右键单击【SCH2】的 Cell，在弹出的菜单中选择【New Symbol】，弹出【New Symbol】窗口；单击【OK】按钮，弹出【Symbol Generator】对话框，在【Symbol Type】区域选中【Quad】选项，在【Order Pins by】区域选中【Orientation/Angle】选项，单击【OK】按钮，生成电路原理图元件。

进入 HB1TonePAE_Fswp 和 HB1TonePAE_Pswp 电路原理图，将原先放置的电路原理图元件替换为 SCH2 电路原理图元件。单击工具栏上的参数调节图标 ，进入调节模式。将两个支路的指标分别调至最佳，最终得到的整体调节参数和仿真结果如图 4.131 至图 4.135 所示。

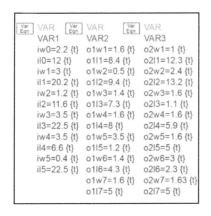

图 4.131　调节得到的结果参数

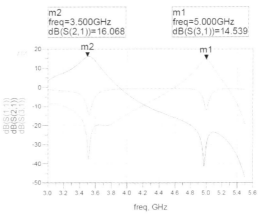

图 4.132　调节后的 S 参数仿真结果

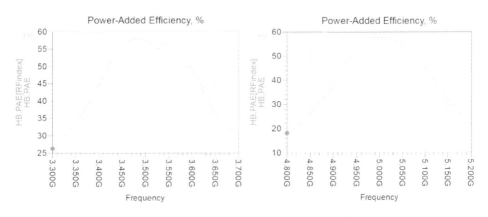

图 4.133　调节后的大信号频率扫描仿真结果

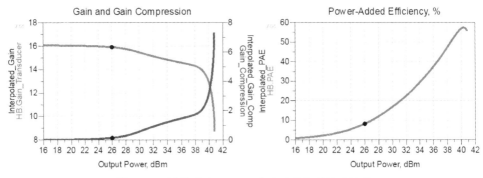

图 4.134 调节后的 3.5GHz 支路功率扫描仿真结果

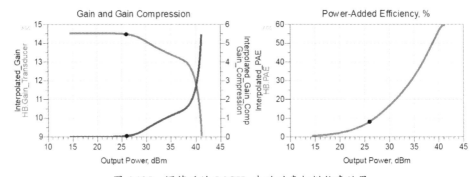

图 4.135 调节后的 5.0GHz 支路功率扫描仿真结果

从仿真结果可以看出，调节后的功率放大器的两个支路均取得了良好的仿真效果。

4.4 双频双端口功率放大器的 ADS 版图联合仿真

本节将对功率放大器不同部分的电路分别进行版图仿真，也就是将每个部分的网络分别进行仿真，然后再整合进电路原理图进行联合仿真，这样可以提升仿真效率。

4.4.1 分离式版图仿真

回到【Folder View】选项卡，执行菜单命令【File】→【New】→【Schematic...】，新建名字为"INMATCH_Layout"的电路原理图。将 SCH2 电路

原理图中的输入匹配网络复制到 INMATCH_Layout 电路原理图中（注意复制变量控件），如图 4.136 所示。

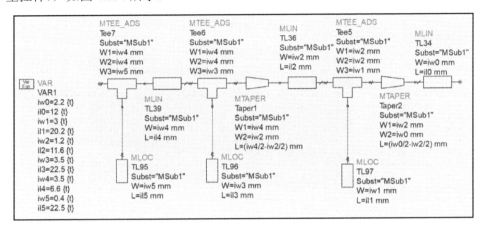

图 4.136　复制好的输入匹配网络

按图 4.137 所示执行菜单命令【Layout】→【Generate/Update Layout…】，弹出【Generate/Update Layout】对话框，如图 4.138 所示；保持默认参数设置，单击【OK】按钮，打开版图界面，如图 4.139 所示。

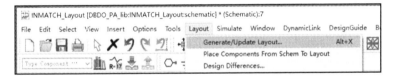

图 4.137　执行菜单命令【Layout】→【Generate/Update Layout…】

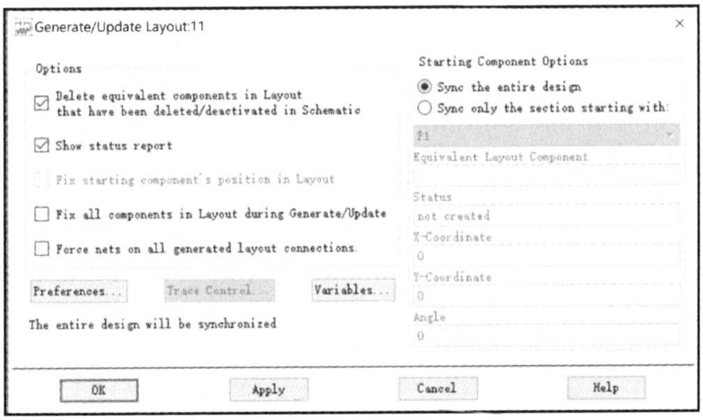

图 4.138　【Generate/Update Layout】对话框

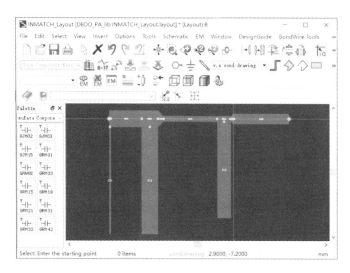

图 4.139　初步生成的版图

由于生成的版图模型已经成形，无须调整。单击工具栏上的端口图标 ⊙⁻，直接在版图的左右两端添加端口（由于是内部网络，为了与后续整体仿真保持一致，将端口向内移动 0.2mm），如图 4.140 所示。

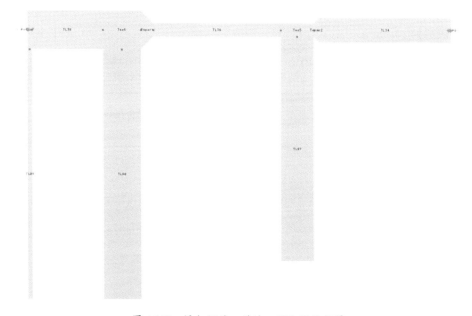

图 4.140　添加好端口的输入匹配网络版图

单击工具栏上的 EM 设置图标 ，打开 EM 设置窗口，单击左侧栏中的【Substrate】，进入基板设置窗口，确认基板为 RO4350B。

在左侧列表框中选择【Frequency plan】，将第一条 Adaptive 的参数修改为 Fstart=0GHz、 FStop=15GHz、 Npts=1501(max)。 在左侧列表框中选择【Options】，在【Simulation Options】区域选择【Mesh】选项卡，将【Mesh density】区域的【Cells/Wavelength】栏设置为 50，选中【Edge mesh】选项，其他选项保持默认设置。单击【Simulate】按钮开始仿真，仿真完毕后，弹出仿真结果窗口。返回版图窗口，执行菜单命令【EM】→【Component】→【Create EM Model and Symbol...】，弹出【EM Model】窗口，将两个选项全部选中，单击【OK】按钮，即可创建版图元件，如图 4.141 所示。

图 4.141　生成的版图元件

执行菜单命令【File】→【New】→【Schematic...】，新建名为"SCH3"的电路原理图。将 SCH2 电路原理图中的元件复制到 SCH3 电路原理图中，并删掉输入匹配网络的传输线模型。单击工具栏上的器件库图标 📖 ，将【INMATCH_Layout】元件添加到相应位置，如图 4.142 所示。

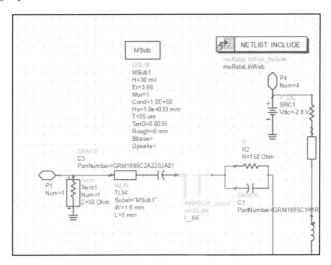

图 4.142　SCH3 电路原理图输入部分电路连接

选中输入匹配网络的版图模型，单击工具栏上的模型选择图标 ⁺ ，在弹出的【Choose View for Simulation】窗口中选择【emModel】，单击【OK】按钮。

单击工具栏上的图标 🔧 进行仿真，得到的输入部分版图化后 S 参数仿真结果如图 4.143 所示。

从仿真结果可以看出，版图模型相较于微带线模型产生了一定程度的频率偏移，应进行调节。在【INMATCH_Layout】中修改相应微带线参数后，执行菜单命令【Layout】→【Generate/Update Layout】，弹出【Generate/Update Layout】对话框，单击【OK】按钮。

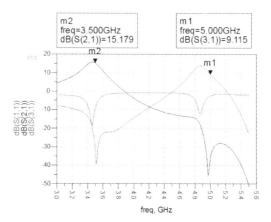

图 4.143　输入部分版图化后 S 参数仿真结果

转化完成后，打开版图界面查看原先的电路连接和端口是否需要调整，检查、调整完毕后，再次仿真。执行菜单命令【EM】→【Component】→【Create EM Model and Symbol...】，弹出【EM Model】窗口，将两个选项全部选中（如果不想频繁变动调整元件，可以取消【Create symbol "symbol"】选项的选中状态，此选项仅与元件形状相关，并不影响模型仿真结果），单击【OK】按钮。

最终调节好的输入匹配网络版图参数如图 4.144 所示，由此得到的仿真结果如图 4.145 所示。

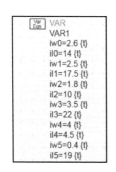

图 4.144　调节好的输入匹配
网络版图参数

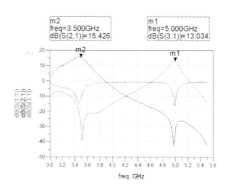

图 4.145　调节好输入匹配网络版图后的
仿真结果

接下来进行输出匹配网络的版图化。回到【Folder View】选项卡，执行菜单命令【File】→【New】→【Schematic...】，新建名为"OUTMATCH_Layout"的

电路原理图。将 SCH2 电路原理图中的输入匹配网络复制到 OUTMATCH
_Layout 电路原理图中（注意复制变量控件），如图 4.146 所示。

执 行 菜 单 命 令 【 Layout 】 → 【 Generate/Update Layout 】， 弹 出
【Generate/Update Layout】对话框，保持默认参数设置，单击【OK】按钮，打开
版图界面。单击工具栏上的端口图标 ⊙，在版图上添加 3 个端口，其中两个输
出端口连接在微带线边缘，而输入端口向内移动 0.2mm，如图 4.147 所示。

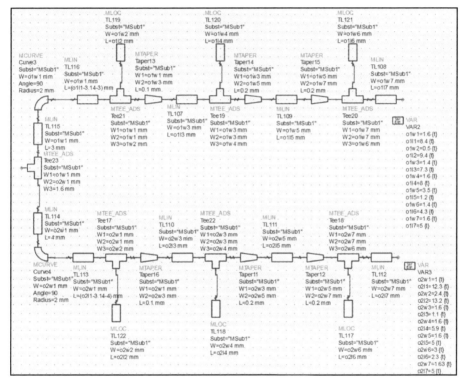

图 4.146　复制好的输出匹配网络

单击工具栏上的 EM 设置图标 🔳，弹出 EM 设置窗口，单击左侧栏中的
【Substrate】，进入基板设置窗口，确认基板为 RO4350B。

在左侧列表框中选择【Frequency plan】，将第一条 Adaptive 的参数修改为
Fstart=0GHz 、 FStop=15GHz 、 Npts=1501(max)。 在 左 侧 列 表 框 中 选 择
【Options】，在【Simulation Options】区域选择【Mesh】栏，将【Mesh density】
区域的【Cells/Wavelength】栏设置为 50，选中【Edge mesh】选项，其他选择保
持默认设置。单击【Simulate】按钮开始仿真，仿真完毕后，弹出仿真结果窗
口。返回版图窗口，执行菜单命令【EM】→【Component】→【Create EM
Model and Symbol...】，弹出【EM Model】窗口，将两个选项全部选中，单击

【OK】按钮，即可创建版图元件，如图 4.148 所示。

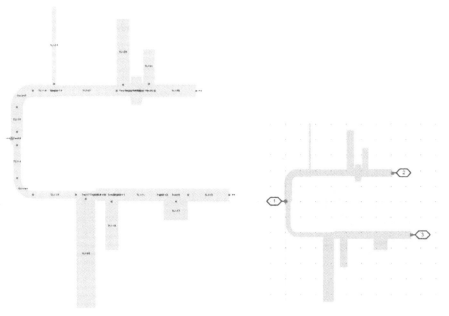

图 4.147　添加好端口的输出匹配网络版图　　　　图 4.148　生成的版图元件

将输出匹配网络版图元件添加到 SCH3 电路原理图中，如图 4.149 所示。

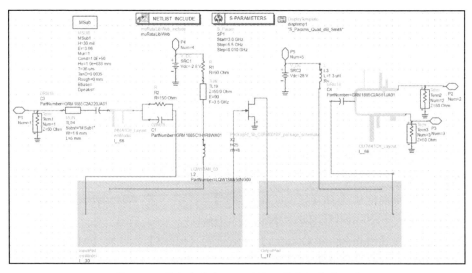

图 4.149　添加完输出匹配网络版图的电路原理图

单击工具栏上的图标 进行仿真，得到的输出部分版图化后 *S* 参数仿真结果如图 4.150 所示。

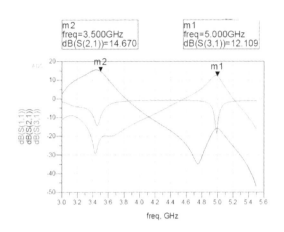

图 4.150　输出部分版图化后 S 参数仿真结果

　　输出网络的指标应配合大信号仿真。首先创建 SCH3 电路原理图元件。在主界面【Folder View】选项卡处用鼠标右键单击【SCH3】的 Cell，在弹出的菜单中选择【New Symbol】，弹出【New Symbol】对话框；单击【OK】按钮，弹出【Symbol Generator】对话框，在【Symbol Type】区域选中【Quad】选项，在【Order Pins by】区域选中【Orientation/Angle】选项；单击【OK】按钮，生成电路原理图元件。

　　进入 SCH3 电路原理图，利用工具栏上的禁用图标⊠将电源元件【SRC1】和【SRC2】、端口元件【Term1】和【Term2】、S 参数仿真控件【SP1】、结果模板【Display Template】禁用。

　　进入 HB1TonePAE_Fswp 电路原理图，将原先放置的电路原理图元件替换为 SCH3 电路原理图，然后分别仿真两条支路两个频率下的效率，得到的仿真结果如图 4.151 所示。

　　从仿真结果可以看出，将输出匹配网络转化为版图模型后，指标产生了一定程度的偏移，因此应对输出匹配网络进行调节。同时，为了贴合实际电路的接头焊接间距要求，要将两条支路的间距进一步拉开，将版图中 5GHz 支路的纵向长度拉长，与这一步骤对应的电路原理图中的参数调整如图 4.152 所示。经过调整的传输线为图中的 TL114 和 TL113，TL114 长度由 4mm 改为 8mm，TL113 中扣除的长度也相应增加。

　　经过调节的输出匹配网络最终参数和版图如图 4.153 和图 4.154 所示。

　　修改好输出网络版图后，对 SCH3 电路原理图进行 S 参数仿真，仿真结果如图 4.155 所示。

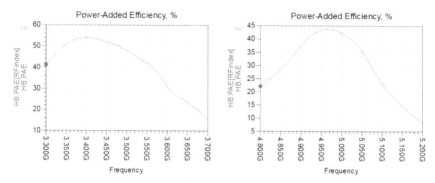

图 4.151　版图模型大信号频率扫描仿真结果

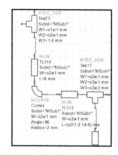

图 4.152　经过调整的电路原理图局部

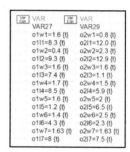

图 4.153　调节好后的输出匹配网络版图参数

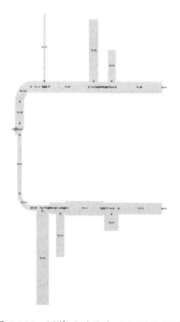

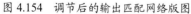

图 4.154　调节后的输出匹配网络版图

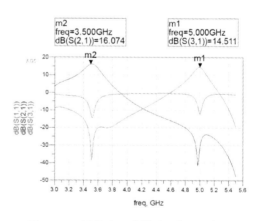

图 4.155　调节后版图模型 S 参数仿真结果

随后创建原理图元件，并导入【HB1TonePAE_Fswp】和【HB1TonePAE_Pswp】扫描模板中进行仿真，得到的仿真结果如图 4.156 至图 4.158 所示。

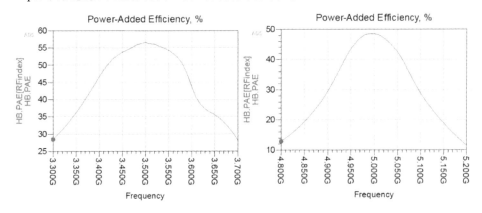

图 4.156　调节后版图模型大信号频率扫描仿真结果

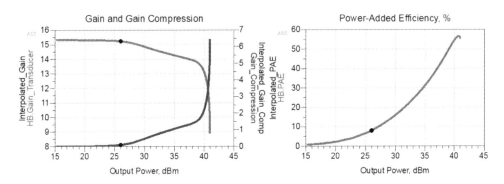

图 4.157　调节后 3.5GHz 支路功率扫描仿真结果

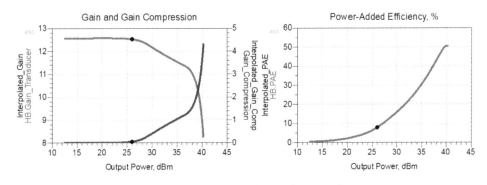

图 4.158　调节后 5.0GHz 支路功率扫描仿真结果

从仿真结果可以看出，各部分调节完毕后，整体在两个工作频段上均取得了良好的效果。接下来将各部分组合，进行整体版图仿真。

4.4.2　整体版图仿真

返回【Folder View】选项卡，执行菜单命令【File】→【New】→【Schematic...】，新建名为"SCH4_Layout"的电路原理图。将 INMATCH_Layout、OUTMATCH_Layout、SCH3 电路原理图中的电路复制到 SCH4_Layout 电路原理图中，用 INMATCH_Layout、OUTMATCH_Layout 电路原理图中的微带线模型替换 SCH3 电路原理图中的输入/输出匹配网络。

为了合理安排电源接口布局，将栅极供电处的传输线进行弯曲处理，在 SCH4_Layout 电路原理图中，将栅极偏置电路中的传输线替换为如图 4.159 所示的结构。

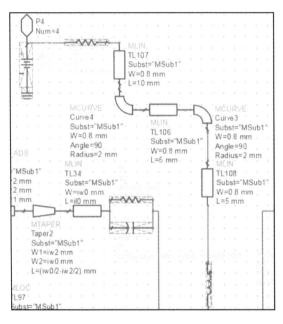

图 4.159　修改后的栅极偏置电路结构

利用工具栏上的禁用图标 ⊠，将除微带线和端口外的所有元件禁用，仅保留微带线、变量参数和基板参数控件，如图 4.160 所示。

执行菜单命令【Layout】→【Generate/Update Layout】，弹出【Generate/Update Layout】对话框，保持默认参数设置，单击【OK】按钮，打开版图界面。初步生成的版图有些杂乱。按照设计方案将各个部件布置好，注意所有贴片元件的焊盘间距为 0.7mm，晶体管焊盘间距为 4.4mm，焊盘之间按照接口对齐，布置好的版图如图 4.161 所示。此处有一个端口未连接微带电路，它将连接到后续绘制的电源焊盘。

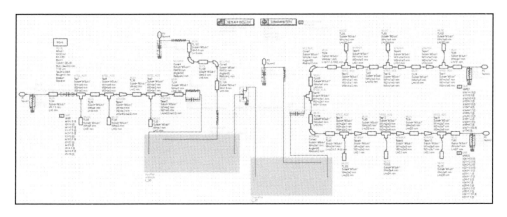

图 4.160　禁用所有非微带线元件

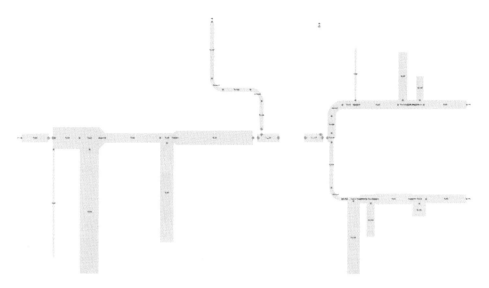

图 4.161　初步布置的电路版图

接着绘制电源焊盘和接地焊盘。单击工具栏上的长方形工具图标▭，在版图的电源输入部分绘制焊盘，并在其周围绘制接地区块。电源部分的焊盘尺寸及放置位置没有严格规定，可根据实际使用电容元件的规格来设计。输出部分采用大电感，因此焊盘间距较大。绘制好电源焊盘与接地焊盘的版图如图 4.162 所示。

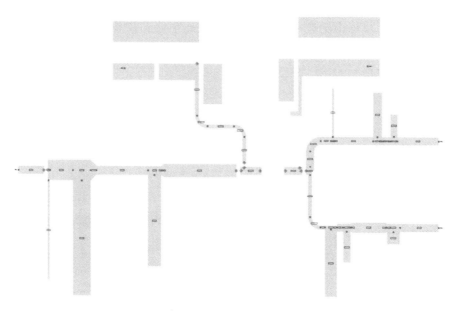

图 4.162　在版图上添加电源焊盘和接地焊盘

在工具栏的【Layer】栏选择 hole 层，如图 4.163 所示。

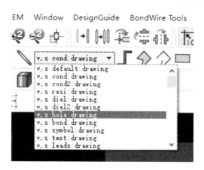

图 4.163　选择挖孔层绘制过孔

单击工具栏上的圆形工具图标◯，在须要连接底层金属 GND 的顶层金属片上绘制均匀排列的小圆孔，如图 4.164 所示。

绘制完成后，为版图中所有元件的焊盘添加端口，所有内部端口均向内延伸 0.2mm，注意偏置电路的接地处应绘制若干旁路电容的接口。添加焊盘端口后的版图如图 4.165 所示。

接下来进行版图仿真设置。单击工具栏上的 EM 设置图标⊞，弹出 EM 设置窗口，单击左侧栏中的【Substrate】，进入基板设置窗口，确认基板为 RO4350B。

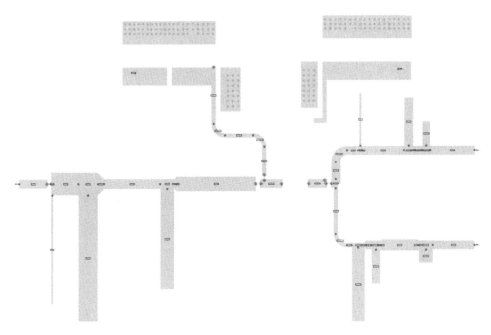

图 4.164　绘制电源、接地通孔

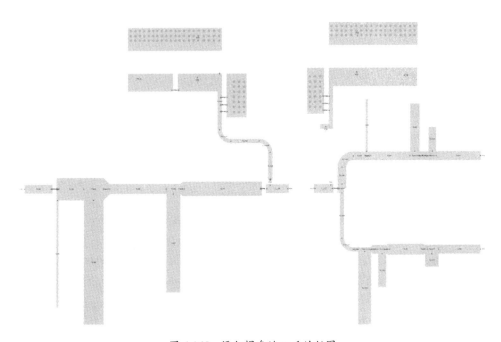

图 4.165　添加焊盘端口后的版图

在左侧列表框中选择【Frequency plan】，将第一条 Adaptive 的参数修改为

Fstart=0GHz、 FStop=15GHz、 Npts=1501(max)。在左侧列表框中选择
【Options】，在【Simulation Options】区域选择【Mesh】选项卡，将【Mesh density】区域的【Cells/Wavelength】栏设置为 50，选中【Edge mesh】选项，其他保持默认设置。单击【Simulate】按钮开始仿真，仿真完毕后弹出仿真结果窗口。

返回版图窗口，执行菜单命令【EM】→【Component】→【Create EM Model and Symbol...】，弹出【EM Model】窗口，将两个选项全部选中，单击【OK】按钮，即可创建版图元件，如图 4.166 所示。

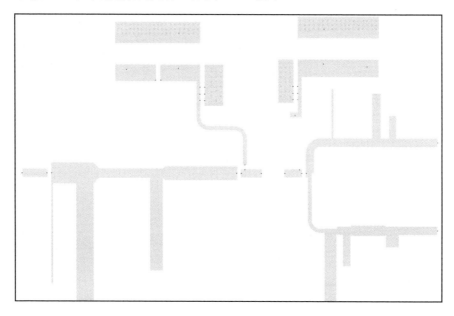

图 4.166　生成的版图元件

返回【Folder View】选项卡，执行菜单命令【File】→【New】→【Schematic...】，新建名字为"SCH5"的电路原理图。

单击工具栏上的器件库图标，将【SCH4_Layout】元件放置在空白处。将 SCH1 电路原理图中除微带线外的所有元件复制到 SCH4 电路原理图中，并进行相应的连接。在栅极与漏极之间的电容接口处添加 3 个村田 GRM18 系列电容，电容量为不同数量级，此处的选择依次为 659：GRM1885C1H100JA01、765：GRM1885C1H102JA01、896：GRM188R71H104KA93，如图 4.167 所示。

选中版图模型，单击工具栏上的模型选择图标，在弹出的【Choose View for Simulation】窗口中选择【emModel】，然后单击【OK】按钮。

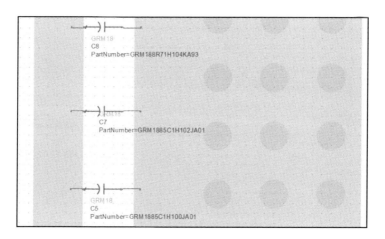

图 4.167　在偏置电路中添加旁路电容

完成设置的电路原理图概览如图 4.168 所示。

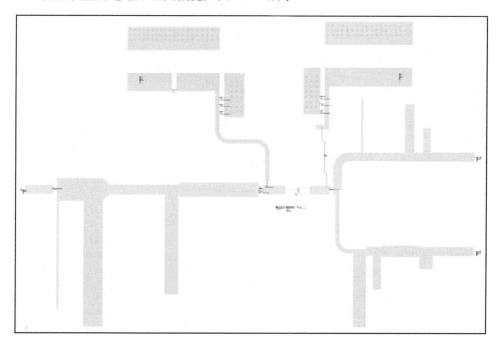

图 4.168　完成设置的电路原理图概览

接下来进行 *S* 参数仿真，随后创建电路原理图元件，并将其导入【HB1TonePAE_Fswp】和【HB1TonePAE_Pswp】扫描模板中进行仿真，最终得到的仿真结果如图 4.169 至图 4.172 所示。

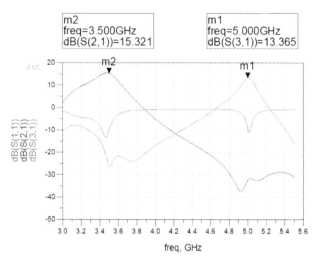

图 4.169　整体版图模型 S 参数仿真结果

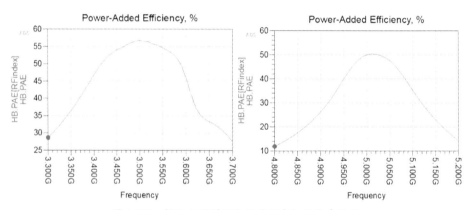

图 4.170　整体版图模型大信号频率扫描仿真结果

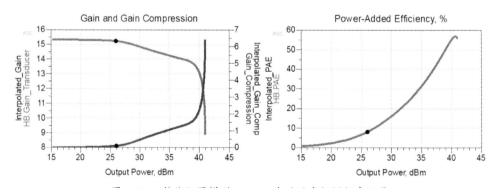

图 4.171　整体版图模型 3.5GHz 支路功率扫描仿真结果

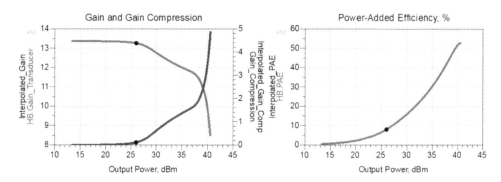

图 4.172　整体版图模型 5.0GHz 支路功率扫描仿真结果

从仿真结果可以看出，整体版图模型仿真结果与各部分分别仿真的结果相差较小，功率放大器两条支路均取得了良好的仿真效果。

4.5　PCB 制板及实物测试

4.5.1　生成 PCB 设计文件

复制【SCH4_Layout】单元。在主界面【Folder View】选项卡用鼠标右键单击【SCH4_Layout】单元，在弹出的菜单中选择【Copy】；再用鼠标右键单击，在弹出的菜单中选择【Paste】，弹出【Copy Files】对话框，如图 4.173 所示。将【New Name】栏设置为【PCB】，单击【OK】按钮。

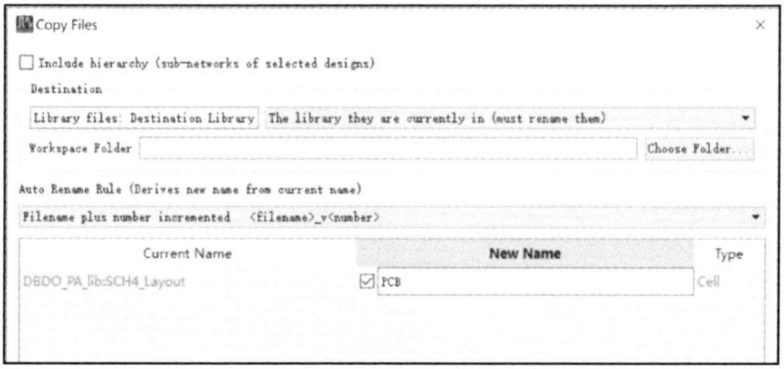

图 4.173　【Copy Files】对话框

打开 PCB 单元的版图，执行菜单命令【EM】→【Clear Momentum Mesh】，清除仿真网格。删除版图中所有接口。

单击工具栏上的长方形工具图标
▭，在版图的输入/输出端口两侧绘制两
个接地焊盘（用于接头接地）。切换到
hole 层，单击工具栏上的圆形工具图标
○，在须要连接底层金属 GND 的顶层
金属片上绘制均匀排列的接地小圆孔，
如图 4.174 所示。

接下来添加晶体管开孔和螺丝孔。首
先进入 PCB 的版图界面，选择 hole 层，
在中间功率管位置绘制一个宽 4.4mm、长
16mm 的矩形方孔。

由于 PCB 面积较大，除了晶体管的开
孔，还要加入将 PCB 固定在散热片上的螺

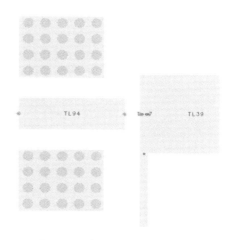

图 4.174　在版图上添加接地焊盘

钉孔，此处应根据散热片规格添加螺钉孔，也可以在合适的位置打孔后再定制专用
的散热片。本案例采用定制的通用散热片，然后按照散热片设计图纸添加螺钉孔，
如图 4.175 所示。添加螺钉孔后，在工具栏的【Layer】栏中选择 cond2 层，然后绘
制一个覆盖整个版图的方形（作为地层）；在工具栏的【Layer】栏中选择 default
层，然后绘制一个与地层同样大小和位置的框（作为切割层），如图 4.176 所示。

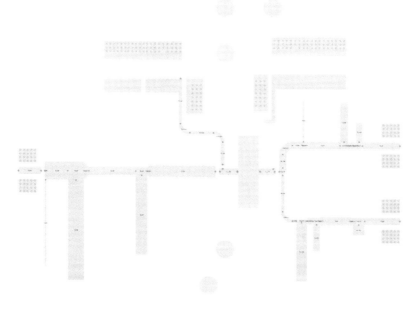

图 4.175　绘制各种通孔和螺钉孔后的版图

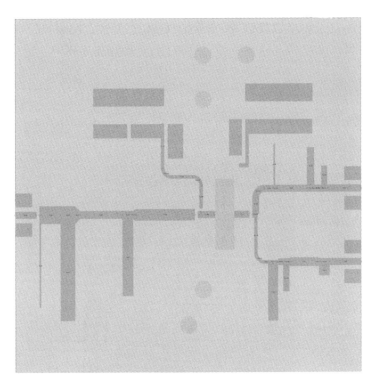

图 4.176　绘制地层和切割层后的版图

　　至此，PCB 设计完成。实际设计时，应根据自己的设计要求更改焊盘设计。

　　按图 4.177 所示执行菜单命令【File】→【Export...】，弹出【Export】对话框，如图 4.178 所示；将【File type】栏设置为【Gerber/Drill】，在【Destination directory】栏中设置合适的输出目录，单击【OK】按钮。

图 4.177　执行菜单命令【File】→【Export...】　　　图 4.178　【Export】对话框

在设置的目录中可以找到 4 个层的 Gerber 文件：cond.gbr、cond2.gbr、default.gbr、hole.gbr。将这 4 个文件交给加工厂，即可加工 PCB。

4.5.2 实物测试

收到 PCB 成品后，将相应的元件焊接好，并安装到散热片上，如图 4.179 所示。

图 4.179 3.5/5.0GHz 双频双端口功率放大器实物图

将制作好的功率放大器放入功率放大器测试系统中进行测试（注意：测试其中一条支路时，另一条支路应端接到 50Ω 负载上），得到的测试结果如图 4.180 至图 4.182 所示。

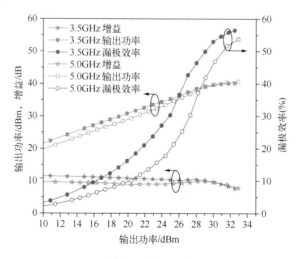

图 4.180 功率放大器功率扫描测试结果

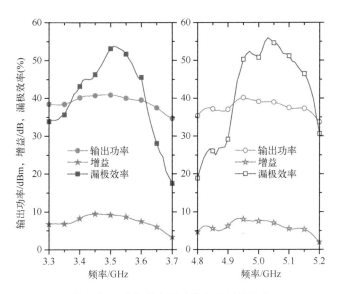

图 4.181　功率放大器功率扫描测试结果

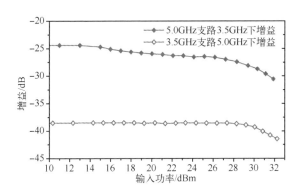

图 4.182　两条支路频率抑制性能测试结果

从测试结果可以看出，该功率放大器在两个目标频段内具有良好的指标表现，对于非目标频率的信号也有较好的抑制效果。测试结果基本符合仿真趋势和预期结果。

参 考 文 献

[1] Andrei Grebennikov. 射频与微波功率放大器设计[M]. 张玉兴，赵宏飞，译. 北京：电子工业出版社，2006.

[2] David M. Pozar. 微波工程（第四版）[M]. 谭云华，周乐柱，吴德明，等译. 北京：电子工业出版社，2019.

[3] Marian K. Kazimierczuk. 射频功率放大器（第 2 版）[M]. 孙玲，程加力，高建军，译. 北京：清华大学出版社，2016.

[4] 徐兴福. ADS2011 射频电路设计与仿真实例[M]. 北京：电子工业出版社，2014.

[5] 陈铖颖. ADS 射频电路设计与仿真从入门到精通[M]. 北京：电子工业出版社，2013.

[6] 冯新宇，蒋洪波. ADS2012 射频电路设计与仿真[M]. 北京：电子工业出版社，2014.

[7] 黄玉兰. ADS 射频电路设计基础与典型应用（第 2 版）[M]. 北京：人民邮电出版社，2015.

[8] Raab F H. Maximum efficiency and output of class-F power amplifiers[J]. IEEE Transactions on Microwave Theory and Techniques, 2001,49（6）：1162-1166.

[9] Huang H, Zhang B, Yu C, et al. Design of inverse class-F power amplifier based on dual transmission line with 87.4% drain efficiency[J]. Microwave and Optical Technology Letters, 2017, 59（12）：3010-3014.

[10] Zhuang Z, Wu Y, Yang Q, et al. Broadband power amplifier based on a generalized step-impedance quasi-chebyshevlowpass matching approach[J]. IEEE Transactions on Plasma Science, vol. 2020, 48（1）：311-318.

[11] Zhuang Z, Wu Y, Kong M, et al. High-selectivity single-ended/balanced DC-block filtering impedance trans-former and its application on power amplifier[J]. IEEE Transactions on Circuits and Systems I: Regular Papers, 2020, 67（12）：4360-4369.

[12] Chen X, Wu Y, Wang W. Beijing university of posts and telecommunications researchers describe new findings in electronics (dual-band, dual-output power amplifier using simplified three-port, frequency-dividingmatchingnetwork)[J]. ElectronicsNewsweekly, 2022(Jan. 25). DOI:10. 3390/ electronics11010144.

[13] 吴永乐, 陈孝攀, 王卫民, 等. 一种具有多端口分频输出功能的共时多频功率放大器电路: ZL202010299317. 5[P]. 2021-10-22.